“十四五”职业教育国家规划教材

世 赛 成 果 转 化 系 列 教 材

移动机器人技术与应用

主　编　彭爱泉 宋麒麟

副主编　汪振中　刘永明

参　编　彭　浩　毛宏光　苏子民　方红彬

陈安武　毕永良　陈　军　郑春禄

张方平　徐永宾　王亮亮　刁秀珍

刘　力　贾延娥

主　审　郑　桐

机 械 工 业 出 版 社

本书是机械行业技师学院“十三五”系列教材之一，主要内容包括：移动机器人技术与平台、嵌入式移动机器人控制系统、传感器检测原理与应用、移动机器人视觉原理与应用和移动机器人技能综合应用。

本书可作为技工院校和职业技术学校工业机器人相关专业教材，也可作为相关培训机构的培训用书，还可作为相关技术人员的参考用书。

图书在版编目（CIP）数据

移动机器人技术与应用/彭爱泉，宋麒麟主编．—北京：机械工业出版社，2020.5（2025.2 重印）
世赛成果转化系列教材
ISBN 978-7-111-64944-1

Ⅰ.①移…　Ⅱ.①彭…②宋…　Ⅲ.①移动式机器人—职业教育—教材
Ⅳ.①TP242

中国版本图书馆 CIP 数据核字（2020）第 035699 号

机械工业出版社（北京市百万庄大街 22 号　邮政编码 100037）
策划编辑：陈玉芝　王振国　责任编辑：王振国
责任校对：陈　越　　　　　封面设计：陈　沛
责任印制：张　博
北京建宏印刷有限公司印刷
2025 年 2 月第 1 版第 6 次印刷
184mm×260mm · 12 印张 · 290 千字
标准书号：ISBN 978-7-111-64944-1
定价：39.80 元

电话服务	网络服务
客服电话：010-88361066	机　工　官　网：www.cmpbook.com
010-88379833	机　工　官　博：weibo.com/cmp1952
010-68326294	金　　书　　网：www.golden-book.com
封底无防伪标均为盗版	机工教育服务网：www.cmpedu.com

关于“十四五”职业教育
国家规划教材的出版说明

为贯彻落实《中共中央关于认真学习宣传贯彻党的二十大精神的决定》《习近平新时代中国特色社会主义思想进课程教材指南》《职业院校教材管理办法》等文件精神，机械工业出版社与教材编写团队一道，认真执行思政内容进教材、进课堂、进头脑要求，尊重教育规律，遵循学科特点，对教材内容进行了更新，着力落实以下要求：

1. 提升教材铸魂育人功能，培育、践行社会主义核心价值观，教育引导学生树立共产主义远大理想和中国特色社会主义共同理想，坚定“四个自信”，厚植爱国主义情怀，把爱国情、强国志、报国行自觉融入建设社会主义现代化强国、实现中华民族伟大复兴的奋斗之中。同时，弘扬中华优秀传统文化，深入开展宪法法治教育。

2. 注重科学思维方法训练和科学伦理教育，培养学生探索未知、追求真理、勇攀科学高峰的责任感和使命感；强化学生工程伦理教育，培养学生精益求精的大国工匠精神，激发学生科技报国的家国情怀和使命担当。加快构建中国特色哲学社会科学学科体系、学术体系、话语体系。帮助学生了解相关专业和行业领域的国家战略、法律法规和相关政策，引导学生深入社会实践、关注现实问题，培育学生经世济民、诚信服务、德法兼修的职业素养。

3. 教育引导学生深刻理解并自觉实践各行业的职业精神、职业规范，增强职业责任感，培养遵纪守法、爱岗敬业、无私奉献、诚实守信、公道办事、开拓创新的职业品格和行为习惯。

在此基础上，及时更新教材知识内容，体现产业发展的新技术、新工艺、新规范、新标准。加强教材数字化建设，丰富配套资源，形成可听、可视、可练、可互动的融媒体教材。

教材建设需要各方的共同努力，也欢迎相关教材使用院校的师生及时反馈意见和建议，我们将认真组织力量进行研究，在后续重印及再版时吸纳改进，不断推动高质量教材出版。

机械工业出版社

前　言

“大国须实力，强国创科技”是当今制造业的真实写照。从工业4.0到中国制造2025，都是围绕智能制造、大数据、大网络而发声的。智能制造中的“移动机器人技术与应用”更是重中之重。那么要把移动机器人技能应用到极致，我们需要掌握哪些技能呢？

第一，我们需要有一个良好的开发平台+研究载体。

第二，软件LabVIEW虚拟仪器的使用要游刃有余。

第三，NI myRIO核心控制器上通下达，纵横交错开启全新模式。

第四，红外测距、超声波、QTI循迹保驾护航达到新高度。

第五，人机交互需要视觉、颜色、条形码、二维码来识别。

第六，图形传输、手机APP、AR眼镜引入科技新时代。

第七，综合应用“沙漠寻子”“银行自助服务”“物流快递”工民相结合。

本书五个课题以“项目+任务”的形式呈现给学生，将理论教学融入技能实操，达到实操再现理论的效果。

本书结合世界技能大赛“移动机器人”的相关技术规范及评分标准，对每个任务相应地设置了任务目标、任务导入、知识链接、任务准备、任务实施、任务测评、知识拓展、任务总结，让学生的学习更接近于工业现场，尽可能做到还原工业现场，从需求到设计再到生产，生产完成后要施行检验，这是生产性学习工厂培训的必经之路。

本书由贵州交通职业技术学院世赛专家彭爱泉和临沂市技师学院宋麒麟共同担任主编，由上海信息技术学校汪振中和郑州商业技师学院刘永明共同担任副主编，参加编写的人员有：彭浩、毛宏光、苏子民、方红彬、陈安武、毕永良、陈军、郑春禄、张方平、徐永宾、王亮亮、刁秀珍、刘力和贾延娥。本书由国家级的移动机器人专家郑桐主审。在本书的编写过程中，山东栋梁科技设备有限公司提供了大力支持，在此表示衷心的感谢。

由于编写时间仓促，本书难免存在不足之处，恳请专家及广大读者批评指正并提出宝贵意见和建议，以便本书后续修订时能及时补正。

编　者

目　录

课题一

移动机器人技术与平台

移动机器人是自动执行工作的机器装置。它既可以接受人类指挥，又可以运行预先编写的程序，也可以根据以人工智能技术制定的原则纲领行动。它的任务是协助或取代人类的工作，如制造业、建筑业或其他危险工种。

移动机器人的研究始于20世纪60年代末期。斯坦福研究院（SRI）的Nils Nilssen与Charles Rosen等人，在1966~1972年研发出了取名Shakey的自主移动机器人，目的是研究应用人工智能技术，在复杂环境下机器人系统地进行推理、规划和控制。

移动机器人是一种在复杂环境下工作的，具有自行组织、自主运行、自主规划的智能机器人，融合了计算机技术、信息技术、通信技术、微电子技术和机器人技术等。

下面以轮式机器人为例，分阶段掌握移动机器人的安装与调试、移动机器人LabVIEW编程设计与数据存取、NI myRIO控制器的控制技术、移动机器人控制软件的开发和程序指令、三种传感器的应用（红外测距传感器的检测原理与数据采集、基于板载FPGA超声波传感器的检测原理与数据采集、QTI循迹传感器的检测原理与数据采集）和移动机器人的视觉原理与应用，最后以几个典型综合案例对上述移动机器人的系统集成。

任务一　认识DLRB－MR520GS移动机器人平台

➤任务目标

1. 掌握移动机器人各模块的组成。
2. 掌握移动机器人的结构特点。
3. 掌握移动机器人平台的搭建方法。

➤任务导入

某高新企业成功研发了一批移动机器人，现在需要完成相应产品的测试报告，送至国家指定的检测机构。该企业提供了移动机器人平台的模型立体图、装配工艺图以及一些零散的零部件及相关模块和配置清单。由您来执行接收任务，跟车随行并到达目的地后，将移动机器人的外形和动作流程全部还原到出厂状态。您准备好了吗？

➤知识链接

一、认识DLRB－MR520GS移动机器人及平台

DLRB－MR520GS移动机器人及平台由山东栋梁科技设备有限公司自主研发，已通过国家知识产权局发明专利初审，且2018年经国家指定的专家检验检测合格后被指定为国家级

一类大赛的专用设备。

二、DLRB－MR520GS 移动机器人的主要技术参数

1）设备工作电压：12V（3000mA·h 的 NiMH 锂电池）。

2）温度：－10～50℃。环境湿度：≤90%（25℃）。

3）零件类型：5 大类。

4）零件个数：100 个以上。

5）调试场地尺寸：长 4000mm×宽 2000mm。

6）平台本体尺寸：长 4036mm×宽 2036mm×高 625mm（高度可以调整）。

三、平台组成及功能描述

（1）结构组成　该平台包括父母隔间、接待区、沙区、开阔区域和投球器，如图 1-1 所示。

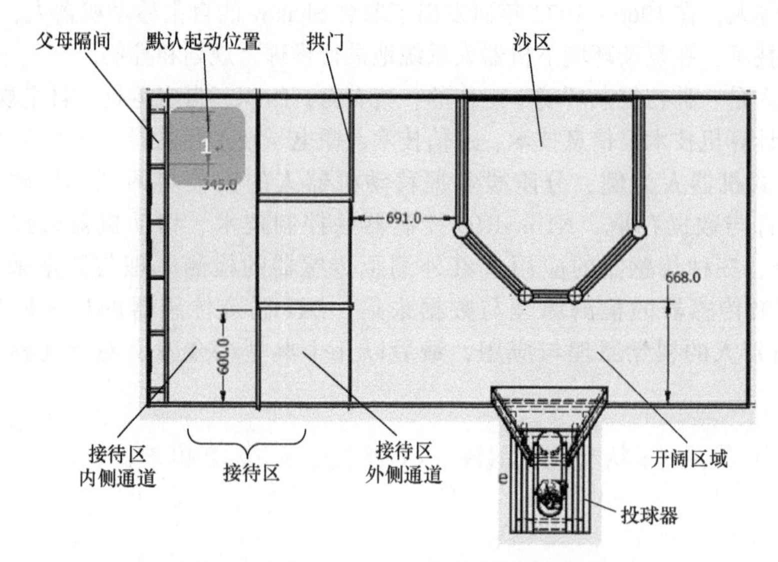

图 1-1　DLRB－MR520GS 移动机器人平台

（2）功能描述　该平台主要用于各类职业院校学生设计典型比赛任务，选手通过此平台完成设计、维护、开发移动机器人本体及应用，并可充分挖掘移动机器人的潜力。

【注意事项】

搭建平台时，认真阅读装配图和工艺图，并准备好对应的工具，查看其是否有未满足条件之处。

➤任务准备

一、平台本体装配材料的准备

手持平台本体部分配件清单（见表 1-1），找上帮手并借用小推车，然后去仓库和半成品库领取平台全部配件。

表 1-1　平台本体部分配件清单

序号	名称	材质	数量	单位
1	左台面	木板	1	套

（续）

序号	名称	材质	数量	单位
2	右台面	木板	1	套
3	通道区域	型材	1	套
4	沙地区域	沙子	1	套
5	二维码展示区	铝合金	1	套
6	发射器	钣金件	1	套

二、装配工具的准备

移动机器人平台装配用工具清单，见表 1-2。

表 1-2　移动机器人平台装配用工具清单

序号	名称	型号规格	数量	单位	外形
1	内六角扳手	9 件	1	套	
2	活扳手	6in（1in≈25.4mm）	1	把	
3	手电钻	离线式带电池	1	把	
4	钢卷尺	3m	1	把	
5	大一字槽螺钉旋具	5mm×75mm	1	把	
6	小一字槽螺钉旋具	3mm×75mm	1	把	

三、图样识读

【专家寄语】“纸上得来终觉浅，绝知此事要躬行。”从书本上得到的知识毕竟比较有限，要透彻地认识事物还必须亲自实践。

平台总装图如图 1-2 所示。

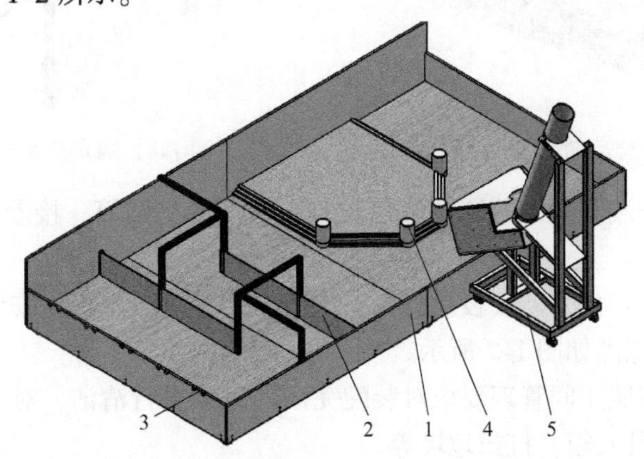

图 1-2　平台总装图

1—移动平台　2—通道组件　3—图形识别区　4—沙区隔离柱　5—投球器

➢任务实施

进入车间或危险区域，须穿戴绝缘鞋、绝缘手环、防护衣和安全帽，在保证人身安全的情况下进行作业操作。

在任务实施过程中，应由 2 人或 3 人共同完成，首先选定项目带头人，然后做好每个人的分工。

1）移动平台区域的安装：先装好左、右台面，用钣金件连接，再安装长形型材，最后安装四周侧板，如图 1-3 所示。组装后的效果如图 1-4 所示。

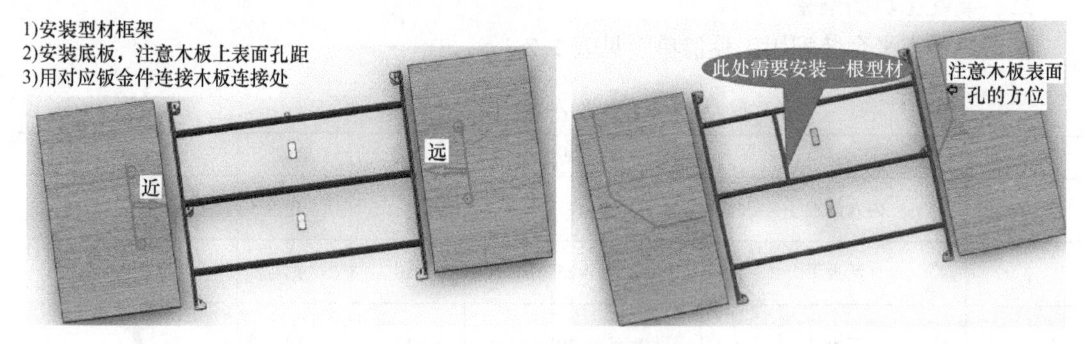

图 1-3　左、右台面安装图

说明：左台面与右台面的安装方法相同，先安装型材框架，再安装底板，注意木板上底面孔距，用对应钣金件连接木板连接处。

2）通道区域的安装：先安装通道区域型材；再安装侧面板，如图 1-5 所示。

图 1-4　组装后的效果

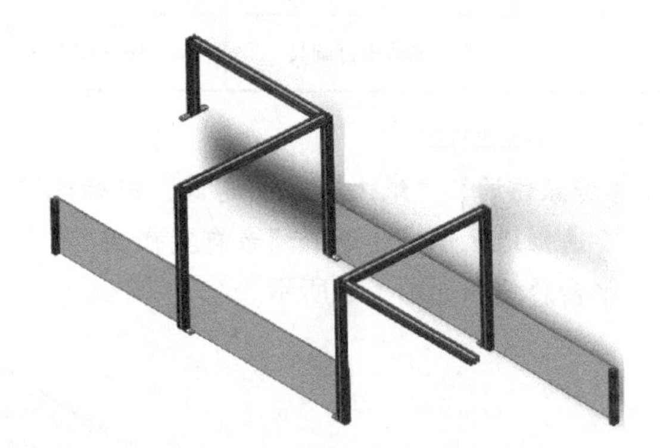

图 1-5　通道区域安装示意图

3）沙地区域的安装：先安装圆柱形定位柱、O 形圈、圆筒，接着安装型材，如图 1-6 所示。

4）发射器的安装：先安装底板及脚轮，然后安装发射器木板，安装发射筒，最后安装钣金顶盖，其最终示意图如图 1-7 所示。

5）现场管理：按照车间管理要求对装配完成的对象进行清洁，对工作过程中产生的二次废料进行整理，工具入箱，打扫垃圾等。

【专家寄语】平台搭建的好坏，直接影响下一个单元的工作任务，所以每个环节都不容忽视。认真是做事的良好态度，良好的工作习惯是职业操守的具体表现。

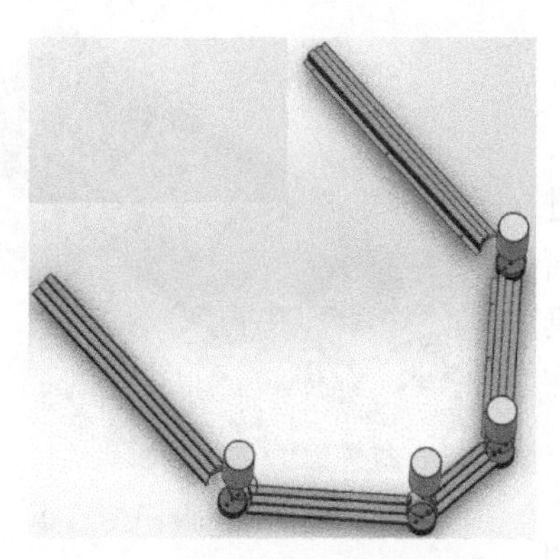
图 1-6　沙地区域安装示意图

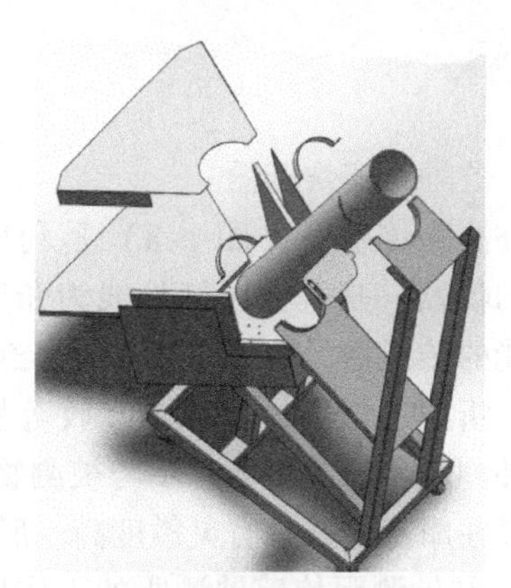
图 1-7　发射器的安装

➤任务测评（见表 1-3）

表 1-3　任务评分标准

序号	评分内容	评分标准	配分	得分
1	左台面的安装	木板不能有破损或掉漆，每出现一处扣 1 分；螺钉紧定牢固，每错一处扣 0.5 分，每少装一处扣 0.5 分	2.5 分	
2	右台面的安装		2.5 分	
3	通道区域的安装	安装形状必须与图样相符，结构要正确，安装要牢固，每出现一处扣 1 分	1 分	
4	沙地区域的安装	沙子铺设要均匀，定位柱要牢固，每错一处扣 1 分	1 分	
5	发射器的安装	若安装有松动，每出现一处扣 0.5 分	2.5 分	
6	二维码展示区	各种二维码齐全，少出现一处扣 0.5 分	0.5 分	

➤知识拓展

此平台可用于娱乐场所单项挑战赛，还可用于物流、银行服务、餐厅大堂服务、社区文化展示等。

任务二　DLRB - MR520GS 移动机器人的组装与调试

➤任务目标

1. 掌握移动机器人各模块的组成。
2. 掌握移动机器人的结构特点。
3. 掌握移动机器人的组装与调试方法。

➤任务导入

某车间有一批零部件，需要组装成一批实体装备，请根据配置单、装配图、接线图、工艺要求完成对 DLRB - MR520GS 的组装与调试。

➢知识链接

一、红外测距传感器

红外测距传感器（图 1-8）是利用红外线来进行传感的仪器，是一种以红外线为介质来完成距离测量功能的传感器。红外线又称为“红外光”，它具有反射、折射、散射、干涉、吸收等性质。由于在利用红外测距传感器测量时不与被测物体直接接触，因而不存在摩擦，并且有灵敏度高、反应快等优点。

图 1-8 红外测距传感器

（1）红外测距传感器测距的工作原理 红外测距传感器具有一对红外信号发射与接收二极管，传感器发射出一束红外光，在照射到物体后形成一个反射的过程，反射到传感器后接收信号，然后利用发射与接收的时间差计算出物体的距离。它不仅可以适用于自然表面，也可用于反射板。红外测距传感器测量距离远，有很高的频率响应，适用于恶劣的工业环境中。

红外测距传感器是智能机器避障最好的选择。目前，实验室常用的一种传感器是夏普 GP2Y0A21YK0F 红外测距传感器，被用作智能车近距离障碍目标的识别。

（2）红外测距传感器的特点 红外测距传感器在无反光板和反射率低的情况下能测量较远的距离；测量范围广，响应时间短；外形紧凑，易于安装，便于操作。

（3）红外测距传感器的非线性输出 红外测距传感器的输出是非线性的，每个型号的输出曲线都不同。所以在实际使用前，最好能对所使用的传感器进行一下校正。对每个型号的传感器创建一张曲线图，以便在实际使用中获得真实有效的测量数据。红外测距系统利用红外线传播时的不扩散原理，通过电子元器件之间的配合，将物体之间的距离转变为电压值，实现了模拟量向数字量的转换，如图 1-9 所示。

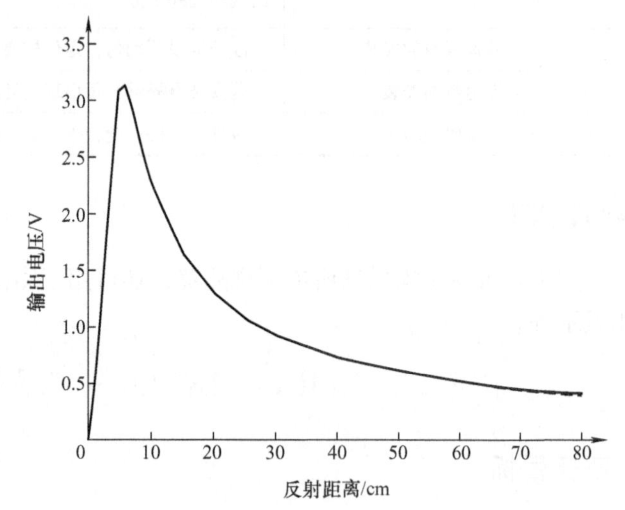

图 1-9 红外测距传感器输出电压 – 反射距离曲线

二、超声波传感器

超声波传感器是将超声波信号转换成其他能量信号（通常是电信号）的传感器。超声波是振动频率高于 20kHz 的机械波。它具有频率高、波长短、绕射现象小，特别是方向性好、能够成为射线而定向传播等特点。超声波对液体、固体的穿透本领很大，尤其是在阳光中不透明的固体中。超声波碰到杂质或分界面会产生显著反射而形成反射回波，碰到活动物体能产生多普勒效应。

多普勒效应是指物体辐射的波长因为光源和观测者的相对运动而产生变化，在运动的波源前面，波被压缩，波长变得较短，频率变得较高；在运动的波源后面，产生相反的效应，波长变得较长，频率变得较低，波源的速度越高，所产生的效应越大。根据光波红移/蓝移的程度，可以计算出波源循着观测方向运动的速度，恒星光谱线的位移显示恒星循着观测方向运动的速度，这种现象称为多普勒效应。

图1-10所示为超声波测距传感器，它主要由发送器部分、接收器部分、控制部分和电源部分构成。其中，发送器部分由发送器和换能器构成，换能器用于将振子振动产生的能量转换为超声波并向空中辐射；接收器部分由换能器和放大电路构成，换能器用于接收超声波产生的机械振动以将其转换为电能；控制部分主要完成对整体系统工作的控制，如控制发送器发送超声波、判断接收器是否接收超声波等；电源部分主要为系统的工作提供能量。

图1-10 超声波测距传感器

（1）超声波传感器的原理 超声波传感器主要通过发送超声波并接收超声波来对某些参数或事项进行检测。超声波的发送由发送器部分完成，主要利用振子的振动产生超声波并向空中辐射；超声波的接收由接收器部分完成，主要接收由发送器辐射出的超声波并将其转换为电能输出。除此之外，发送器与接收器的动作都受控制部分控制，如控制发送器发出超声波的脉冲频率、占空比、探测距离等。整体系统的工作也需能量，由电源部分完成。这样，在电源作用下，在控制部分控制下，通过发送器发送超声波与接收器接收超声波便可完成超声波传感器所需完成的功能。

（2）超声波传感器的应用 由于超声波传感器具有很强的穿透力，碰到物体会反射并具有多普勒效应，因此其在国防、医学、工业等方面有着广泛的应用。在医学方面，超声波传感器主要用于无痛、无害、简便地诊断疾病；在工业方面，超声波传感器主要用于金属的无损探伤和超声波测厚；在汽车方面，超声波传感器主要用于防止踩制动踏板时误踩为加速踏板现象的发生，通过在汽车前后安装8个超声波传感器来实现。除此之外，利用超声波的这一特性，还可将其用于对集装箱状态的检测、对液位的监测、实现塑料包装检测的闭环控制等。

三、巡线传感器

在智能化系统集成中，无人搬运车（Automated Guided Vehicle，AGV）通常会应用一种QTI传感器。

QTI传感器进行循迹的原理：QTI传感器是一种红外线传感器，它利用光电接收管探测其所面对的表面反射光的强度。当QTI传感器面对一个暗表面时，反射光的强度很低；面对一个亮表面时，反射光的强度很高。通过光电接收头接收的反射光强度经过转换电路后，若QTI传感器探测到的是黑色物体则输出高电平，探测到白色物体时则输出低电平。因此，使用QTI传感器循迹时，轨迹的颜色为黑色。在测试时可以使用黑色的电工胶布在浅色的桌面贴出一条黑线。黑色轨迹要比单个QTI传感器的光电接收头宽，且比两个QTI传感器的光电接收头窄。

搭载QTI传感器的机器人在循迹时，各QTI传感器的状态可能是不相同的。最为理想的情况是中间的QTI传感器的光电接收头始终正对着黑色的轨迹，而左、右两侧的QTI传感器的光电接收头则应该在黑色轨迹线之外。如果右侧QTI传感器的光电接收头正对黑色轨迹，则说明此时机器人向左偏离了轨迹，机器人应该右转以使中间的QTI传感器光电接收头能探测到黑色轨迹。通过这种方式，机器人可以在行进过程中进行轨迹纠偏。

四、DLRB－MR520GS移动机器人

（1）结构组成　DLRB－MR520GS移动机器人由铝合金套件、NI myRIO控制器、100多个设计部件、高清摄像头、超声波测距传感器、IR红外测距传感器、QTI传感器、电池组件、电动机和电动机控制装置、车轮和传动组件、紧固组件等组成，如图1-11所示。

图1-11　DLRB－MR520GS移动机器人

（2）功能作用　选手指定/制作/管理（编程）一个机器人，能够在自动控制模式中在2m×4m的参赛场地内移动，完成“找孩子”的任务。一旦机器人找到了一名指定儿童，机器人需要回到接待处，找到孩子的父母，并且将孩子送回正确的家庭。

➤任务准备

一、DLRB－MR520GS移动机器人装配材料的准备

手持DLRB－MR520GS移动机器人部分配件清单（见表1-4、表1-5），找到帮手并借用小推车，然后去仓库和半成品库领取平台全部配件。

表1-4　机械部件清单

序号	名称	材质	数量	单位
1	车架型材－288	2A12	2	套
2	车架型材－160	2A12	2	套
3	520GS车盘	Q235	1	套
4	角接触球轴承座	2A12	1	套
5	底部旋转轴	Q235	1	套
6	深沟球轴承座	2A12	1	套
7	车轮支架	Q235	4	套

（续）

序号	名称	材质	数量	单位
8	车轮从动轴	光轴	4	个
9	隔套	2A12	1	个
10	支撑柱 2	尼龙	2	个
11	电动机支架 2	Q235	1	个
12	带轮	2A12	4	个
13	80 齿齿轮	2A12	1	个
14	车架铜套	锡青铜	12	个
15	超声波传感器支架	2A12	2	个
16	红外测距传感器支架	2A12	2	个
17	电池固定件	2A12	1	个
18	胀紧块	2A12	2	个
19	电池盒	2A12	1	个
20	隔套 2	2A12	1	个
21	电动机支架 2 左	Q235	1	个
22	上升支架	2A12	1	个
23	上升结构传动轴	光轴	1	个
24	同步带压块	2A12	1	个
25	上升架	2A12	1	个
26	上升结构底架	Q235	1	个
27	旋转电动机固定架	Q235	1	个
28	小齿轮紧固套	2A12	1	个
29	电气柜内板	2A12	1	个
30	按钮板	2A12	1	个
31	电气柜前面板	2A12	1	个
32	固定角件	2A12	1	个
33	上升电动机支架	Q235	1	个
34	固定套	2A12	10	个
35	40 齿齿轮	2A12	1	个
36	支撑柱	尼龙	4	个
37	同步带压板	2A12	1	个
38	螺母	2A12	1	个
39	伸缩单元主支架	2A12	1	个
40	伸缩单元主动轴	Q235	1	个
41	伸缩单元舵机支架	2A12	1	个
42	伸出结构电动机侧长铜套	锡青铜	1	个
43	伸缩导轨固定架	角铝 20×20	1	个

（续）

序号	名称	材质	数量	单位
44	齿轮	2A12	1	个
45	齿条	黑色尼龙	3	个
46	滑块	黑色尼龙	2	个
47	坦克链固定支架 1	2A12	1	个
48	坦克链固定支架 2	2A12	1	个
49	红外测距传感器支架 2	2A12	1	个
50	伸缩结构电动机下方铜套	锡青铜	1	个
51	伸出结构用固定套	2A12	2	个
52	垫板	2A12	1	个
53	手爪单元主支架	2A12	1	个
54	手爪紧固套	2A12	1	个
55	手爪支架	2A12	1	个
56	手爪	2A12	1	个
57	手爪套筒	无色透明亚克力	1	个
58	L 形支架	2A12	1	个
59	伸出坦克链支架	2A12	1	个
60	摄像头卡件	Q235	2	个
61	16 齿链轮	2A12	2	个
62	24 齿链轮	2A12	2	个
63	金属舵盘	25T	3	个
64	承重轮机器人轮胎	直径 125mm，内径 8mm	4	个

表 1-5　电气部件清单

序号	名称	型号规格	数量	单位
1	锂电池组（带插头）	电压：12V，容量：3000mA · h	2	个
2	大田宫插头带线，对插	16 号线	2	个
3	DC 12V 电源线 5521 公头线	L 型 5.5 - 2.1	1	个
4	红外测距传感器	夏普 GP2Y0A21YK0F	2	个
5	超声波传感器	三线（不带 RJ25 接口）	4	个
6	QTI 循迹传感器	TCRT5000 红外反射传感器	3	个
7	直流减速电动机	型号：JGB37 - 545B 带编码器。 参数：12V，52r/min	1	个
8	180°标准伺服电动机	JX - 6221MG - 180	2	个
9	360°连续旋转伺服电动机	JX - 6221MG - 360	1	个
10	陀螺仪，三轴加速度计	MPU6050 模块	1	个
11	USB - HUB	卡扣式，型号 MH4PU	1	个

（续）

序号	名称	型号规格	数量	单位
12	NI MyRIO－1900 控制器	myRIO－1900	1	个
13	电池充电器	6～12V、5～10V 串镍氢电池组，智能充电器，通过美国 UL、CE 及环保认证	1	个
14	摄像头	微软（Microsoft）LifeCam Studio 摄像头，梦剧场精英版，黑色	1	个
15	无线手柄	罗技（Logitech）F710	1	件
16	驱动板	DLDZ－MYRIO Adapter V1. 1. PCB	2	套
17	直流数显电压表表头	两线 DC 5～120V，红色	2	个
18	杜邦线，母对母	40P 彩色排线，30cm 长，单根独立	1	排
19	急停开关	1 开 1 闭自锁	1	个

二、装配工具的准备

移动机器人装配用工具清单，见表 1-6。

表 1-6　移动机器人装配用工具清单

序号	名称	型号规格	数量	单位	备注
1	内六角扳手	9 件	1	套	
2	活扳手	4in	1	把	
	剥线钳	91108	1	把	—
	斜口钳	5in	1	把	—
3	万用表	VT980＋	1	把	—
4	二合一恒温焊台	AT8586	1	台	—
5	小一字槽螺钉旋具	3mm×75mm	1	把	—

三、图样识读

移动机器人机械总装图，如图 1-12 所示。

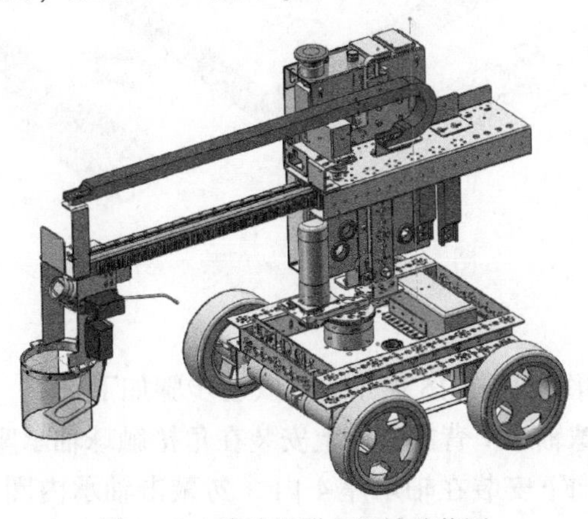

图 1-12　移动机器人机械总装图

➤任务实施

一、车架（链传动车架）的安装

车架组装示意图如图 1-13 所示。

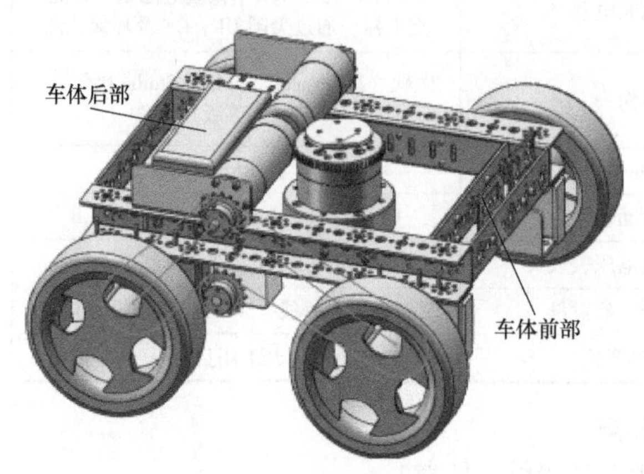

图 1-13　车架组装示意图

1. 车体框架的组装

按图 1-14 先将“520GS 车盘”摆放好，任意安装车盘外侧的车架型材，将两根车架型材 288mm 长分别通过 8 颗内六角圆柱头螺钉 + 弹平垫安装在车盘左、右两侧并紧定，然后再将 2 根长为 160mm 的车架型材通过 4 颗内六角圆柱头螺钉 + 对应的弹平垫分别固定在前、后车盘。

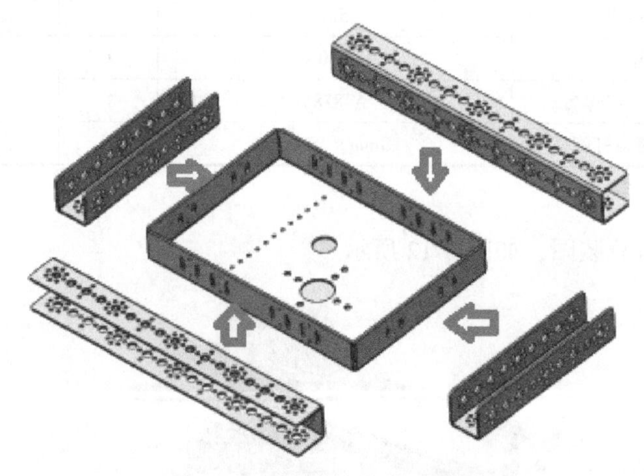

图 1-14　车体框架组装示意图

2. 旋转轴系的安装

旋转轴系的安装爆炸图如图 1-15 所示。其安装步骤如下：

1）先将两个角接触球轴承 7 背靠背向上安装在角接触球轴承座 6 内。

2）将深沟球轴承 3 向下安装在轴承座 4 内（勿敲击轴承内圈）。安装轴承后，距离轴承座底面 0.5mm，距离顶面也为 0.5mm。

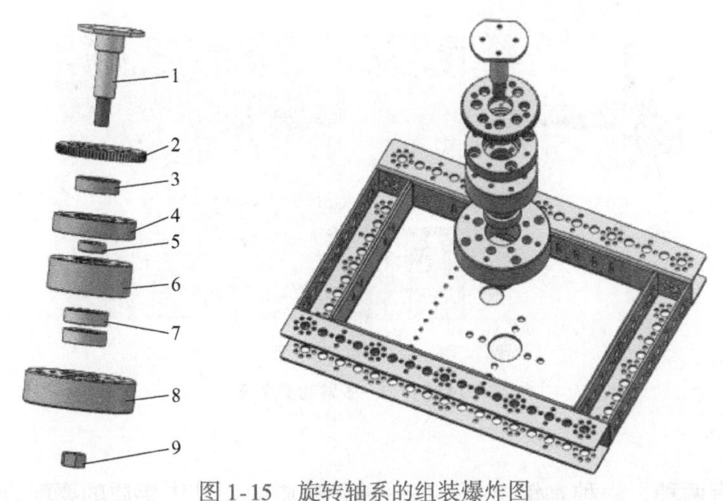

图 1-15　旋转轴系的组装爆炸图

1—底部旋转主轴　2—大齿轮　3—深沟球轴承　4—深沟球轴承座　5—轴承隔套
6—角接触球轴承座　7—两个角接触球轴承　8—大垫块　9—螺母

3）深沟球轴承座 4 通过 4 颗内六角圆柱头螺钉 M5 ×16 与角接触球轴承座 6 的上部相连。

4）大垫块 8 通过 4 颗内六角圆柱头螺钉 M5 ×25 与角接触轴球承座 6 的底部连接。

5）大齿轮 2 通过 4 颗内六角圆柱头螺钉 M5 ×20 并配弹平垫安装在深沟球轴承 3 的上部。

6）旋转轴系安装完成后，将其通过 4 颗 M5 ×20 内六角圆柱头螺钉并配弹平垫整体固定在框架上。

7）底部旋转主轴可此时安装，也可放在最后安装。安装后其下部用螺母压紧轴。

3. 轮子部分的安装

如图 1-16 所示，旋转轴的安装步骤如下：

1）先将大链轮安装在传动轴上，然后将传动轴的一端与轮子连接在一起。

2）安装座通过有平垫圈和弹簧垫圈的 6 颗 M3 ×12 内六角圆柱头螺钉组装在车盘上。

3）图 1-17 所示为胀紧轮的安装，4 颗 M3 ×16 内六角圆柱头螺钉配弹平垫进行安装。车架左、右各一处，其安装方式相同。在安装链条时，可采用套件中配套的垫片进行胀紧调整。

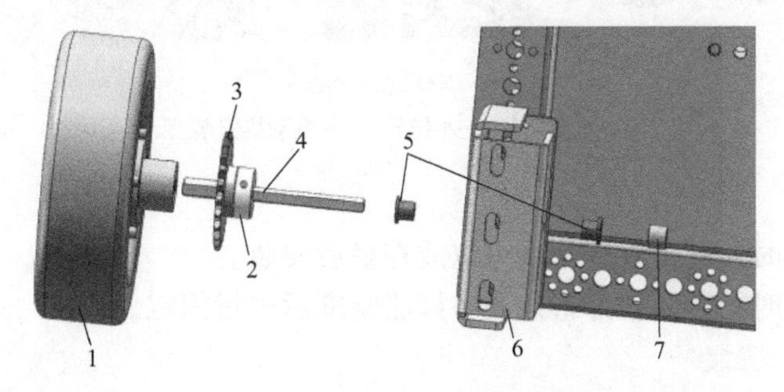

图 1-16　旋转轴系的组装爆炸图

1—轮子　2—过渡套　3—大链轮　4—传动轴　5—铜套　6—安装座　7—紧固套

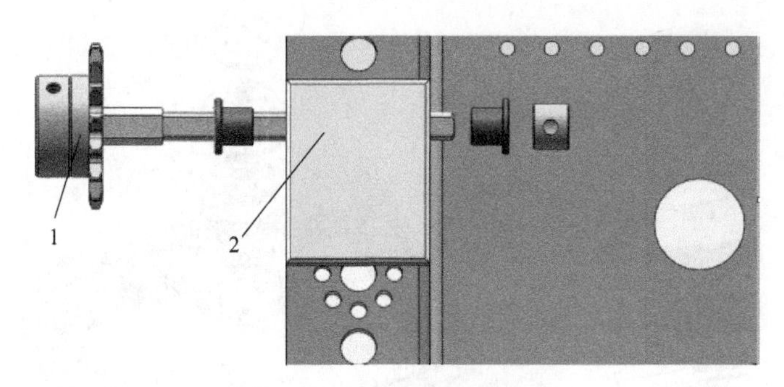

图 1-17　胀紧轮安装示意图

1—小链轮　2—胀紧轮安装座

【注意事项】

1）大链轮有两种，一种是铝质的，另一种是铁质的，其中铝质的要配合过渡套使用。

2）传动轴：此传动轴有两种，一种是大头部分较长，另一种是大头部分较短。长的一种配合铁质链轮使用，安装在后轮处。

3）四个轮子的安装方法类似。安装时要保证四个轮子前后左右在同一平面内。此处安装需要使用 6 颗 M4 ×8 紧定螺钉。

4. 电动机的安装（图 1-18）

1）先将电动机安装座通过 5 颗 M3 ×16 内六角圆柱头螺钉安装在型材上，用螺母紧定。

2）将电动机用 6 颗 M3 ×12 内六角圆柱头螺钉（均配弹簧垫圈和平垫圈）安装在电动机座上，且电动机的轴端与小链轮是同轴的。

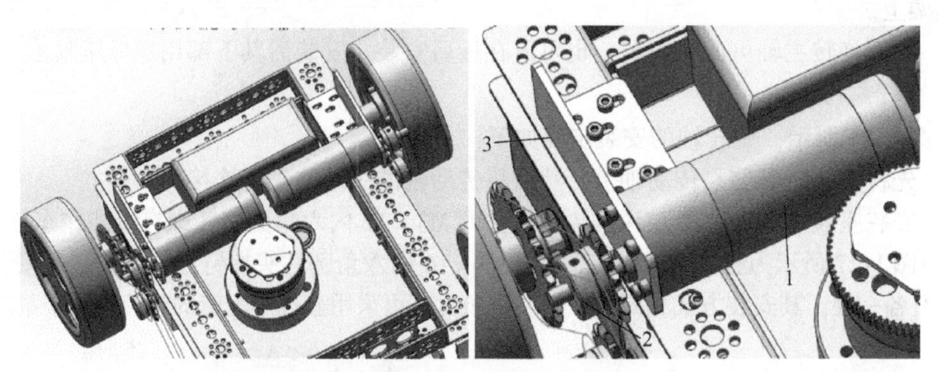

图 1-18　电动机安装示意图

1—电动机　2—小链轮　3—电动机安装座

【注意事项】

1）安装此车架时，其中旋转轴系可以放在最后安装。

2）安装电动机时，需要挂好链条调整好胀紧度后进行固定。

二、上升单元的安装

上升单元安装示意图如图 1-19 所示。上升单元主支架安装示意图如图 1-20 所示。

根据图 1-19 和图 1-20 确定上升单元的安装步骤：

1）将带一滑块的 277 长导轨通过 3 颗内六角圆柱头螺钉 M3 ×8 固定在型材的内侧，然

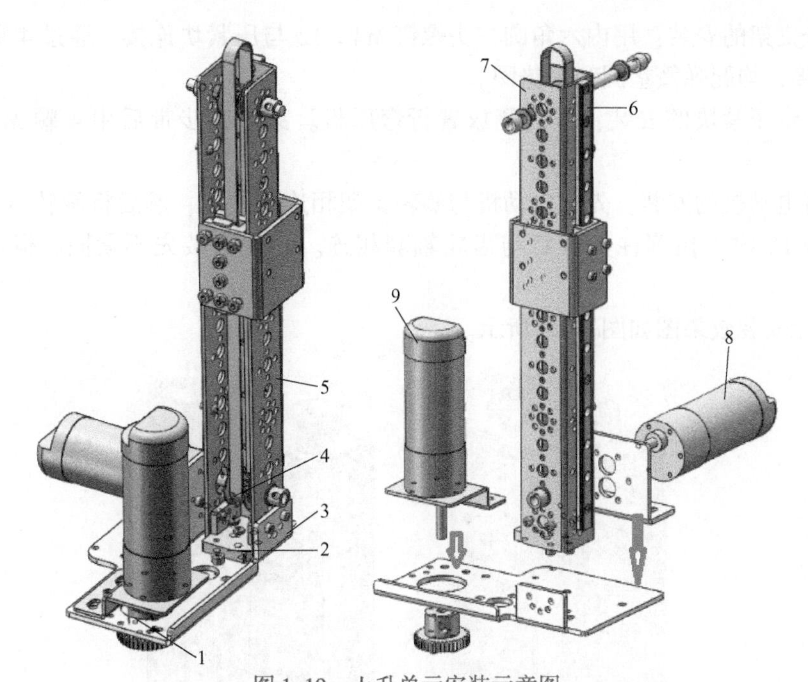

图 1-19　上升单元安装示意图

1—小齿轮及连接块　2、3—主支架固定架　4—型材　5—电动机端主动带轮　6—277 长导轨
7—288 支架　8—上升电动机　9—旋转电动机

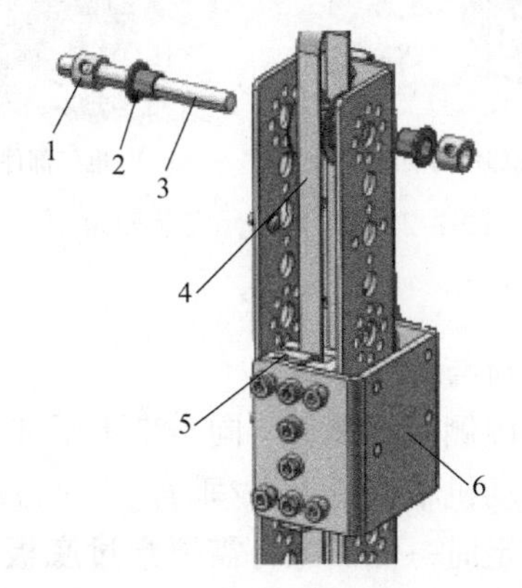

图 1-20　上升单元主支架安装示意图

1—紧固套　2—铜套　3—从动轴　4—从动带轮
5—同步带压紧块　6—上升支架

后在型材的外侧加平垫圈与螺母进行拧紧，另有两颗 M3 ×12 的螺钉安装在导轨顶端与底端，加弹簧垫圈和平垫圈与螺母。

2）主支架固定件的安装：用 16 颗 M3 ×8 内六角圆柱头螺钉配弹簧垫圈和平垫圈先将其安装在支架上，再整体安装在底板上。

3）从动端的安装：将紧固件和铜套分别穿过从动轴，然后进行固定，再将从动轴穿过型材，在穿越过程中将从动轮套入其中，然后用另一组铜套和紧固套拧紧。

4）上升电动机的安装：先将上升电动机支架通过 5 颗 M3 ×16 内六角圆柱头螺钉配弹簧垫圈和平垫圈安装在 288 支架上，然后将上升电动机安装在电动机支架上。

5）上升支架的安装：用内六角圆柱头螺钉 M4 ×12 与压紧块连接。通过 4 颗 M3 ×8 螺钉与滑块连接，均配弹簧垫圈和平垫圈。

6）同步带压紧块的安装：其内侧放置折弯压板。穿入同步带后用 4 颗 M4 ×16 螺钉压紧。

7）旋转电动机的安装：先将电动机与旋转支架相连并紧定，然后将旋转电动机支架通过 5 颗 M3 ×16 内六角圆柱头螺钉与齿轮轴套相连。此处安装先不紧固，根据整体进行调整。

上升单元安装效果图如图 1-21 所示。

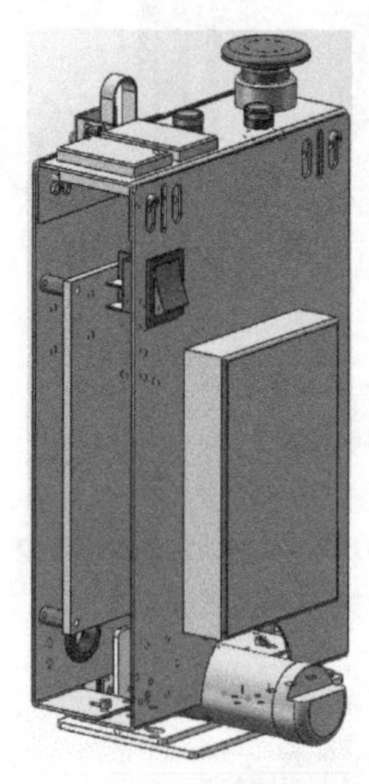

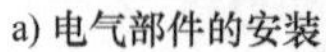

a) 电气部件的安装

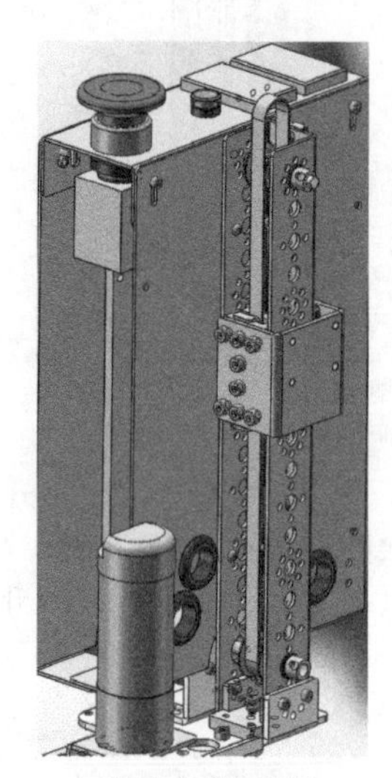

b) 电气部件背板

图 1-21　上升单元安装效果图

【注意事项】

1）此部分安装需要保证导轨与型材平行。

2）安装导轨后，保证型材内侧固定螺母与同步带不干涉。

3）电动机的安装需要使电动机轴保持水平/垂直。

4）主支架固定架与型材固定时一侧面螺钉需要穿过底板，而且安装固定架后底面与型材底面齐平或者高出型材底面 0. 5mm。

三、伸缩单元的安装

图 1-22 所示为伸缩单元的结构组成。

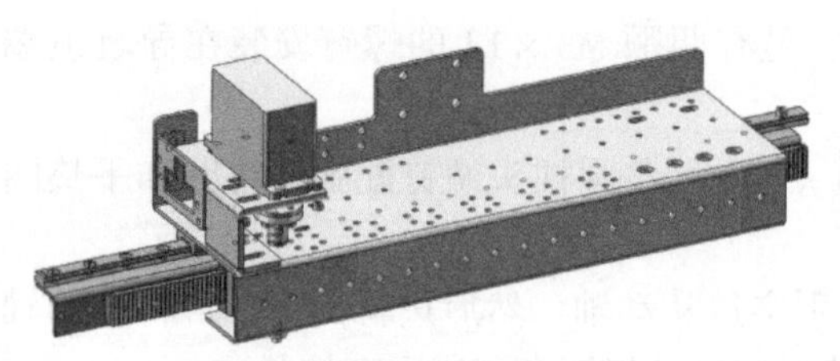

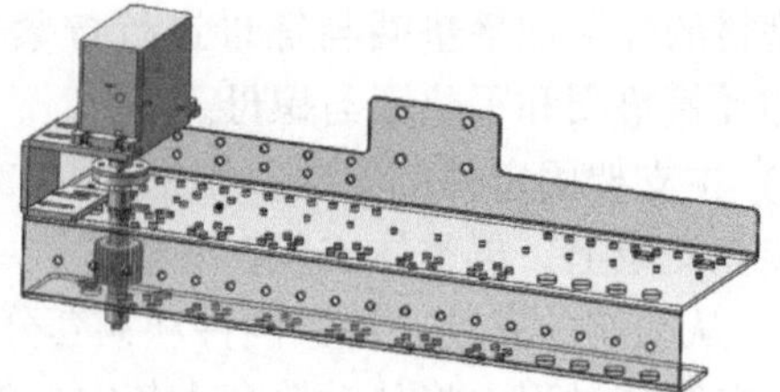

图 1-22　伸缩单元的结构组成

伸缩单元根据图1-23所示进行组装，组装不分先后顺序，可根据实际情况按照合适的要求进行组装。

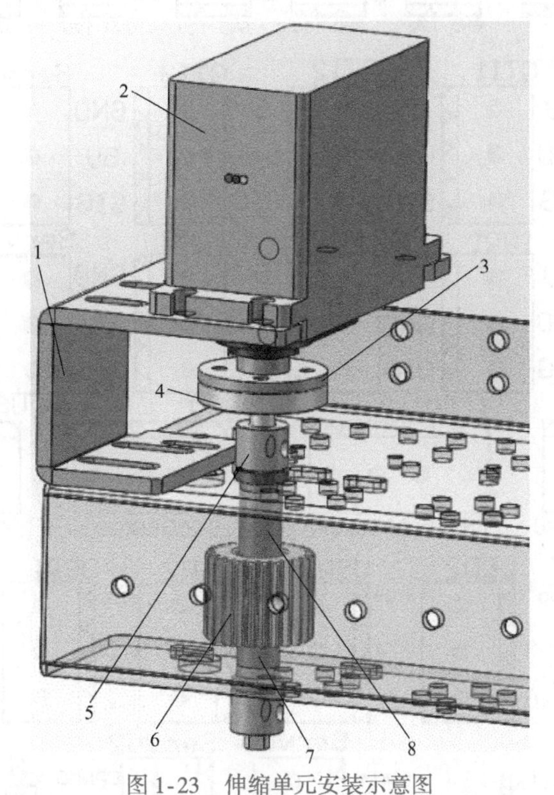

图1-23　伸缩单元安装示意图

1—舵机支架　2—大舵机　3—舵机盘　4—主轴　5—紧固套　6—小齿轮
7—内径为4.7mm的短铜套　8—内径为4.7mm的长铜套

【注意事项】

1）大舵机，配4颗内六角平圆头螺钉M3×8，电动机先安装一颗螺钉，在安装完滑块后再全部固定。

2）主轴，配4颗内六角圆柱头螺钉M3×8。

3）舵机支架，配两颗内六角圆柱头螺钉M4×10，配弹簧垫圈和平垫圈与螺母。

4）齿条，配M3×8螺钉加弹簧垫圈和平垫圈。

5）安装支架配10颗M3×6内六角圆柱头螺钉。3颗M3×12螺钉安装在前端，与手爪单元零件安装在一起。

6）滑块安装在主机架上。配8颗M3×8内六角圆柱头螺钉，加弹簧垫圈和平垫圈。

四、电器元件的接线

电气接线时可参照图1-24和接口说明。

1. MD2驱动板接口说明

（1）MTRS+ PWR　8~16V输入。

说明：直流电源输入，给电动机驱动芯片、LM2596提供电源，LM2596输出5V电压至VCC。

（2）SV+ PWR　5V输入。

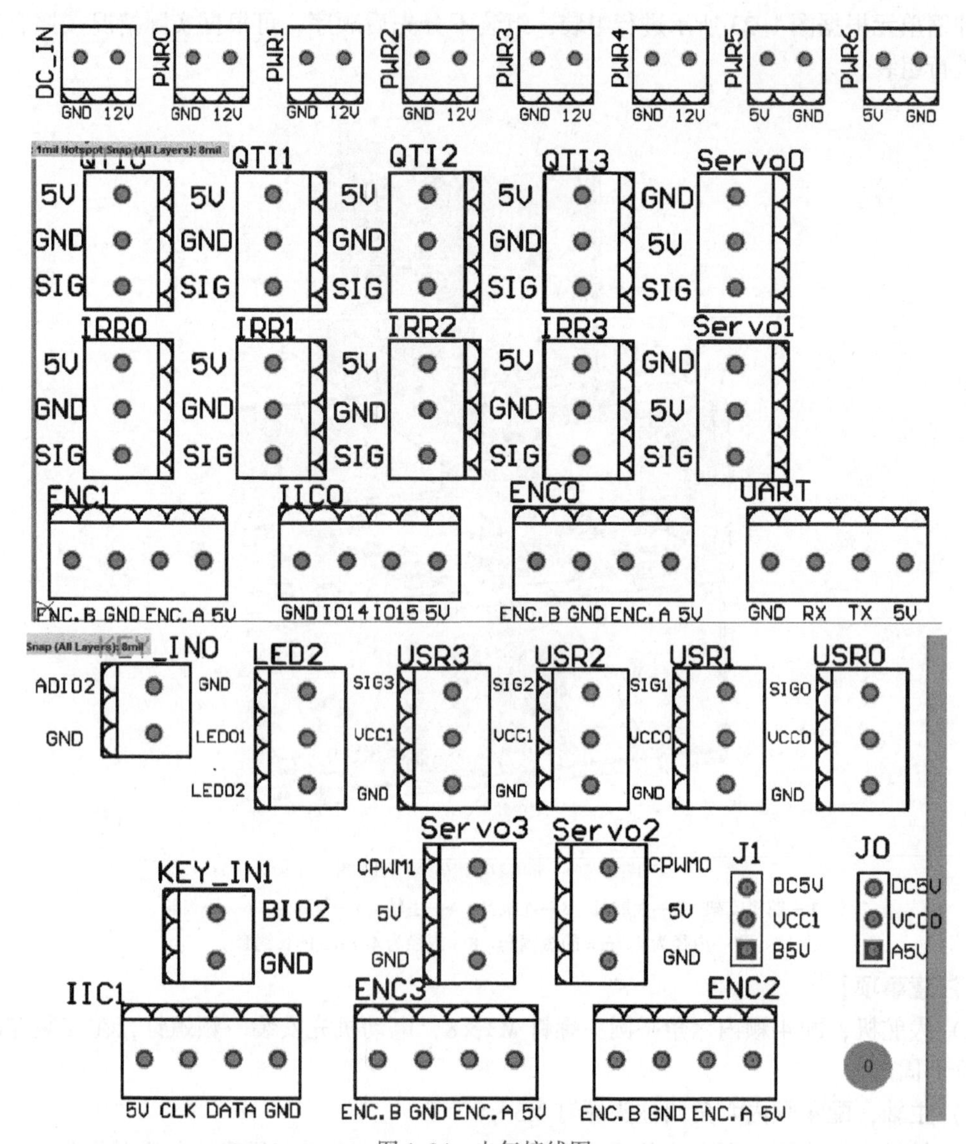

图 1-24 电气接线图

说明：Servo 电源输入，给舵机供电。

（3）直流电动机控制端口

1）M0 +、M0 -：控制引脚为 DI05、DI06；PWM 信号为 PWM0。

2）M1 +、M1 -：控制引脚为 DI07、DI013；PWM 信号为 PWM1。

（4）舵机控制端口

1）Servo 0：PWM 信号为 PWM2/DI010。

2）Servo 1：PWM 信号为 DI011。

3）Servo 2：PWM 信号为 DI012。

（5）编码器接口

1）ENC0：ENCA 为 DI03；ENCB 为 DI04。

2）ENC1：ENCA 为 DI01；ENCB 为 DI02。

(6) 红外测距传感器接口 (IR) AI0、VCC、GND。

(7) 超声波测距传感器接口 (PING) GND、VCC、DI00。

(8) LSB PORT　VCC、AI0、AI1、AI2、AI3、GND。

2. MyRIO I/O 接口板说明

(1) 电源输入　DC_ IN　12V。

(2) 电源输出　PWR0 ~ PWR4 为 DC 12V；PWR5、PWR6 为 DC 5V。

(3) 数字信号输入　Key_ IN0 为 GND A/DI02；Key_ IN1 为 GND B/DI02。

(4) 舵机控制端口

1) Servo0：GND DC5V A/PWM2。

2) Servo1：GND DC5V B/PWM2。

3) Servo2：GND DC5V C/PWM0。

4) Servo3：GND DC5V C/PWM1。

(5) 红外测距传感器接口

1) IRR0：DC5V GND A/AI0。

2) IRR1：DC5V GND A/AI1。

3) IRR2：DC5V GND B/AI0。

4) IRR3：DC5V GND B/AI1。

(6) QTI 传感器接口

1) QTI0：DC5V GND A/DI00。

2) QTI1：DC5V GND A/DI01。

3) QTI2：DC5V GND B/DI00。

4) QTI3：DC5V GND B/DI01。

(7) 超声波传感器接口

1) USR0：GND VCC0SIG0。

2) USR1：GND VCC0SIG1。

3) USR2：GND VCC1SIG2。

4) USR3：GND VCC1SIG3。

说明：VCC0 通过 J0 跳线端子选择的输入电源是 A/5V (1，2) 或者 DC5V (3，2)；VCC1 通过 J1 跳线端子选择的输入电源是 B/5V (1，2) 或者 DC5V (3，2)。

(8) 编码器接口

1) ENC0：A/DI012 GND A/DI011 DC5V。

2) ENC1：B/DI012 GND B/DI011 DC5V。

3) ENC2：C/DI02 GND C/DI00 DC5V。

4) ENC3：C/DI06 GND C/DI04 DC5V。

(9) LED 灯控制接口　LED3：B/DI03 控制 LED (1，3) 点亮；A/DI03 控制 LED (2，3) 点亮。

➢任务测评 (见表 1-7)

在工厂作业完成后，都要进入下一道工序，那就是把装配完成的任务先进行自检，自检完成后填好报送单委托质检员对产品进行检测，检测合格后方可进行下一道工序。

表 1-7　任务评分标准

序号	评分内容	评分标准	配分	得分
1	车架（链传动车架）的安装	车架、旋转轴系、车框、电动机的安装，每个安装要符合图样要求，每处 0.2 分，扣完为止	0 分或 3 分	
2	上升单元的安装	型材、导轨、上升支架、电动机、同步带、压紧块每个安装全部到位，每处 0.3 分，扣完为止	0 分或 3 分	
3	伸缩单元的安装	安装大舵机、主轴、齿条、滑块时平垫圈和弹簧垫圈是否加装，螺钉是否紧定，每错一处扣 0.2 分，扣完为止	0 分或 2 分	
4	电气部件的安装与接线	电气部件接线、工艺、电源电压及对应接口，每处 0.2 分，扣完为止	0 分或 5 分	

➢任务总结

安装滑块时，需要保证齿条与齿轮完全啮合，而且要保证导轨整体水平无歪斜。在安装滑块前，需要先将两个齿条固定块穿入齿条中，两侧各一个。固定好滑块后，再将齿条固定块固定。安装完成后，需要手动推动伸缩测试，以保证互动无卡阻现象。安装完导轨后，固定顶部电动机与电动机支架。

课题二

嵌入式移动机器人控制系统

本课题共有两个项目：项目一中有三个任务，通过三个任务掌握 LabVIEW 的使用方法；项目二中有六个任务，通过六个任务全面掌握 NI myRIO 控制器的控制技术的应用。

项目一　移动机器人 LabVIEW 编程设计与数据存取

任务一　初识 LabVIEW

➢任务目标

1）了解图形化编程软件 LabVIEW。
2）掌握 LabVIEW 软件的编程特点。
3）熟悉 LabVIEW 软件的基本操作。

➢知识链接

一、虚拟仪器

虚拟仪器（Virtual Instrument，VI）是基于计算机的仪器。计算机和仪器的密切结合是目前仪器发展的一个重要方向。粗略地说这种结合有两种方式，一种是将计算机装入仪器，其典型的例子就是所谓“智能化”的仪器。随着计算机功能的日益强大以及其体积的日趋缩小，这类仪器的功能也越来越强大，目前已经出现包含嵌入式系统的仪器。另一种方式是将仪器装入计算机，以通用的计算机硬件及操作系统为依托，实现各种仪器功能。虚拟仪器主要是指这种方式。

目前市场上有很多虚拟仪器的程序开发环境，以美国国家仪器（NI）公司的 LabVIEW（Laboratory Virtual Instrument Engineering Workbench）程序开发系统应用最为广泛。

二、LabVIEW 简介

LabVIEW 是一种用图标代替文本行创建应用程序的图形化编程语言。传统文本编程语言根据语句和指令的先后顺序决定程序的执行顺序，而 LabVIEW 则采用数据流编程方式，程序框图中节点之间的数据流向决定了 VI 及函数的执行顺序。

VI 是指虚拟仪器，是 LabVIEW 的程序模块。它广泛地被工业界、学术界和研究实验室所接受，视为一个标准的数据采集和仪器控制软件。LabVIEW 集成了与满足 GPIB、VXI、RS-232 和 RS-485 协议的硬件及数据采集卡通信的全部功能。它还内置了便于应用 TCP/IP、ActiveX 等软件标准的库函数。这是一个功能强大且灵活的软件。利用它可以方便地建立自己的虚拟仪器，其图形化的界面使得编程及使用过程都生动有趣。

图形化的程序语言，又称为“G”语言。使用这种语言进行编程时，基本上不写程序代码，取而代之的是流程图或框图。它尽可能利用了技术人员、科学家、工程师所熟悉的术语、图标和概念，因此，LabVIEW 是一种面向最终用户的工具。它可以增强用户构建自己的科学和工程系统的能力，提供了实现仪器编程和数据采集系统的便捷途径。使用它进行原理研究、设计、测试并实现仪器系统时，可以大大地提高工作效率。

使用 LabVIEW 编写的程序文件扩展名是“. vi”，所以 LabVIEW 程序又称为 VI。

三、LabVIEW 的使用方法

LabVIEW 作为“G”语言有一个很大的优点就是入门快，因为各函数都是图形化的，可以从图形中看出该函数的大致功能。LabVIEW 的主界面相对简洁，“Create Project”为创建项目，“open existing”是打开之前的项目。也可以单击界面左上角的“文件”来新建 VI。LabVIEW 界面如图 2-1 所示。

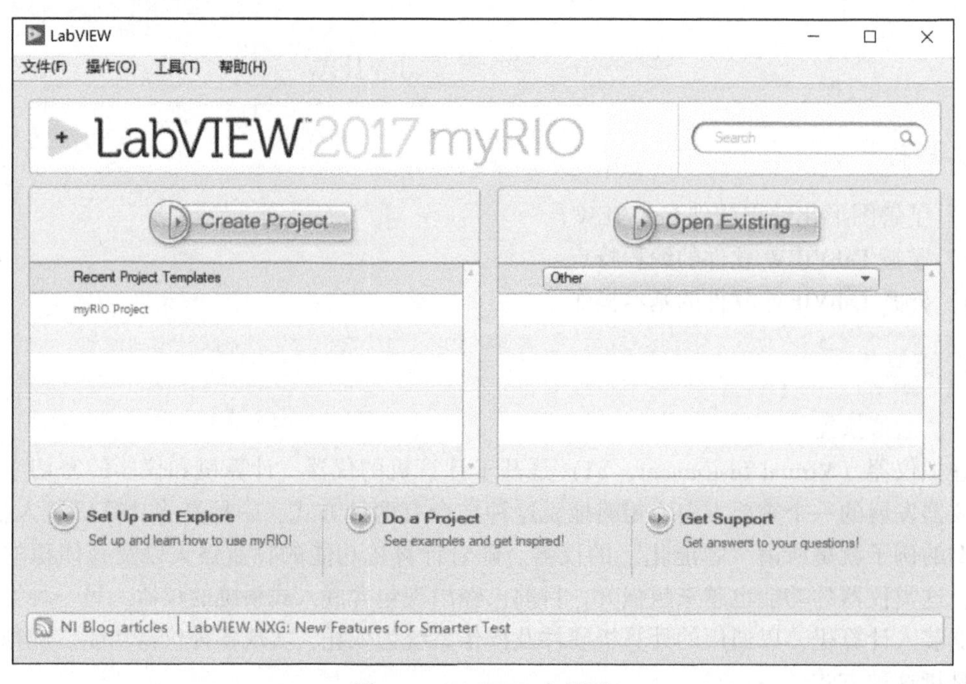

图 2-1　LabVIEW 主界面

新建 LabVIEW 的 VI 有两个窗口，分别为“前面板”窗口和“程序框图”窗口。在编写程序时，主要在程序框图窗口完成程序的编写，“”前面板”窗口主要是在运行程序时用来显示一些数据，或进行一些数值输入、字符串输入、选择判断等功能。图 2-2 所示为新建的 LabVIEW“程序框图”窗口与“前面板”窗口。

“前面板”窗口的工具条：

：运行按钮。

：中断运行按钮，当编码出错使 VI 不能编译或运行时，中断运行按钮将替换运行按钮。

：连续运行按钮。

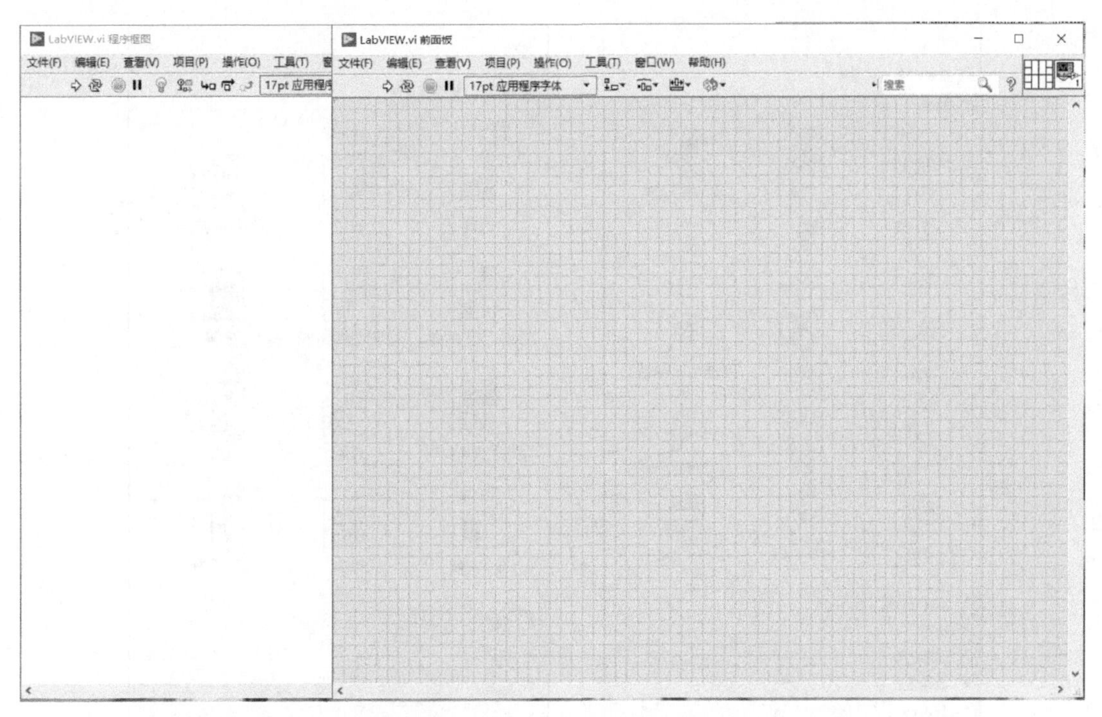

图 2-2　“程序框图”窗口（左）与“前面板”窗口（右）

：异常终止执行按钮。

：暂停/继续按钮。

：对齐对象按钮，用于将变量对象设置成较好的对齐方式。

：分布对象按钮，用于对两个及其以上的对象设置最佳分布方式。

：调整对象大小按钮，用于将若干个前面板对象调整到同一大小。

“程序框图”窗口的工具条：

“程序框图”窗口的前 4 个功能与前面板窗口一致。

：加亮执行按钮。当程序执行时，在框图代码上能够看到数据流，这对于调试和校验程序的正确运行是非常有用的。在“加亮”执行模式下，按钮转变成一个点亮的灯泡。

：保存连线值按钮。

：单步进入按钮，允许进入节点，一旦进入节点，就可在节点内部单步执行。

：单步跳出按钮，允许跳出节点，通过跳出节点可完成该节点的单步执行并跳转到下一个节点。

17pt 应用程序字体：文本设置框。

：重新排序。

：整理程序框图，将程序框里的函数整理后增加可读性。

在 LabVIEW 的程序框图窗口与前面板窗口右击可以调用各类函数（即代码）与各种控件。图 2-3 所示为“函数”选板与“控件”选板。

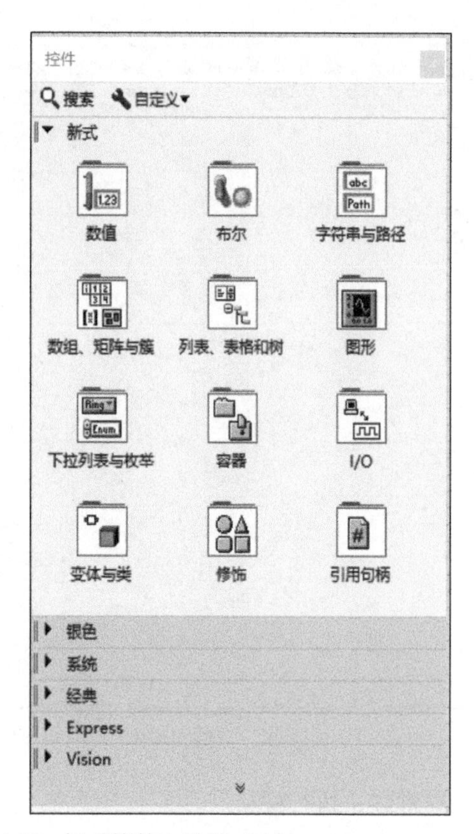

图 2-3　“函数”选板（左）与“控件”选板（右）

任务二　LabVIEW 基本函数

➢任务目标

1. 熟悉 LabVIEW 软件的基本编程函数。
2. 掌握顺序、选择、循环三种结构的图形化编程方法。
3. 掌握常用的函数使用方法。

➢知识链接

LabVIEW 软件有非常丰富的函数，其中囊括了很多类型的函数，可以处理各种不同的数据。由图 2-3 可以看到一些常用的函数，在函数库中找不到自己想要的函数时也可以在 NI 的官网中下载到相应的函数。本章来介绍一些比较常用的函数。

一、程序执行顺序

LabVIEW 是由数据流驱动的编程语言。在执行程序时按照数据在连线上的流动方向执行。同时，LabVIEW 也是自动多线程的编程语言。如果在程序中有两个并行放置，它们之间没有任何连线的模块，则 LabVIEW 会把它们放置到不同的线程中，并行执行，如图 2-4 所示。

顺序执行：数据会从控制型控件流向显示型控件，因此数据流经的顺序为“初始值”

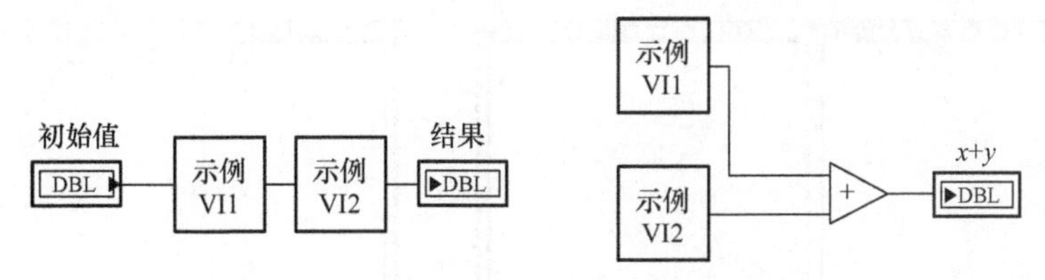

图 2-4　顺序执行（左）与并行执行（右）

控件→“示例 VI 1” →“示例 VI 2” →“结果” 控件。这也是 VI 的执行顺序。

并行执行：“示例 VI 1” 和 “示例 VI 2” 没有数据线相互连接，它们会自动被并行执行。所以这个 VI 的执行顺序是 “示例 VI 1” 和 “示例 VI 2” 同时被执行，当它们都执行完毕后，再执行 “ + ” 运算。

1. 顺序结构

如果需要让几个没有互相连线的 VI 按照一定的顺序执行，可以使用顺序结构来完成。图 2-5 所示为顺序结构在函数面板中的位置，函数→编程→结构→平铺式顺序结构。

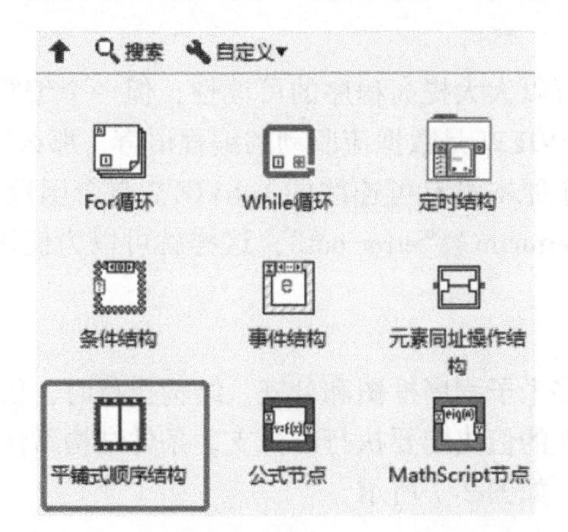

图 2-5　平铺式顺序结构在函数面板中的位置

当程序运行到顺序结构时，会按照一个框架接着一个框架的顺序依次执行。每个框架中的代码全部执行结束，才会执行下一个框架。把代码放置在不同的框架中就可以保证它们执行顺序。

LabVIEW 有两种顺序结构，分别是层叠式顺序结构和平铺式顺序结构。这两种顺序结构的功能完全相同。其中，平铺式顺序结构把所有的框架按照 “从左到右” 的顺序展开在 VI 框图上；而层叠式顺序结构的每个框架是重叠的，只有一个框架可以直接在 VI 框图上显示出来。在层叠式顺序结构不同的框架之间如果需要传递数据，则需要使用顺序结构局部变量。在函数面板中只可以调取平铺式顺序结构，如果要换成层叠式顺序结构，可右击顺序结构选择 “替换为层叠式顺序结构”。图 2-6 所示为平铺式顺序结构与层叠式顺序结构。

2. 顺序结构的使用

好的编程风格应尽可能少地使用层叠式顺序结构。层叠式顺序结构的优点是部分代码重叠在一起，可以减少代码占用的屏幕空间。但它的缺点也是显而易见的：因为每次只能看到程序的部分代码，尤其是当使用 sequence local 传递数据时，要搞清楚数据是从哪里传来的

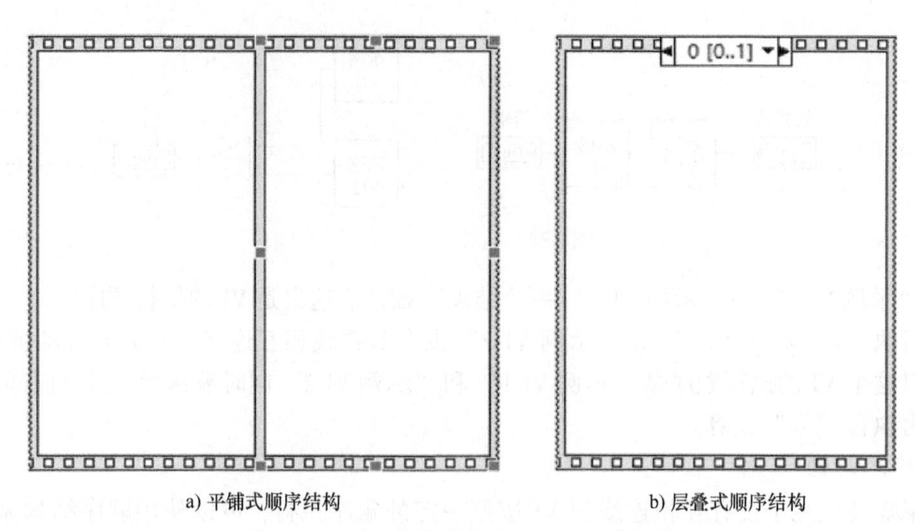

a) 平铺式顺序结构　　b) 层叠式顺序结构

图 2-6　平铺式顺序结构与层叠式顺序结构

或传到哪里去就比较麻烦。

使用平铺式顺序结构可以大大提高程序的可读性，但一个编写得好的 VI 是可以不使用任何顺序结构的。由于 LabVIEW 是数据流驱动的编程语言，那么完全可以使用 VI 间连线来保证程序的运行顺序。对于原本没有可连线的 LabVIEW 自带函数，如延时函数，也可以为其包装一个 VI，并使用 “error in”“error out”，这样就可以为使用它的 VI 提供连线了，以保证运行顺序。

二、条件结构

条件结构包括一个或多个子程序框图和分支。结构执行时，仅有一个子程序框图或分支执行。连线至选择器接线端的值决定要执行的分支。条件结构默认分支选择器是布尔量输入控件，选择器只有真和假，如图 2-7 所示。

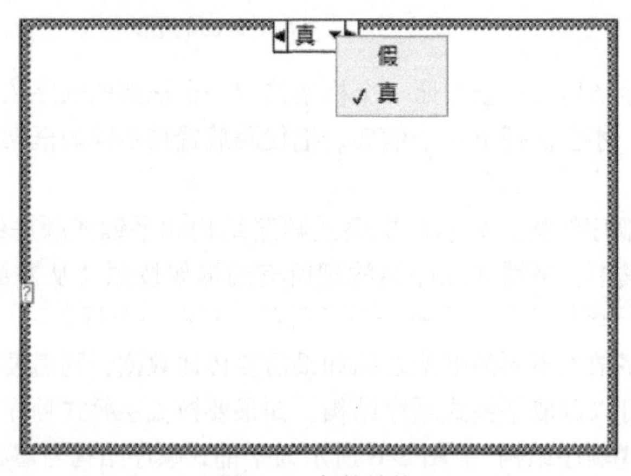

图 2-7　条件结构

条件结构左侧边框问号为分支选择器，当分支选择器接收 “真” 时会执行 “真” 里的程序，当分支选择器接收 “假” 时会执行 “假” 里的程序。图 2-8 所示为 “真” 与 “假” 里的对应程序和运行结果。

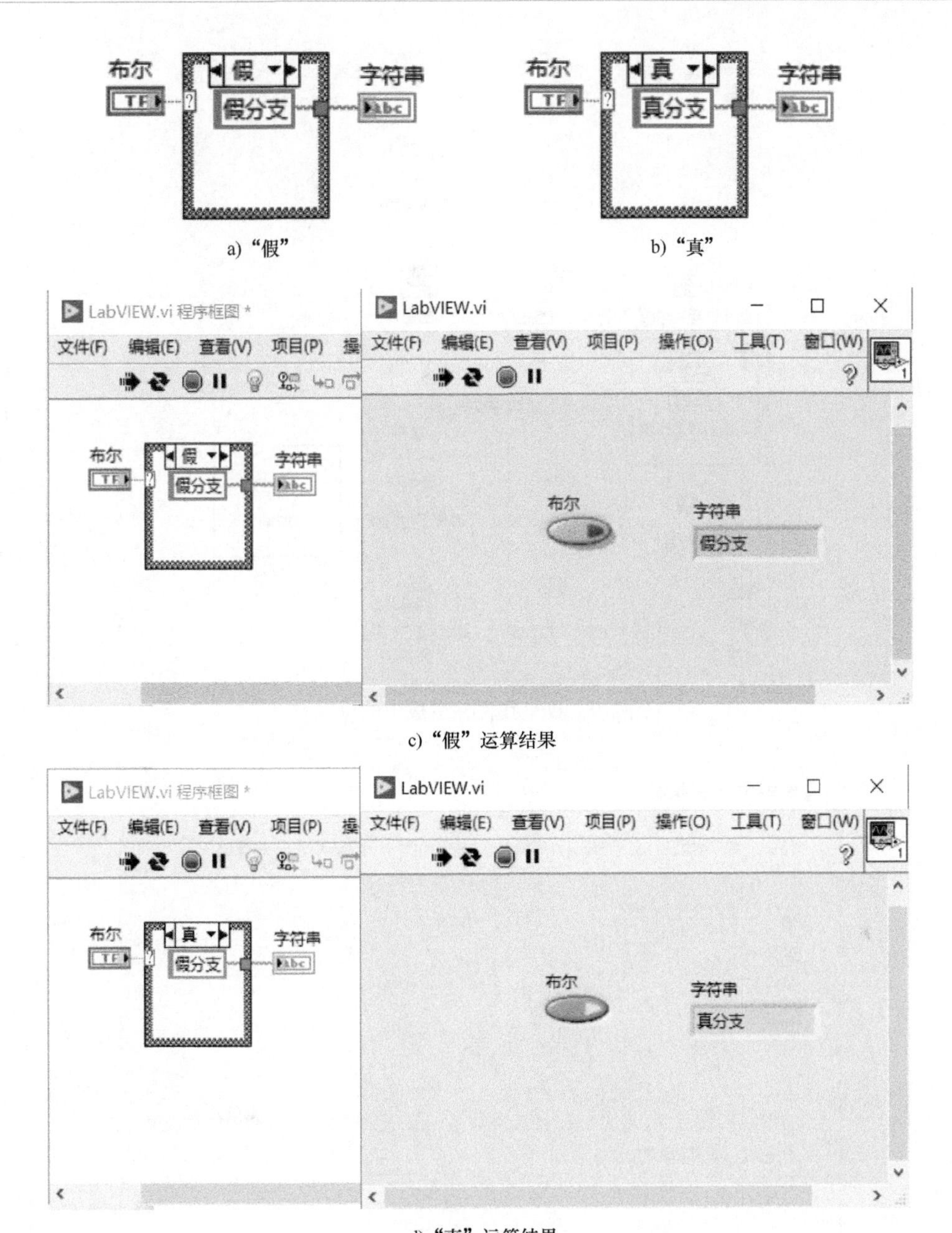

a)“假”　　b)“真”

c)“假”运算结果

d)“真”运算结果

图 2-8　运行结果

条件结构的分支选择器除了连接布尔输入控件，还可以连接枚举输入控件类型。使用枚举来连接分支选择器，可执行的程序就不止两个了，可以执行两个或两个以上的程序，真假的条件结构只能执行两个程序。使用“下拉列表”可以实现与使用枚举相同的功能。需要注意的是，枚举等控件需要在前面板中加以创建，如图 2-9 所示。

创建好枚举控件之后需要对枚举控件进行编辑，首先右击枚举控件选择最后的选项“属性”，然后选择“编辑项”，之后对会用到的各种条件进行编辑，名称可以任意选取，如图 2-10 所示。

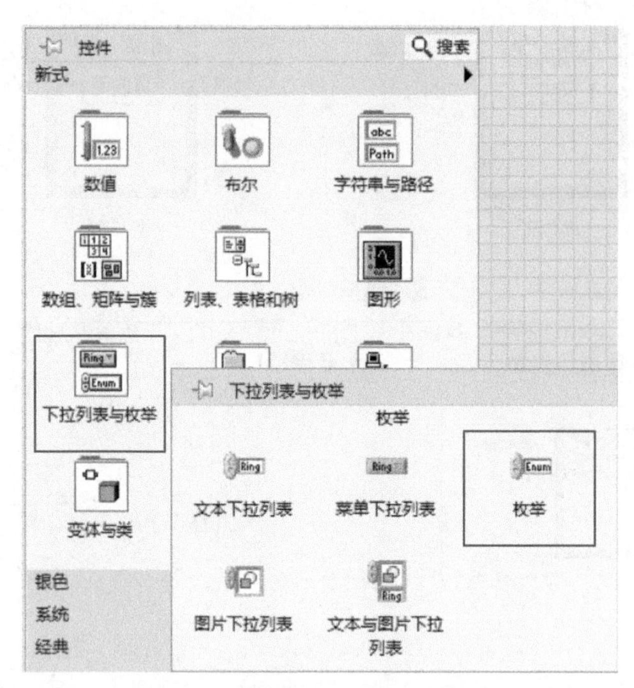

图 2-9　枚举在控件选板中的位置

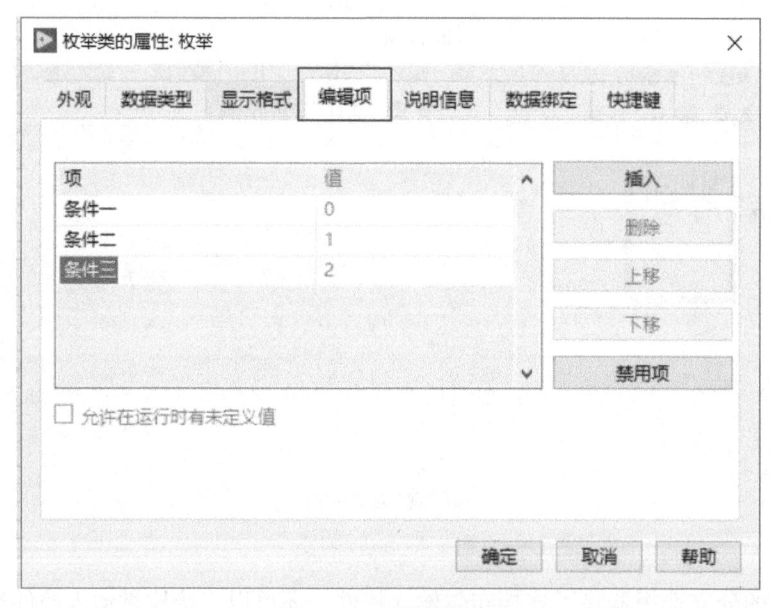

图 2-10　枚举属性框

编辑好枚举控件之后，该控件会显示出之前命名项的名字，单击之后会出现所有项的菜单以供选择，如图 2-11 所示。

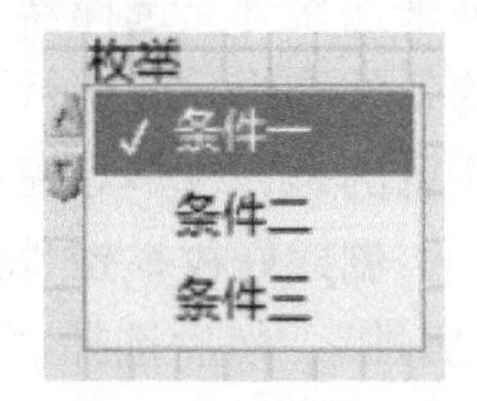

图 2-11　枚举菜单

编辑好枚举控件之后，将枚举与条件结构的分支选择器相连，分支选择器将会变成不同的颜色。这是因为不同的数据类型在 LabVIEW 中有不同的颜色，如图 2-12 所示。

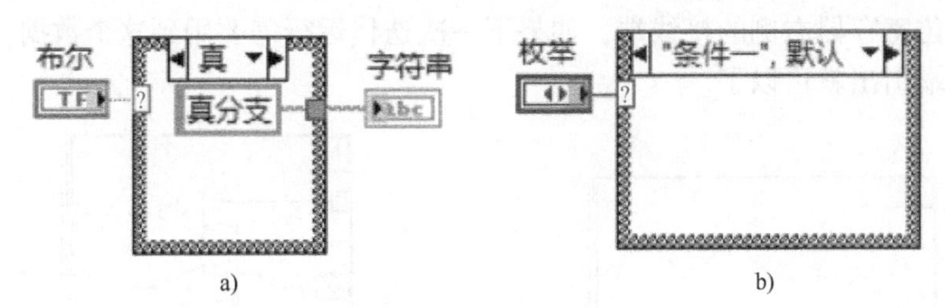

图 2-12　布尔与枚举对比

条件结构默认只有两个条件分支，想要再添加别的分支需要右击条件框添加分支，根据程序需求选择是在前面还是后面添加分支。添加好之后，将新添加的分支命名，需要与枚举控件里的相应条件命名一致才不会出现错误。再在不同的分支里写入不同的程序，可以通过枚举控件来切换，如图 2-13 所示。

条件结构的分支选择器不仅可以接收布尔、枚举类型的值，也可以直接接收数值、字符串错误簇等类型的值。

显示项
帮助
范例
说明和提示...
断点
结构选板
✓ 自动扩展?
取消整理程序框图
替换为层叠式顺序
删除条件结构
在后面添加分支
在前面添加分支
复制分支
删除本分支
为每个值添加分支
删除空分支
显示分支"条件二"
本分支设置为"条件二"
删除默认
删除并重连
属性

图 2-13　条件结构右键菜单

三、循环结构

LabVIEW 中的循环结构有 For 循环和 While 循环。其功能与文本语言的循环结构的功能类似，可以控制循环体内的代码执行多次。

1. For 循环

图 2-14 所示 For 循环有一个数据接收口（N）和一个数据输出口（i），（N）表示 For 循环执行的总次数，（i）为 For 循环执行的次数 $N-1$。

LabVIEW 中 For 循环的限制更多一些。

1）For 循环的迭代器只能从 0 开始，并且每次只能增加 1。

2）For 循环不能中途中断退出。C 语言里有 break 语句，但在 LabVIEW 中不可以中间停止 For 循环。

外部数据进入循环体是通过隧道进入的。图 2-15 所示的 For 循环结构演示了三种隧道结构，就是在 For 循环结构左、右边框上用于数据输入输出的节点。这三种隧道从上至下分别是：索引隧道、移位寄存器和一般隧道。

一般隧道，就是把数据传入传出循环结构。数据的类型和值在传入和传出循环结构的前、后不发生变化。

索引隧道是 LabVIEW 的一种独特功能。一个循环外的数组通过索引隧道连接到循环结构上，隧道在循环内一侧会自动取出数组的元素，依顺序每次循环取出一个元素。用索引隧道传出数据，可以自动把循环内的数据组织成数组。

通过移位寄存器传入、传出数据，数据的类型和值也都不会发生变化。移位寄存器的特殊之处在于，在循环结构两端的接线端强制使用同一内存。因此，上一次迭代执行产生的某一值，传给移位寄存器右侧的接线端，如果下一次迭代运行需要用到这个数据，从移位寄存器左侧的接线端引出就可以了。

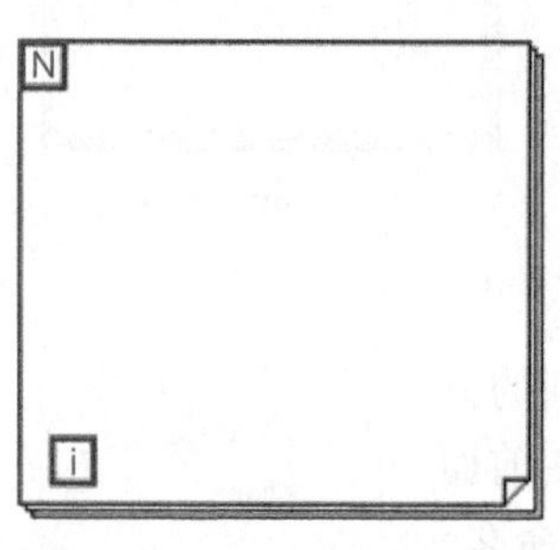

图 2-14　For 循环

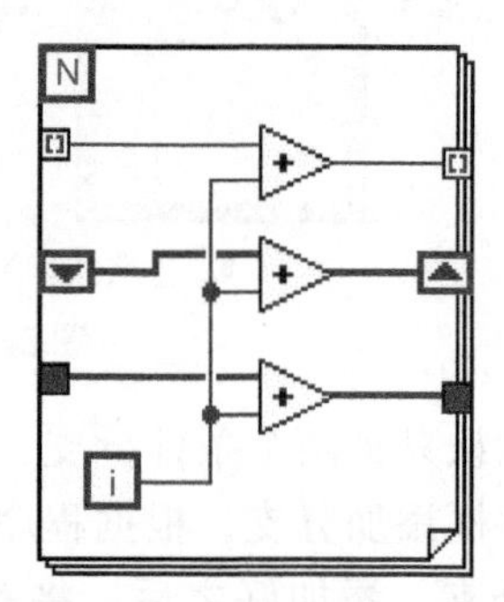

图 2-15　循环结构上的隧道

2. While 循环

While 与 For 循环一样，也有一个读取循环执行次数的输出（i）。图 2-16 所示 While 循环的右下角有一个红色的接收口，可以结束布尔值用来停止或继续运行程序。

LabVIEW 的 While 循环相当于文本语言中的 Do…While…循环。LabVIEW 的 While 循环至少要运行一次。

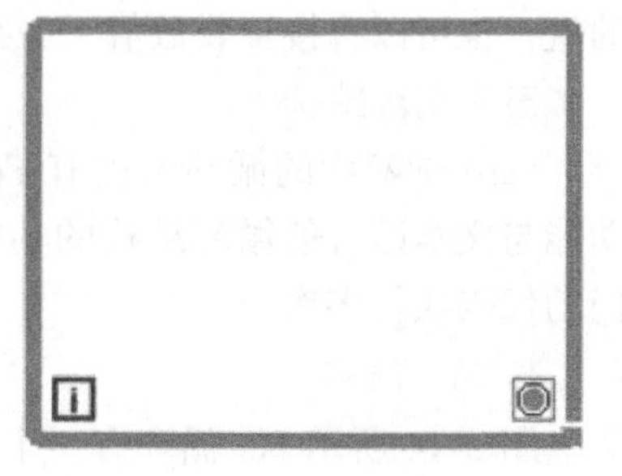

图 2-16　While 循环

For 循环中可以用的数据传递方式，几种隧道也都可以在 While 循环中使用。所以在很多情况下，While 循环可以替代 For 循环。

While 循环比 For 循环灵活的地方是可以进入循环后再决定何时循环结束。例如，希望当某一个变量大于一个值时停止循环，这种情况下不能预知循环次数，所以一定要使用 While 循环。

While 循环也有不利的方面：首先，For 循环更利于阅读，读者一眼就可以看出程序会运行多少次。其次，While 循环也可以使用带索引的隧道来构造数组，但是它的效率低于 For 循环。

如图 2-17 所示，用两种循环所产生的数组大小是相同的。但是如果使用的是 For 循环，LabVIEW 在循环运行之前，就已经知道数组的大小是 100，因此 LabVIEW 可以一次为数组分配一个大小为 100 的内存空间。但是对于 While 循环，由于循环次数不能在循环运行前确定，LabVIEW 无法一次就为数组 2 分配合适的内存空间。LabVIEW 会在 While 循环的过程

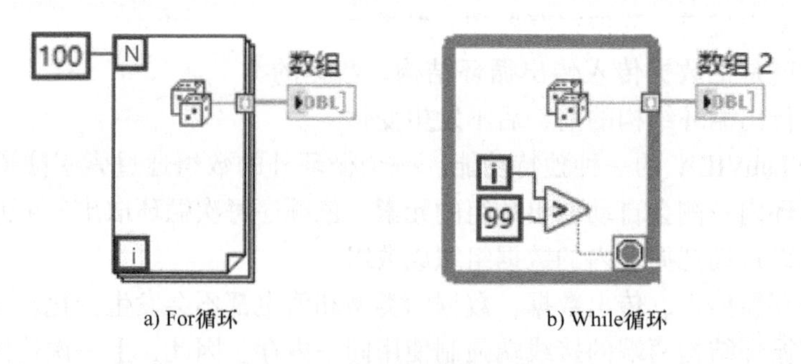

图 2-17　使用循环构造数组

中不断调整数组 2 内存空间的大小，因此效率较低。所以，在可以确定次数的情形下，最好使用 For 循环。

四、程序框图禁用结构

在调试程序时，常常会用到程序框图禁用结构。程序框图禁用结构中只有启用的一页会在运行时执行，而另一页是被禁用（即不被执行）的；并且在运行时，禁用页面里的 VI 不会被调入内存。所以，如果被禁用的页面有语法错误，也不会影响整个程序的运行。这是一般选择结构无法做到的。

如图 2-18、图 2-19 所示，如果在运行程序时暂时不希望将 test 写入到文件里，但又觉得有可能以后会用到。此时，就可以使用程序框图禁用结构把不需要的程序禁用掉。需要注意的是，程序框图禁用结构可以有多个被禁用的框架，但必须有且只能有一个被使用的框架。在被使用的框架中，一定要实现正确的逻辑，比如上面的例子中，在被使用的框架中一定要有连线把前、后的文件语病和错误处理连接好。

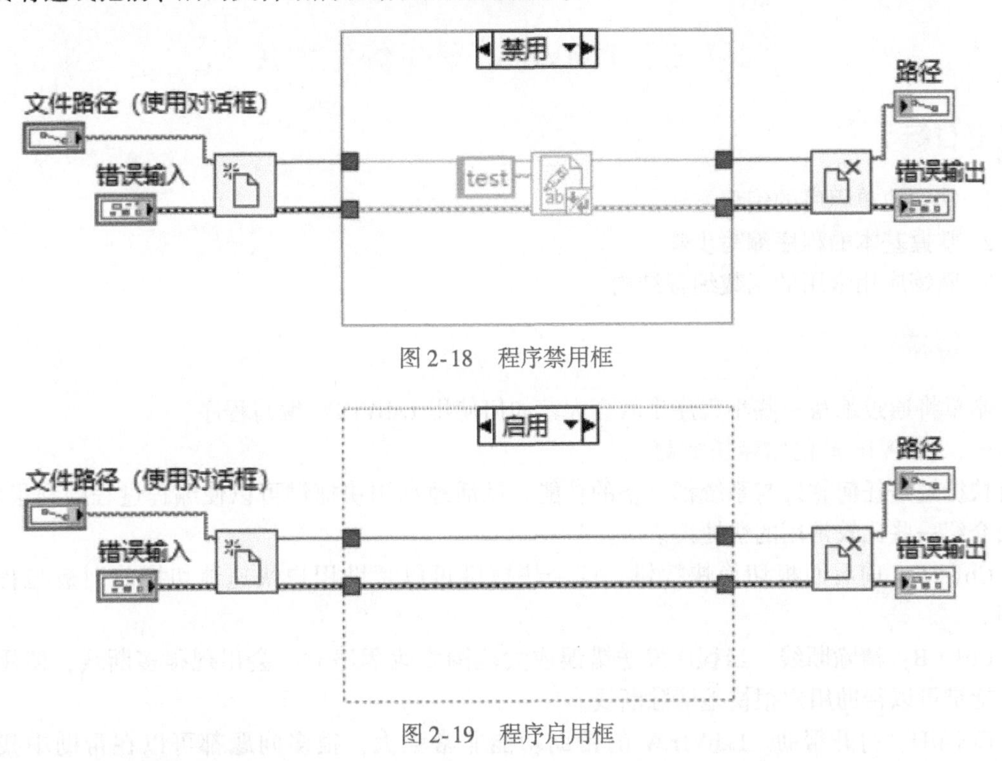

图 2-18　程序禁用框

图 2-19　程序启用框

五、即时帮助

LabVIEW 中有非常多的函数，这里并不能一一介绍清楚。在 LabVIEW 中遇到不会的函数可以借助“帮助”来找到该函数的说明，如图 2-20 所示。

图 2-20　“帮助”在 LabVIEW 程序框图中的位置

打开帮助，将鼠标放在需要说明的函数上将会显示出该函数的简要介绍，如图 2-21所示。当简要介绍并不能解决疑惑时，可以单击图 2-21 所示矩形框处打开详细帮助。在详细介绍中有非常详细的功能说明，并且有一些范例可供查询。

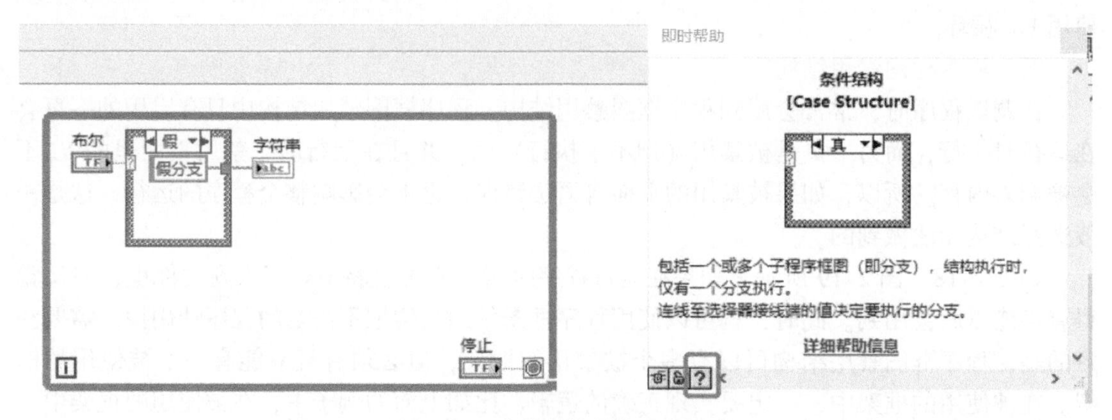

图 2-21　条件结构的简要介绍

任务三　LabVIEW 程序编写方法

➤任务目标

1. 掌握简单程序的编程方法。
2. 掌握基本的程序编写步骤。
3. 熟练应用常用的函数编程结构。

➤知识链接

本章将通过编写一些小程序来教会大家如何使用 LabVIEW 编写程序。

一、LabVIEW 的常用快捷键

快捷键是任何软件与系统都具备的功能，灵活地利用快捷键可以使编程过程顺利很多。下面介绍一些比较常用的快捷键。

Ctrl + E：前后面板切换快捷键。这个快捷键可以帮助用户快速地切换前面板与程序框图。

Ctrl + B：清除断线。当程序发送错误或大范围修改程序时，会出现很多断线，使用这个快捷键可以帮助用户很快地清除断线。

Ctrl + H：打开帮助。LabVIEW 的帮助功能非常强大，很多问题都可以在帮助中找到答案。

Ctrl + U：整理程序框图。整理程序框图在整体整理效果上来说并不是很好，但单独整理某一些选中的线时却有非常理想的效果。

Ctrl + N：创建一个新的 VI，通用快捷键。

Ctrl + S：保存 VI，通用快捷键。

Ctrl + O：快速打开一个 VI，通用快捷键。

Ctrl + R：运行 VI，在快速调试的时候使用这个快捷键将会节省很多时间。

Ctrl + I：打开 VI 属性。

Ctrl + W：关闭当前 VI。

二、创建 VI 与项目

在编写 LabVIEW 的程序之前，需要创建 VI 或者创建项目。创建 VI 很简单，按图 2-22 所示打开 LabVIEW 后可以直接在主界面使用快捷键 Ctrl + N 创建一个新的 VI，也可以单击左上角的“文件”然后选择“新建 VI”。

创建项目比创建 VI 稍微复杂一些，可以单击“文件”再选择“创建项目…”，也可以单击主界面上的 Project Create 来创建项目，单击之后都会跳到图 2-23 所示的界面，再根据自己的使用需求来创建项目。

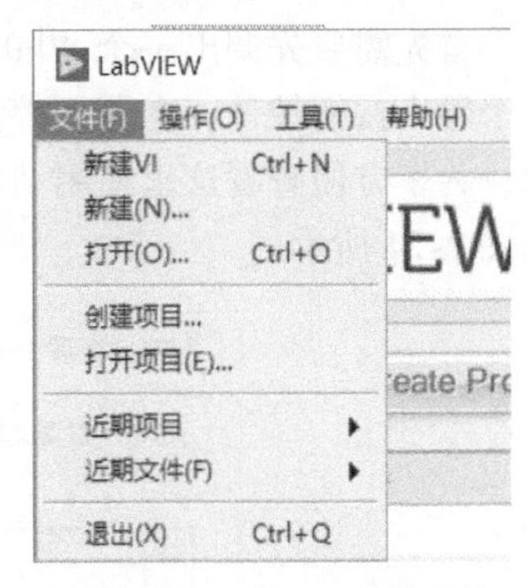

图 2-22　LabVIEW 文件菜单

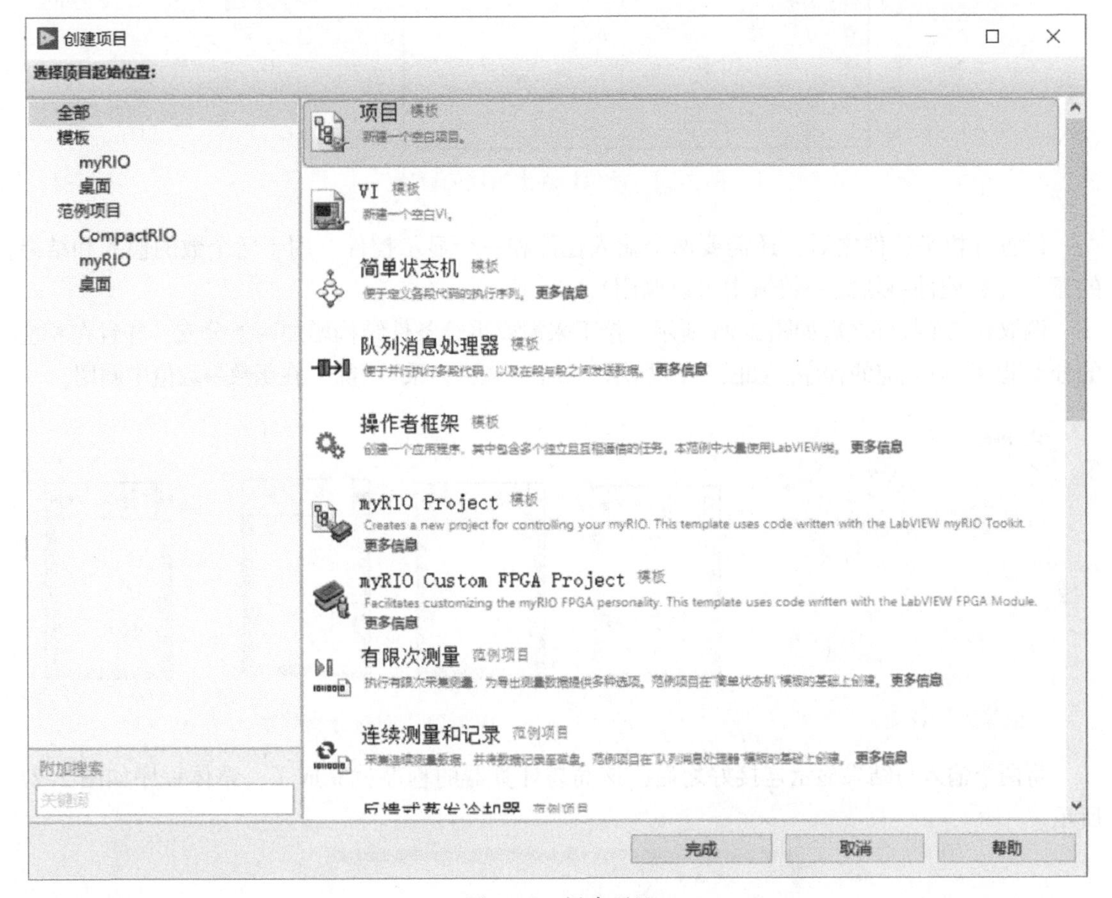

图 2-23　创建项目

三、简易计算器

在编写程序前，需要先理清楚思路，程序需要完成的功能、通过怎样的函数使时间功能最简便等，需要想好一个大概的构思。

这节编写的“简易计算器”需要实现加、减、乘、除 4 个功能，可以运算最少两个数，且需要连续运行。在上一个任务中介绍过条件结构，由于该计算器需要实现 4 个功能，使用条件结构来编写很合适，而且需要连续运行也需要 While 循环（因为没有次数限制所以不使用 For 循环）。

首先需要先调出一个 While 循环，并且设置成可以手动停止的模式，在条件接线端创建一个输入按钮控件，在需要停止时单击该控件即可停止。在 While 循环中调出一个条件结构，为了方便查看这里使用“枚举”控件来连接分支选择器。其中枚举控件编辑项的设置如图 2-24 所示。

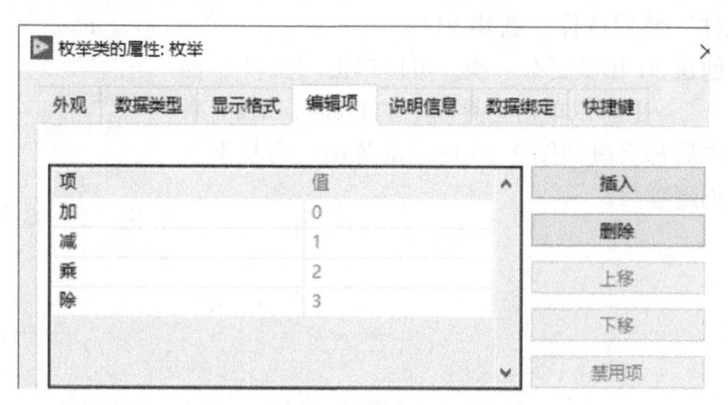

图 2-24　枚举控件编辑项的设置

设置好枚举控件之后，还需要两个输入控件和一个显示控件，用于两个数的输入和结果的显示（在控件→新式→数值中可以调用）。

调取好三个控件之后如图 2-25 所示，接下来需要再给条件结构增加两条分支，并且在相应的分支里编写好相应的程序。如图 2-26 所示，“加”“减”“乘”“除”在函数→数值中调用。

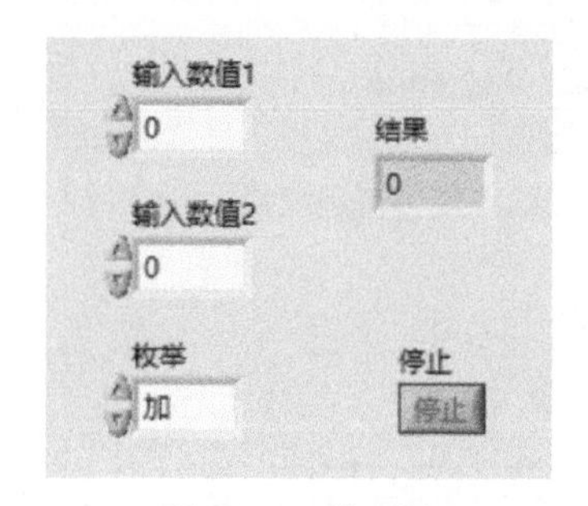

图 2-25　前面板

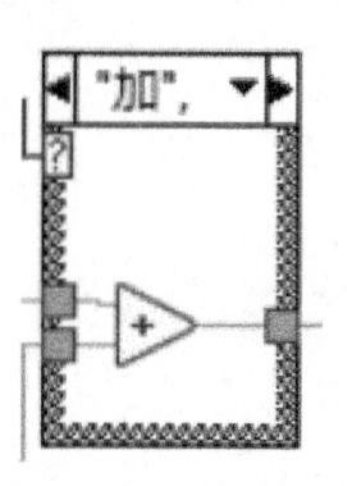

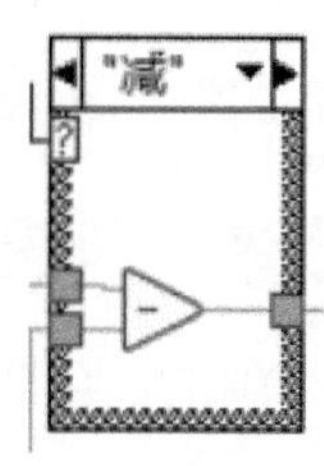

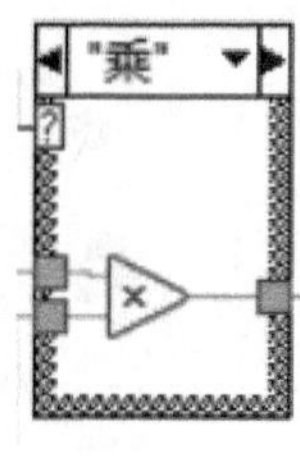

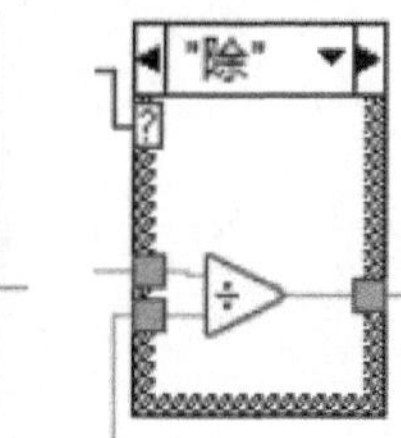

图 2-26　对应分支程序

将两个输入与结果显示连接好之后，该简易计算器的程序就完成了，整体程序如图 2-27 所示。

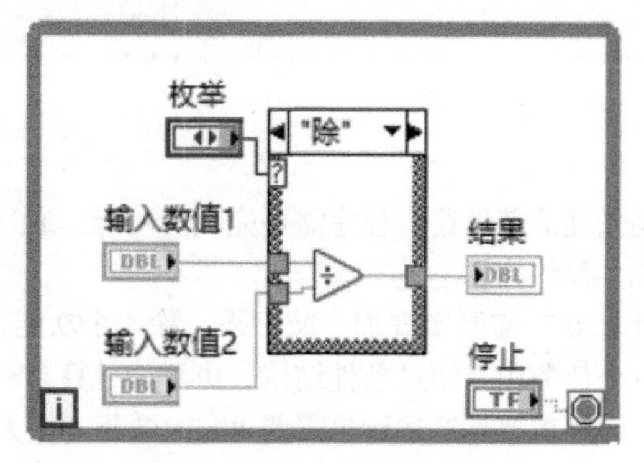

图 2-27　程序框图面板

➤任务测评（见表2-1）

【专家寄语】 只有动手做过之后，实践是检验真理的唯一标准。

表2-1　任务评分标准

序号	评分内容	评分标准	配分	得分
1	LabVIEW使用方法		1分	
2	LabVIEW基本函数		4分	
3	程序编写方法		5分	

项目二　NI myRIO 控制器控制技术

➢任务目标

1. 掌握基于 I/O 的数据控制方法。
2. 构建上位机的无线 WiFi 通信控制。
3. 开启上电自启动运行模式的控制。
4. 基于自定义按键控制双色 LED 灯。
5. 基于虚拟滑动杆电动机的调速和正反转控制。
6. 基于无线手柄控制机器人全向移动。

➢任务导入

任何机器人的运行控制必须有核心控制器，控制器的种类很多，有基于各种单片机的和基于 Arduino 和树莓派的，还有基于工控机的。这里介绍的是 NI myRIO 控制器。NI myRIO 是 NI 针对教学和学生创新应用而最新推出的嵌入式系统开发平台。

➢知识链接

一、认识 NI myRIO

NI myRIO 内嵌 Xilinx Zynq 芯片，使学生可以利用双核 ARM Cortex - A9 的实时性能以及 Xilinx FPGA 可定制化 I/O，学习从简单嵌入式系统开发到具有一定复杂度的系统设计，如图 2-28 所示。

图 2-28　NI myRIO

NI myRIO 作为可重复配置、可重复使用的教学工具，在产品开发之初即确定了以下特点：

（1）易于上手使用　引导性的安装和启动界面可使学生更快地熟悉操作，帮助学生学习众多工程概念，完成设计项目。

（2）编程开发简单　通过实时应用、FPGA、内置 WiFi 功能，学生可以远程部署应用，“无头”（无需远程计算机连接）操作。三个连接端口（两个 MXP 和一个与 NI　myDAQ 接口相同的 MSP 端口）负责发送/接收来自传感器和电路的信号，以支持学生搭建的系统。

（3）板载资源丰富　共有 40 条数字 I/O 线，支持 SPI、PWM 输出、正交编码器输入、UART 和 I2C，以及 8 个单端模拟输入、2 个差分模拟输入、4 个单端模拟输出和两个对地参考模拟输出，方便通过编程控制连接各种传感器及外围设备。

（4）安全性　直流供电，供电范围为 6 ~ 16V，根据学生用户的特点增设特别保护电路。

（5）便携性　NI myRIO 上所有这些功能都已经在默认的 FPGA 配置中预设好，能使学生在较短时间内就可以独立开发完成一个完整的嵌入式工程应用项目，特别适合用于控制、机器人、机电一体化、测控等领域的课程设计或学生创新项目。当然，如果有其他方面的嵌入式系统开发应用或者一些系统级的设计应用，也可以用 NI myRIO（以下简称 myRIO）来实现。

二、认识 myRIO 端口

NI myRIO－1900 的核心芯片是 Xilinx Zynq－7010，该芯片集成了 667 MHz 双核 ARM Cortex－A9 处理器，以及包含 28KB 逻辑单元、80 个 DSP slices、16 个 DMA 通道的 FPGA。此外，NI myRIO－1900 提供了丰富的外围 I/O 接口，包括 10 路模拟量输入（AI）、6 路模拟量输出（AO）、40 路数字输入与输出（DIO）、1 路立体声音频输入与 1 路立体声音频输出等。

为了方便调试和连接，NI myRIO－1900 还带有 4 个可编程序控制的 LED，1 个可编程序控制的按钮和 1 个板载三轴加速度传感器，并且可提供 +/－15V 和 +5V 电源输出。

NI myRIO－1900 内置了 512MB DDR3 内存和 256MB 非易失存储器，此外，可通过 NI myRIO－1900 集成的 USB Host 连接外部 USB 设备。NI myRIO－1900 可通过 USB 或 WiFi 方式与上位机相连接。

NI myRIO－1900 的端口如图 2-29 所示。

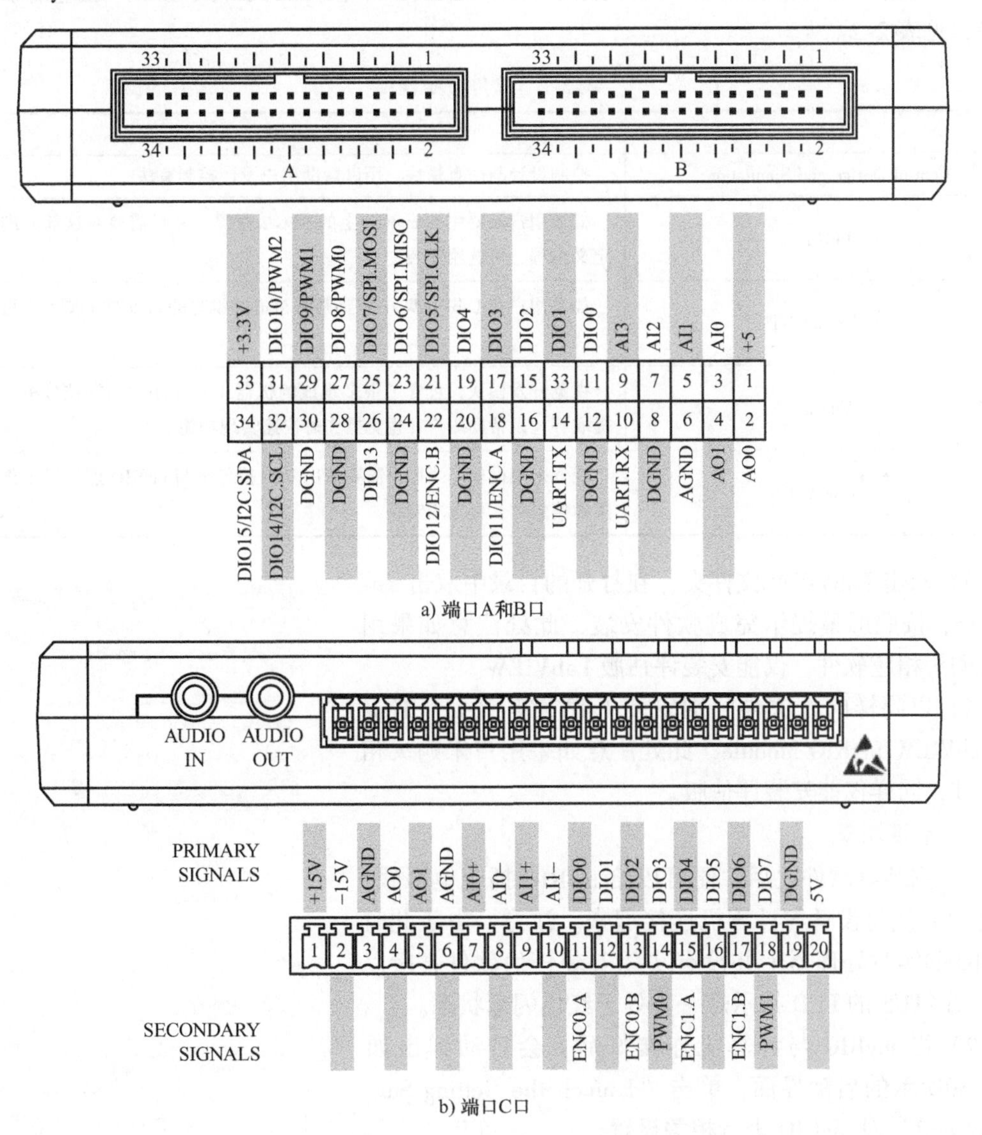

a) 端口A和B口

b) 端口C口

图 2-29　端口 A、B、C 口

➢任务准备

一、软件安装

在使用一个新的 myRIO 之前，需要在计算机上安装软件并对其进行配置，以做好系统开发的准备。必须安装的软件有：LabVIEW、LabVIEW Real - Time（LabVIEW 实时模块）、LabVIEW myRIO Module（LabVIEW myRIO 模块）。

1. 安装软件

请按以下步骤安装软件：

1）将 NI LabVIEW 2014 myRIO SOFTWARE BUNDLE，DVD1 光盘插入计算机光驱。屏幕上会自动弹出 AutoPlay 的对话框，单击“Open folder to view files”以查看安装文件。

2）双击“Distribution”，可看到除了必须安装的三个软件的文件夹之外，还包括下列文件夹，见表 2-2。

表 2-2　软件资源作用

目录	说明
Control Design and Simulation	控制设计与仿真模块，用以帮助用户设计控制算法
FPGA	如果用户需要用到 myRIO 上的 FPGA 资源，并且需要对这部分进行自定义编程，可选用安装
MathScript RT	如果用户在 LabVIEW 中需要调用 Matlab 编写的 m 文件的脚本，可选用安装
Vision	视觉开发模块，包含了很多现成的机器识别算法，如颗粒分析、边缘提取等，以帮助用户在视觉操作时快速实现功能
VisionAcq	视觉采集模块，当用户需要使用 USB 摄像头与 myRIO 连接以采集视频图像信息时，可选用安装

3）双击 LabVIEW 文件夹，在打开的目录中双击 setup. exe，按照屏幕提示完成软件安装，此处注意如果用户未购买相应软件，仅能安装评估版 LabVIEW。

4）以同样的方法再分别安装 LabVIEW Real - Time 和 LabVIEW myRIO Module，此处注意如果用户未购买相应软件，同样仅能安装评估版。

2. 连接测试

1）安装好软件之后，便可以给 myRIO 插上电源线，并用 USB 线将设备与计算机连接起来。注意：由于此时 myRIO 的实时处理器上并没有实际安装任何软件，所以右侧 STATUS 的 LED 指示灯一直处于红色闪烁状态。

2）当 myRIO 与计算机连接好后，会自动弹出如图 2-30所示的启动界面，单击“Launch the Getting Started Wizard”对 myRIO 进行相关设置。

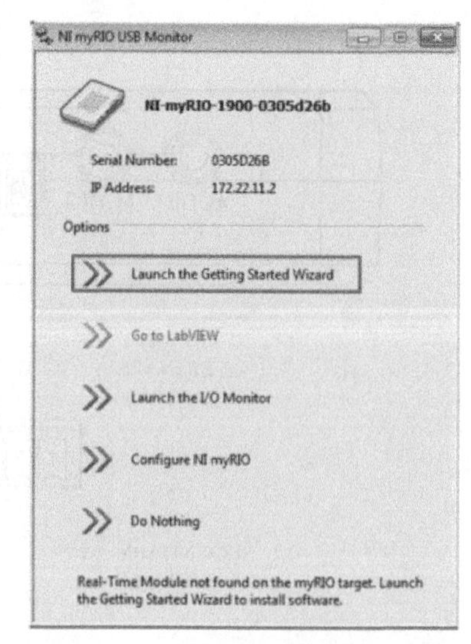

图 2-30　NI myRIO USB 启动界面

界面功能说明见表2-3。

表2-3　界面功能说明

选项	说明
Launch the Getting Started Wizard	通过Getting Started Wizard，用户可以迅速查看NI myRIO的功能状态。向导的功能有：检查已连接的NI myRIO，连接到选中设备，给NI myRIO安装软件或进行软件更新，为设备重命名，以及通过一个自检程序测试加速度传感器、板载LED以及板载自定义按钮
Go to LabVIEW	选择此项后直接弹出LabVIEW Getting Started窗口
Configure NI myRIO	选择后打开一个基于网页的NI myRIO配置工具
Do Nothing	用户可通过此选项关闭NI myRIO USB启动窗口

3）找到已安装的设备之后，单击“Next”，在下一个界面中可以看到其序列号，用户也可以修改设备名称，但之后需要重启myRIO。再次单击“Next”之后，会自动将上位机已经安装的相关软件在myRIO上创建一套实时操作的副本，这一过程可能会花费几分钟的时间。由于myRIO在安装完软件之后需要重启，因此启动界面会再次出现，单击“Do Nothing”即可。

myRIO的ARM处理器上运行的是Linux RT实时操作系统，不过一般情况下用户不需要关心底层的操作系统细节，因为LabVIEW实时模块会帮助用户和操作系统打交道，开发者只需要集中精力实现功能即可。

4）随后安装向导会提供一个图2-31所示的测试面板，使用户可以自由测试myRIO上的三轴加速度计和LED灯的硬件性能。单击“Next”完成安装，下面就可以在LabVIEW中对myRIO进行进一步的自定义开发了。

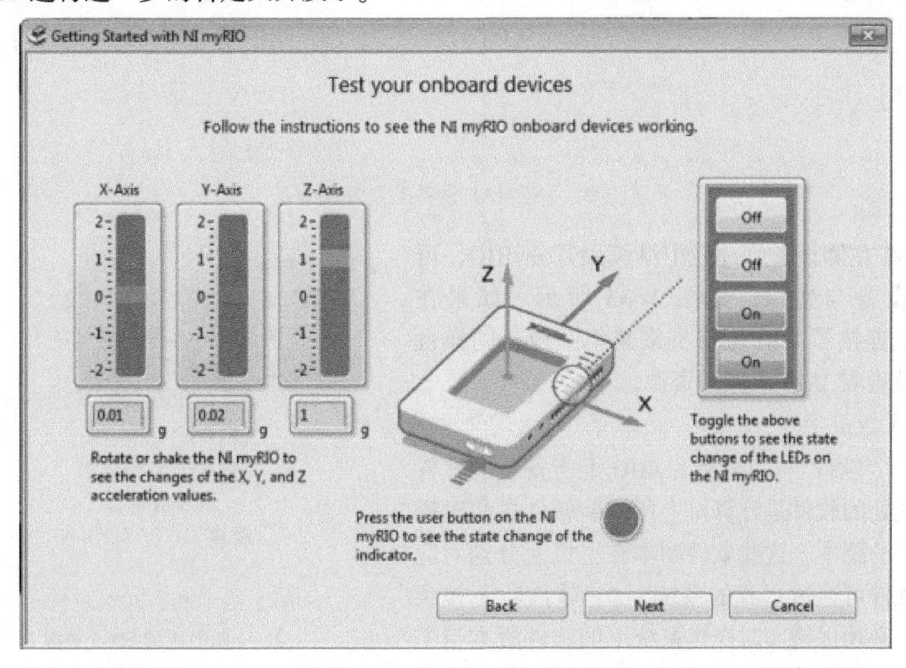

图2-31　NI myRIO测试面板

二、软件配置

1. 资源查看

1）双击打开配置管理软件 NI MAX，在左侧一栏的远程系统中可查看到当前连接的 myRIO 设备。单击打开之后，可在页面右方看到设备的相关信息。在 IP 地址一栏中，以太网地址指通过 USB 线连接到的网址。

虽然 myRIO 实质上是通过 USB 线实现与计算机相连的，但由于计算机的驱动会将 USB 端口虚拟成网口，所以计算机会将 myRIO 识别成通过网络与其相连的设备。NI MAX 设备配置管理界面如图 2-32 所示。

图 2-32　NI MAX 设备配置管理界面

2）在左侧设备管理栏中继续展开 myRIO，可看到其设备与接口，如图 2-33 所示。如果在 myRIO 上连接了 USB 摄像头来采集图像，同样也能在此处查看 USB 摄像头资源。

远程系统
NI-cRIO9075-01633ED2
NI-myRIO-1900-0305d26b
设备和接口
myRIO-1900 "RIO0" ——①
ASRL1::INSTR
ASRL2::INSTR ——②
网络设备
软件

图 2-33　设备和接口资源

①—myRIO 上的 FPGA 资源

②—myRIO ASRL 接口串行设备

2. 资源配置

展开“软件”，可看到 myRIO 上所安装的软件信息，此处的软件是计算机上所安装软件在实时操作系统下的副本，这些软件副本在主机上分别对应的安装软件可通过“我的系统”／“软件”下拉菜单查看，必须保持实时操作系统下的软件版本与主机相一致，程序才能正确无误地编译并下载至实时操作系统中在 myRIO 上运行。因此，当主机有软件或驱动软件的版本升级时，实时操作系统下的软件副本也需要一起升级。

1）通过右击 myRIO 下的“软件”按钮，选择“添加/删除软件”，或者直接单击右侧页面顶端的“添加/删除软件”按钮，如图 2-34 所示。如果此处有要求管理员权限，密码默认为空。

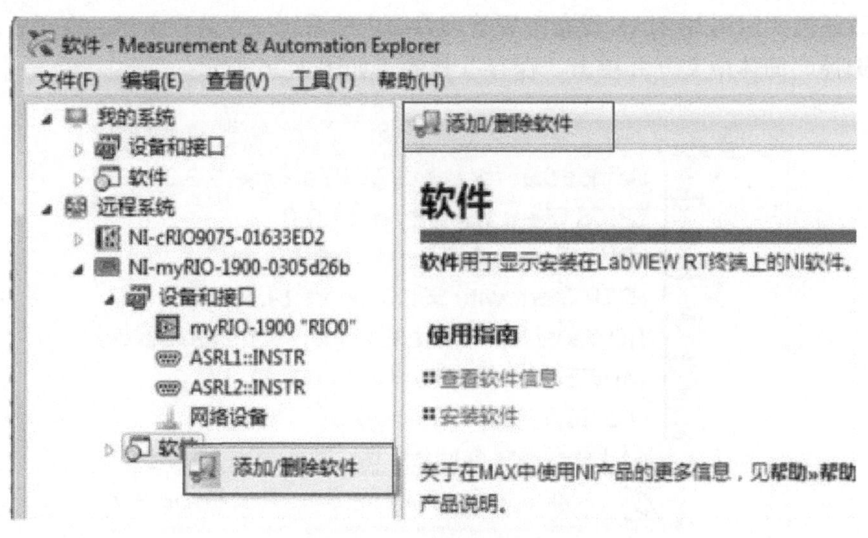

图 2-34　添加/删除软件

2）在打开的对话框中，可以看到当前在 myRIO 上安装的软件版本，单击“自定义软件安装”和“下一步”按钮，在弹出的对话框中选择“确定要手动选择安装组件”，如图 2-35 所示。

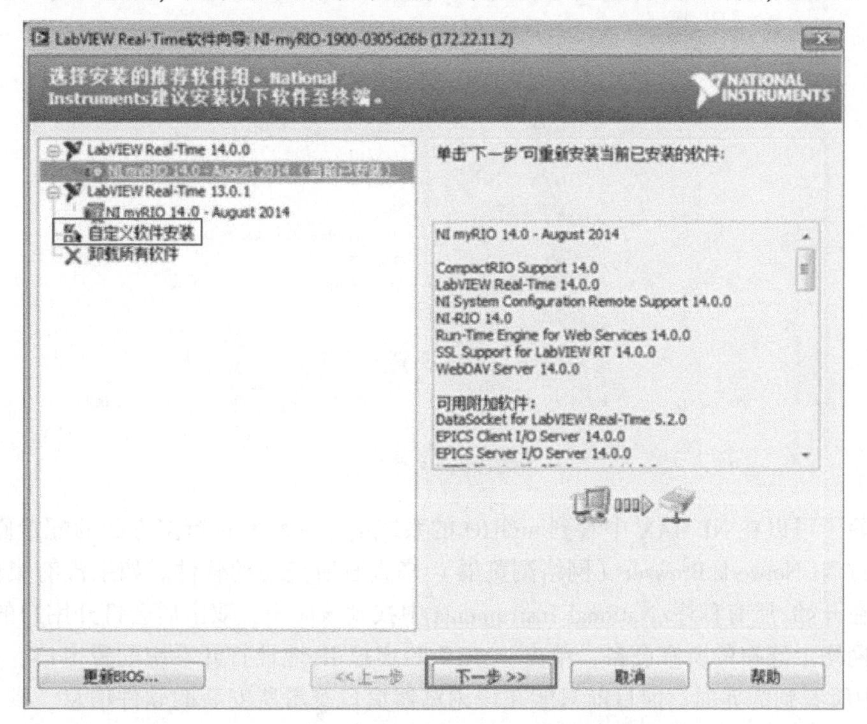

图 2-35　LabVIEW Real - Time 软件向导

在左侧滑动栏中便能看到需要安装或卸载的组件，选择需要更新的软件，在右侧主机的可用版本中选择更新后的版本，单击“下一步”按钮便能将软件同步更新到myRIO上。

如果用户安装的是中文版LabVIEW软件，在使用上一节介绍的安装向导自动在myRIO上安装软件后，下载LabVIEW程序时系统会提示语言版本不匹配的错误，可以通过在上述自定义软件安装的可选组件中选择安装Language Support for Simplified Chinese来解决此问题，安装完之后还需要回到NI MAX设备配置管理界面中的系统设置选项卡里，在语言环境的下拉菜单中选择“简体中文”并单击“保存”标签，如图2-36所示。

图2-36　保存配置

用户除了可以在NI MAX中看到myRIO的系统信息并对其进行多方面的配置修改之外，还可以通过NI Network Browser（网络浏览器）来查看所安装的软件。如果没有桌面快捷方式，可以在开始/所有程序/National Instruments中找到该应用，双击后会打开用户的浏览器，即时搜索网络上连接的所有设备，单击myRIO的虚拟IP地址打开系统配置窗口，类似于在NI MAX中所看到的界面，但目前只能在该浏览器窗口查看所安装的软件信息，配置修改等操作还需要在NI MAX中完成。

➤任务实施

任务一　基于 I/O 数据控制

做完前面的准备工作之后，便可以打开 LabVIEW 开发第一个 myRIO 项目了。在启动时弹出的 Set Up and Explore 对话框中，用户可以尝试单击“Access Getting Started Tutorials”，它会链接到一个 myRIO 项目开发的在线指导，对新手很有帮助。此外，可以发现安装了 myRIO 模块之后的 LabVIEW 启动界面上会有更多的帮助链接，除了上述的 Set Up and Explore，还有 Do a Project 和 Get Suppot，可以将用户链接至一些指导网页或者论坛，提供更多现成的范例等学习资源。

1. 打开 LabVIEW 软件

LabVIEW 软件启动界面如图 2-37 所示。

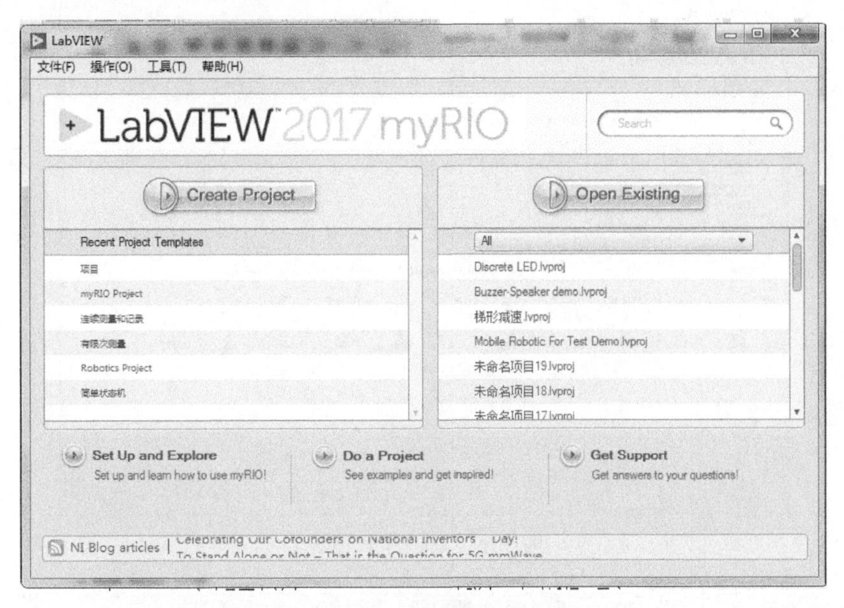

图 2-37　LabVIEW 软件启动界面

2. 创建 myRIO 工程

在 LabVIEW 启动界面上单击“Create Project”，会弹出一个对话框，用户可以在左侧看到不同的模板，选择 Templates/myRIO 之后会出现相应的一些模板，如图 2-38 所示。

选择创建 myRIO　Project，用户可以自行修改 Project　Name 和 Project　Root。在 USB 线连接着 myRIO 和计算机的情况下，在 Target 一栏中会自动搜索到已连接的硬件设备。

如果用户当前没有 myRIO，可以在 Target 一栏中选择“Generic Target”先进行程序的开发，在后面再连接上硬件之后便可以直接运行。单击“Finish”完成工程的创建。

3. 删除自带 VI，创建自己的 VI 并命名保存

选中“Main. vi”，右击选择“从项目中删除”，删除后选中设备“myRIO－1900”，右击选择“新建”/“VI”，并命名保存，如图 2-39 所示。

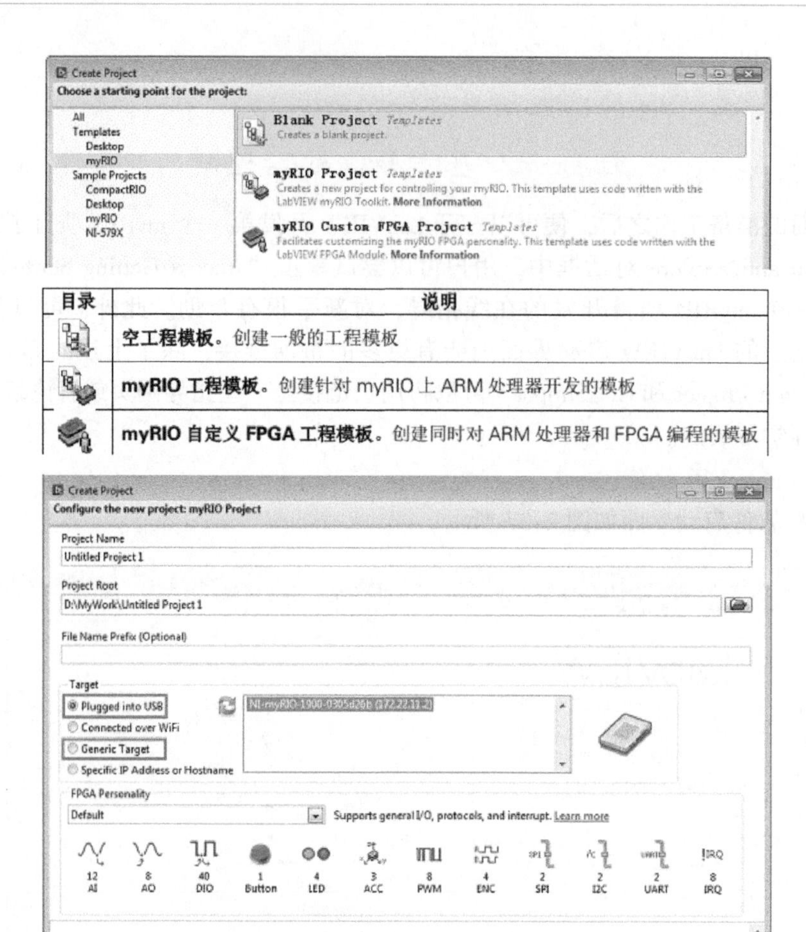

目录	说明
	空工程模板。创建一般的工程模板
	myRIO 工程模板。创建针对 myRIO 上 ARM 处理器开发的模板
	myRIO 自定义 FPGA 工程模板。创建同时对 ARM 处理器和 FPGA 编程的模板

图 2-38　创建工程模板

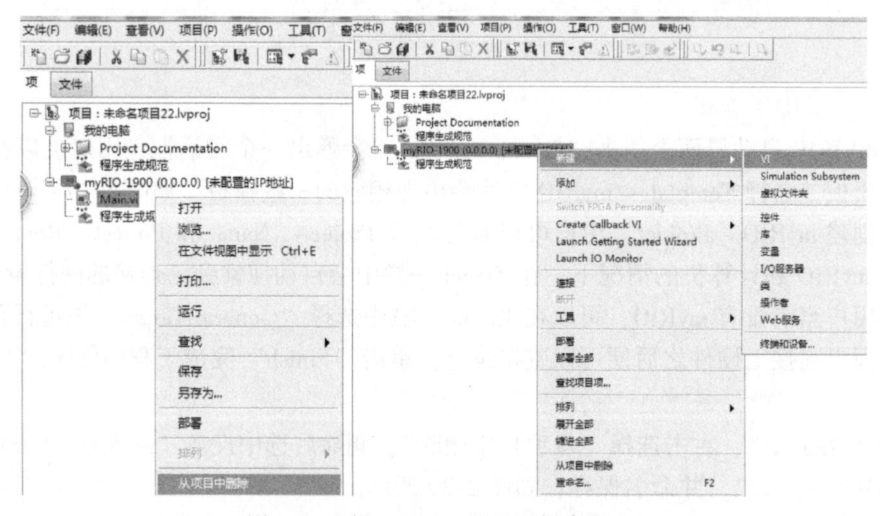

图 2-39　在 myRIO 工程里面创建新 VI

4. 数据 IO 口控制

在程序面板中右击选择“myRIO”，会出现关于 myRIO 的控制函数，其中，有模拟输入、模拟输出、数字输入、数字输出 4 个 IO 数据控制函数，如图 2-40 所示。

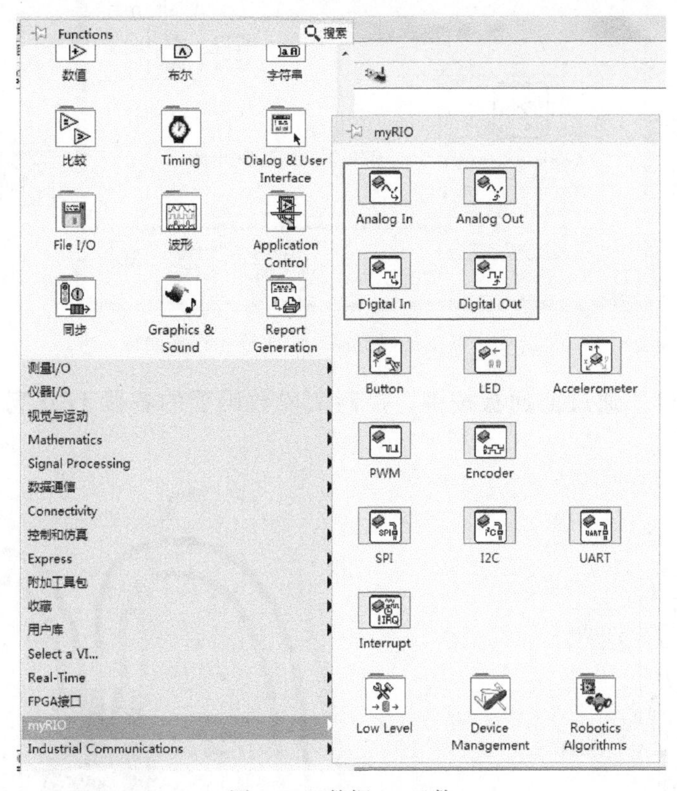

图 2-40　数据 IO 函数

（1）模拟 IO 口　通过检测模拟输入 B/AI0 上的电压。转动电位器转盘，观察模拟输入上感知到的电压发生相应变化。电位器用作地面和 +5V 电压之间的可调分压器，观察到电位器转盘从一个极端到另一个极端转动一圈，能让电压从 0V 上升到 5V，如图 2-41 所示。

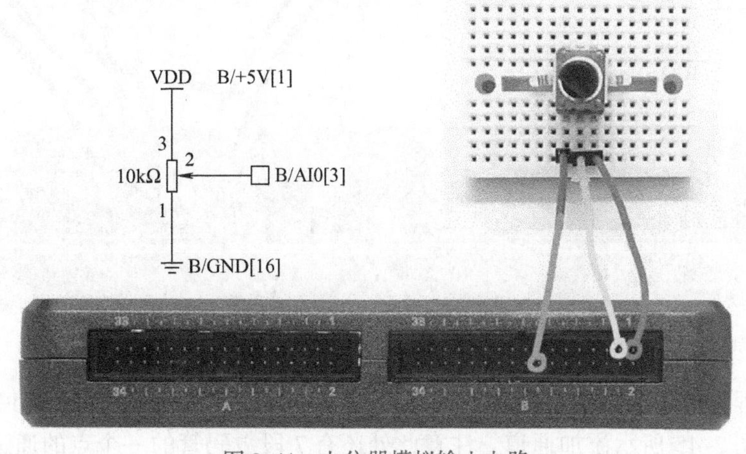

图 2-41　电位器模拟输入电路

电位器模拟输入前面板和程序面板如图 2-42 所示。

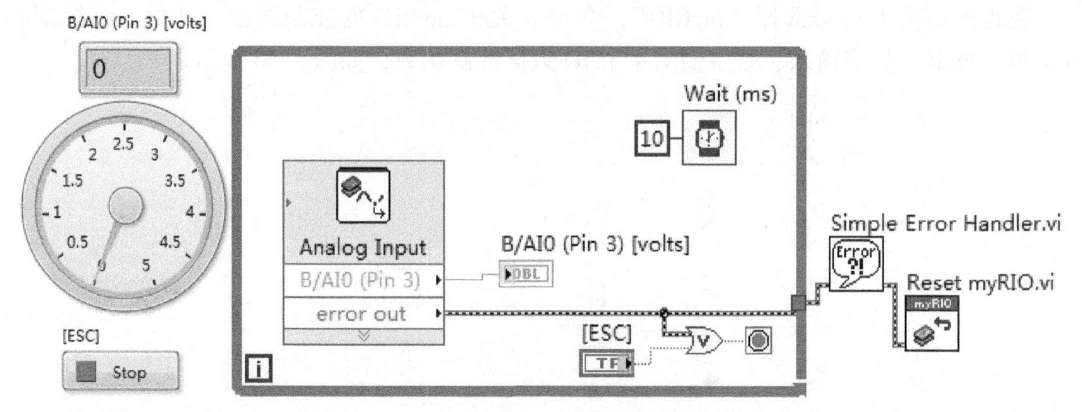

图 2-42　电位器模拟输入前面板和程序面板

（2）数字 IO 口　通过前面板按键，控制 7 段数码管的各段 LED 亮灭。电路连接如图 2-43所示。

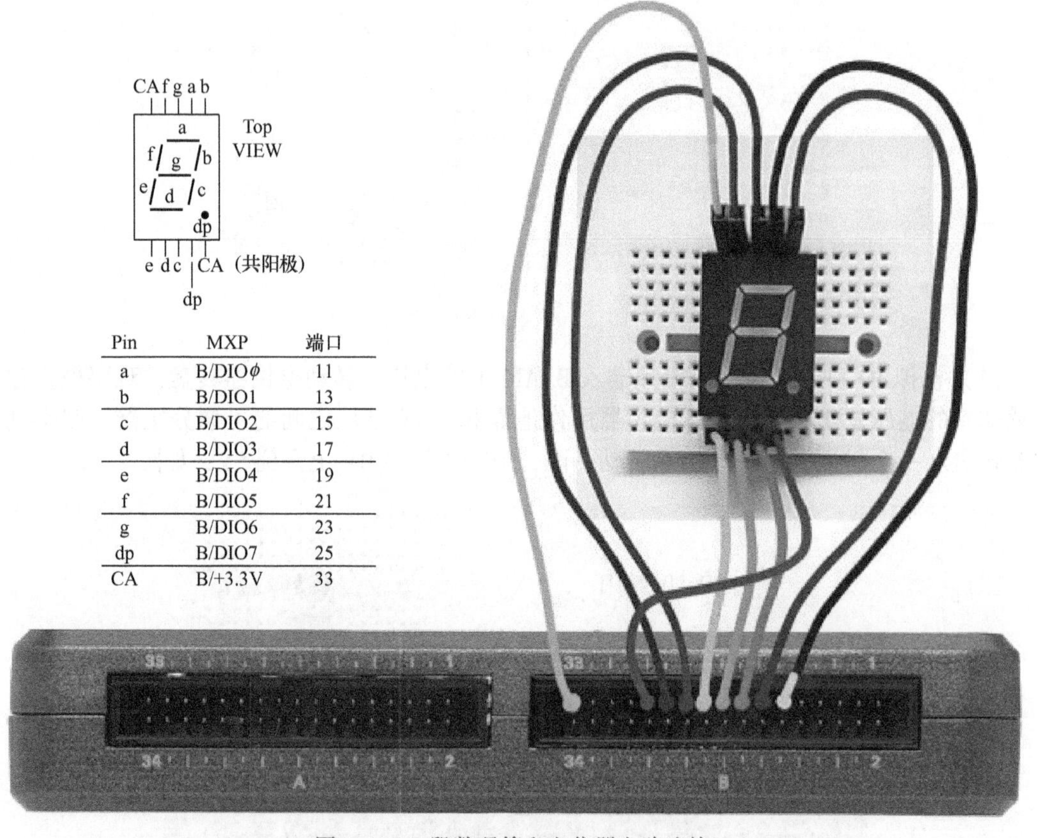

Pin	MXP	端口
a	B/DIOϕ	11
b	B/DIO1	13
c	B/DIO2	15
d	B/DIO3	17
e	B/DIO4	19
f	B/DIO5	21
g	B/DIO6	23
dp	B/DIO7	25
CA	B/+3.3V	33

图 2-43　7 段数码管和电位器电路连接

前面板和程序框图如图 2-44 所示。将数码管端口 a ~ g 分别接到通道 DIO0 ~ DIO6 上，所以可以按照图 2-45 所示添加通道，注意此处还有 7 段数码管的一个点的通道。

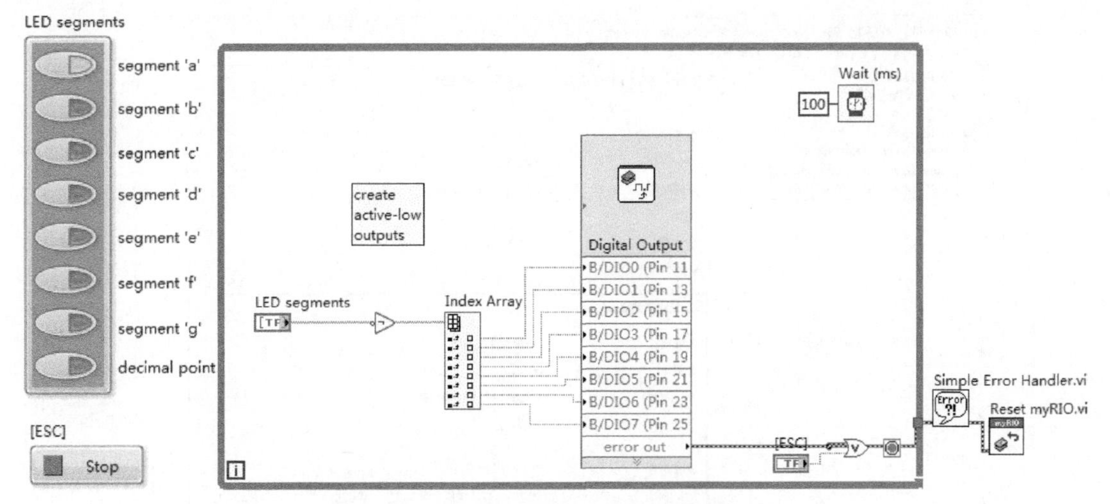

图 2-44　7 段码管前面板和程序框图

Configure Digital Output (Default Personality)

Configuration　View Code　Connection Diagram

Node name: Digital output

Channel:　Custom channel name:

B/DIO0 (Pin 11)

B/DIO1 (Pin 13)

B/DIO2 (Pin 15)

B/DIO3 (Pin 17)

B/DIO4 (Pin 19)

B/DIO5 (Pin 21)

B/DIO6 (Pin 23)

B/DIO7 (Pin 25)

图 2-45　添加 IO 口

任务二　构建上位机的无线 WiFi 通信控制

一、配置 WiFi 连接

1）在完成 WiFi 连接配置之前，还需要用 USB 线缆连接 myRIO 与计算机。打开 NI MAX，在远程系统中找到此时用 USB 线缆连接的 myRIO，单击选中。在右侧的配置管理界面中，选择“网络设置”选项卡。在“以无线适配器”一栏中可以看到 myRIO 用 USB 连接时虚拟网口的相关信息，如图 2-46 所示。

2）在“无线适配器”一栏进行配置。无线模式选择为“连接至无线网络”，国家为“中国”，选择要接入的无线网络后，按需要输入用户名和密码等信息，配置 IPv4 地址可选择为静态或 DHCP 或 Link Local。单击“保存”后可发现状态变为已连接至所选无线网络，完成配置。

图 2-46　myRIO 进行网络配置

3）打开 LabVIEW，新建一个 myRIO 工程模板。用户可以发现，除了按照之前的方法通过 USB 的方式搜索到目标设备之外，现在还可以通过 WiFi 搜索到。即使用户断开 USB 线缆连接，也可以通过 WiFi 搜索到设备，如图 2-47 所示。

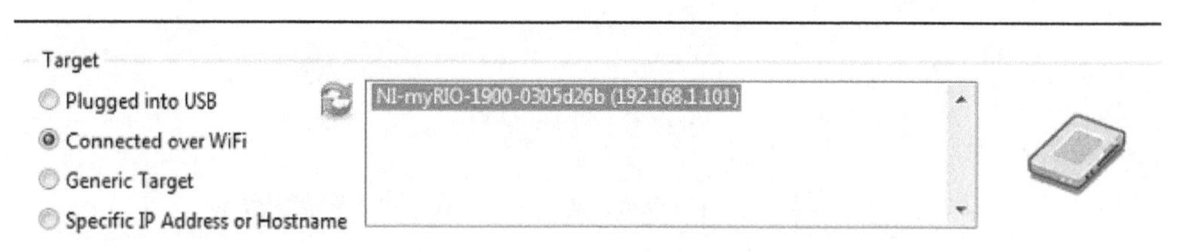

图 2-47　myRIO 通过 WiFi 连接

上述方法实际上是通过一个外置的无线路由器来实现 WiFi 连接的，而 myRIO 自身还可以被配置为一个 WiFi 热点，上位机和其他智能终端都可以通过其发射的无线网络连接至 myRIO 上，这样就不需要再通过第三方的无线路由器来实现连接了，在某些应用中会显得更加便捷，如车载应用等。

二、配置接入网络

1）同样地，在 NI MAX 中进入目标 myRIO 的“网络设置”选项卡界面，在“无线适配器”一栏进行更改配置。

2）更改无线模式为“创建无线网络”，即在 myRIO 上创建一个无线网络的接入点。SSID 为创建的无线网络名，可取为“myRIO”。在直接接入模式下，需更改配置 IPv4 地址为“仅 DHCP”，如图 2-48 所示。

图 2-48　创建无线网络

3）单击“保存”，可发现状态为正在广播 myRIO，同时会出现新的 IPv4 地址，这是 myRIO 作为一个无线接入点分配的地址。

此时，myRIO 已工作在无线接入模式下，可以将其理解为一个自定义的热点，第三方设备便可以连接到此无线 AP 上。在装有无线网卡的上位机中，可以直接通过无线网络连接功能，与 myRIO 无线网络进行连接。此后可以再次断开 USB 线缆，与使用第三方无线路由器时类似，创建 myRIO 模板项目，通过 WiFi 找到目标硬件后，使用示例程序进行验证。

myRIO 的无线连接以及其作为无线 AP 的功能不仅是为了开发方便，更重要的是，利用上述功能使用户可以在开发某些应用程序时，通过无线设备与 myRIO 通信从而获得其数据状态等信息以及对其进行控制。例如，要使 myRIO 通过 WiFi 与其他具有无线网卡的计算机相连，可以通过 LabVIEW 的网络共享变量，Data Socket 技术，TCP 或 UDP 协议等技术方式来实现。而通过拥有无线功能的智能终端进行控制的功能将在后面有所介绍。

三、上位机旋钮控制 myRIO 灯的个数

利用上位机旋钮控制 myRIO 上的四个 LED 灯。旋钮数值由 0 到 4 变化，myRIO 上的四个 LED 灯也对应发生变化，实现无线远程控制。

1）配置好 myRIO 的无线模式。

2）在前面板上设计好输入旋钮，旋钮数据类型改成 U8 类型，程序面板编好程序，如图 2-49 所示。

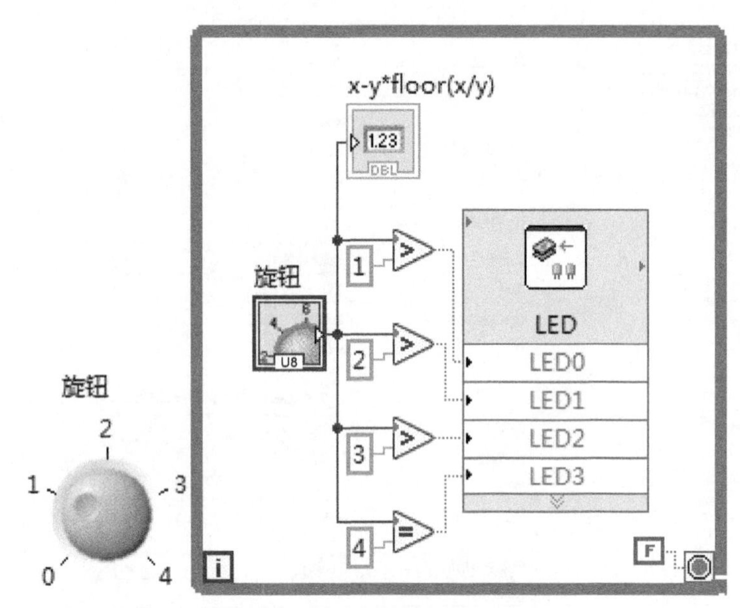

图 2-49　上位机界面与程序框图

程序下载后，在上位机界面操作旋钮，myRIO 上的 LED 灯亮的个数随之变化。

任务三　开启上电自启动运行模式的控制

在开发过程中，用户通常会使用 USB 线缆来连接 myRIO 和计算机。当开发完成后用户便可以将整个项目作为一个独立的应用程序部署并存储到 myRIO 的硬盘上，当下一次启动 myRIO 时，即使不连接 USB 线缆，应用也将自动运行，这即是上电自启动程序。

一、生成并部署应用程序

1）在工程浏览器窗口中打开 myRIO 目标下的 Main. vi，使用 USB 线缆连接 myRIO 与开发上位机，单击“运行”，确保程序能在实时操作系统上正常运行。

2）回到工程浏览器窗口，右击选择 myRIO 目标下的 Build Specifications/New/Real-Time Application，如图 2-50 所示。

3）配置应用程序。在 Information 一项中，Build specification name 可以为“7-seg display”，也可以选择为默认名称。下面三项配置都选择默认即可。在“Source Files”一项中，用户的应用程序可能会包含多于一个的 VI，但只会有一个顶层 VI，将其选择为启动 VI，子 VI 可选择为始终包括。目录中其余选项都默认即可，用户可自行查看相关配置信息，如图 2-51所示。

4）选中“Preview”一项，单击“Generate Preview”按钮。如果用户不希望将生成的错

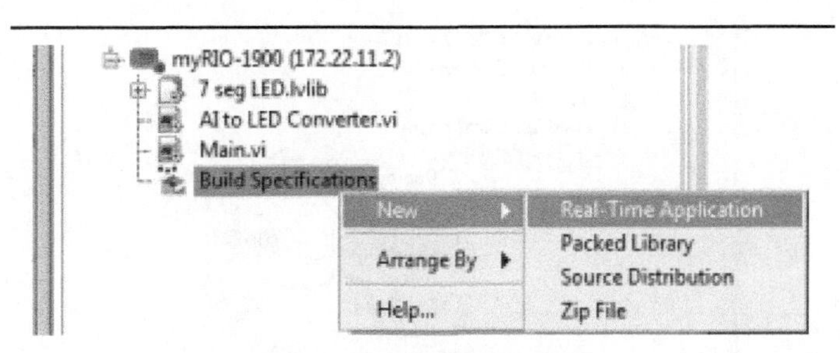

图 2-50　创建应用程序

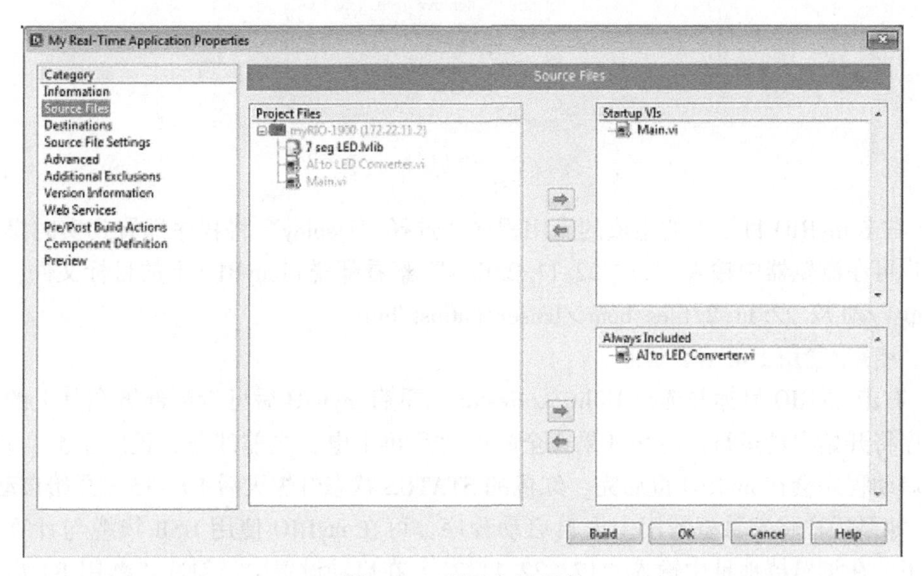

图 2-51　配置应用程序

误信息写入实时操作系统，可在“Advanced”中将“Copy error code files”勾选掉，再次单击“Generate Preview”即可发现只有必要的应用程序信息将被写入 myRIO，如图 2-52 所示。

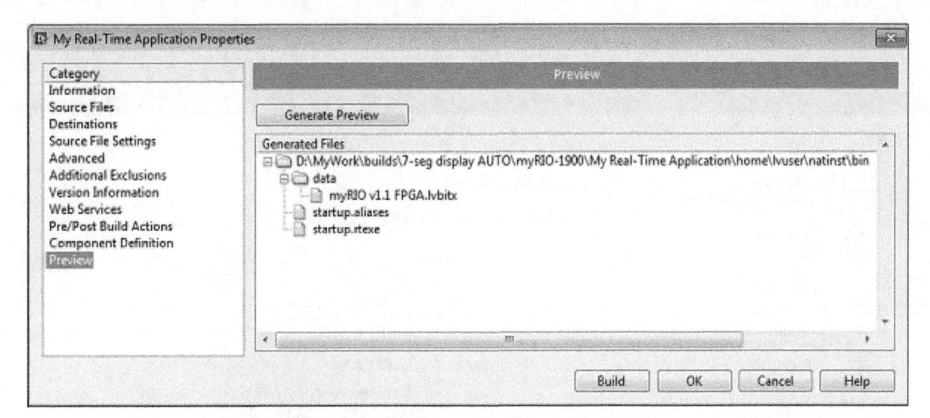

图 2-52　只含有必要信息的生成预览

5）单击“Build”生成应用程序，完成后即可在 myRIO 目标下看到生成的应用程序“7-seg display”。右击该应用程序，选择“Set as startup”，如图 2-53 所示。

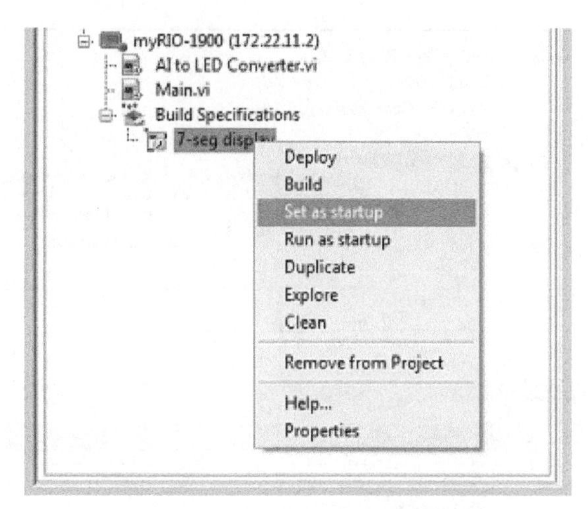

图 2-53　启动运行设置

6）右击 myRIO 目标下的生成的应用程序，选择“Deploy”将程序部署到实时操作系统上。用户可在浏览器中输入“172. 22. 11. 2/files”察看部署到 myRIO 上的目标文件，具体路径为 http：//172. 22. 11. 2/files/home/lvuser/natinst/bin/。

二、启用/禁用上电启动程序

1）右击 myRIO 目标并选择 Utilities/Restart，重启 myRIO 后可看到部署在其上的上电自启动程序将开始自动运行。将来如果完全断电之后再上电，之前部署的程序也会自动运行。上电自启动程序会在 myRIO 重启完，红色的 STATUS 状态灯熄灭后 10 ~ 15 s 开始自动运行。

2）如果用户将来希望禁用上电自启动程序，可在 myRIO 使用 USB 线缆与计算机相连的情况下，在浏览器地址中输入“172. 22. 11. 2”。在启动设置中，勾选“禁用 RT 启动应用程序”复选框并保存设置，如图 2-54 所示。

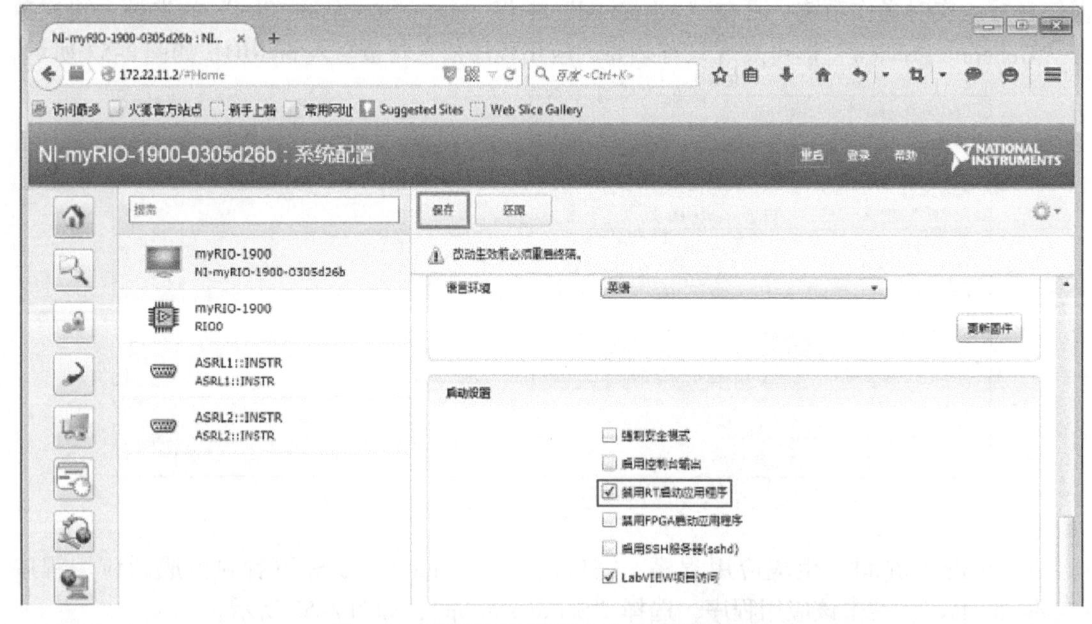

图 2-54　网页启用/禁用上电启动程序界面

3）根据提示重启设备，重启后程序将不再自动运行。

4）用户也可以在 NI　MAX 中启用或禁用上电自启动程序。打开 NI　MAX，在远程系统中选中 myRIO，在右侧系统设置选项卡中找到“启动设置”一栏，此时勾选“禁用 RT 启动应用程序”复选框，重启设备后又可恢复启用状态，如图 2-55 所示。

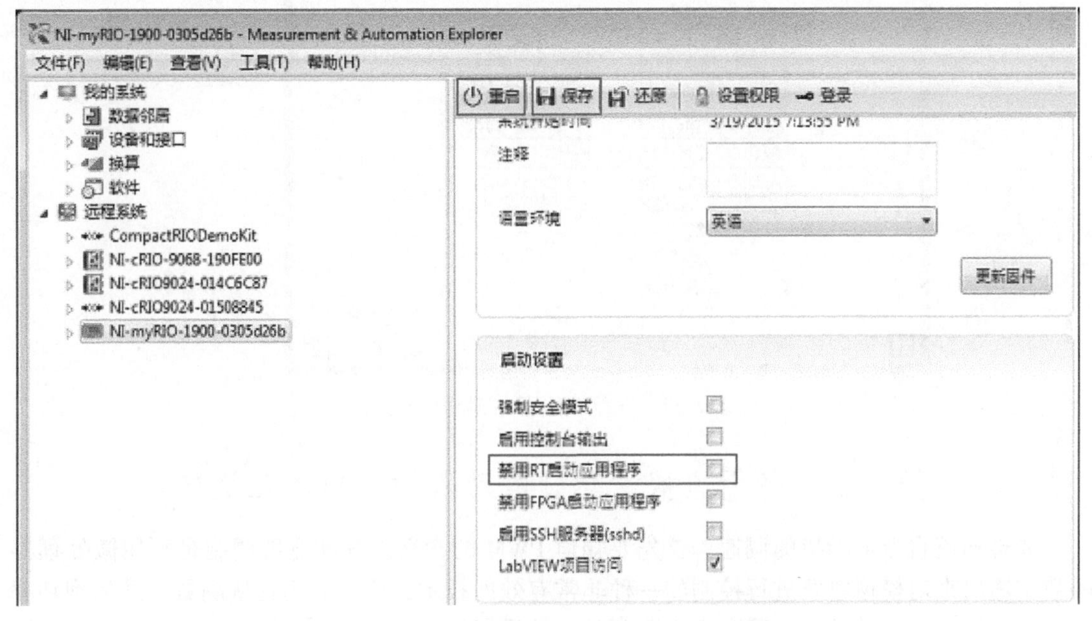

图 2-55　NI MAX 启用/禁用 RT 启动应用程序界面

任务四　基于自定义按键控制双色 LED 灯

一、按图接线

利用两个按钮控制双色 LED 灯。两个按钮的一端分别接 A 口的 DIO0（引脚 11）和 DIO1（引脚 13），另外一端均接地；双色灯的两边引脚分别接 B 口的 DIO0（引脚 11）和 DIO1（引脚 13），另外一端串联一个电阻，再接 3.3V。其控制电路如图 2-56 所示。

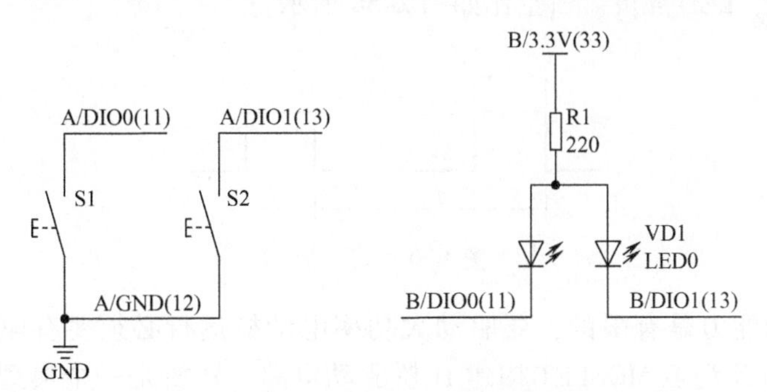

图 2-56　双色 LED 灯控制电路

二、程序设计

双色 LED 灯控制程序框图如图 2-57 所示。这时，S1 和 S2 可以分别控制双色灯不同颜色显示。

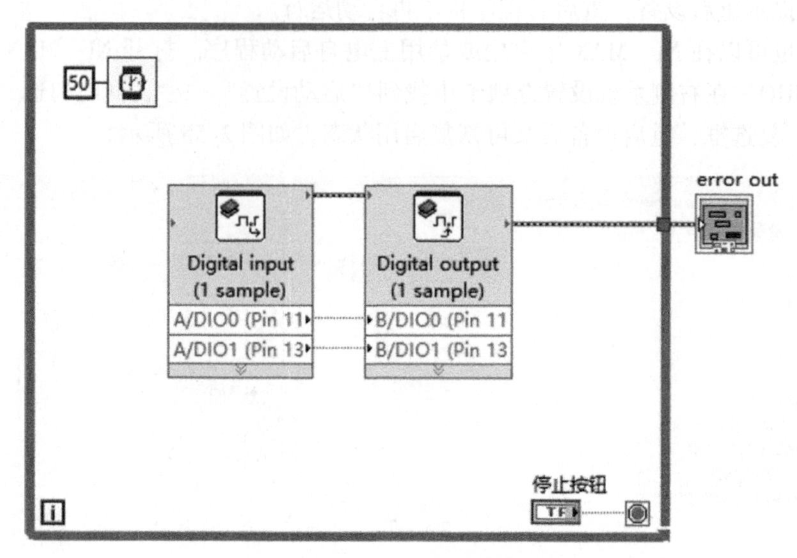

图 2-57　双色 LED 灯控制程序框图

任务五　基于虚拟滑动杆电动机的调速和正反转

要想知道直流电动机的调速，首先要知道 PWM 的含义。脉冲宽度调制是利用微处理器的数字输出来对模拟电路进行控制的一种非常有效的技术，广泛应用在从测量、通信到功率控制与变换的许多领域中。脉冲宽度调制是一种模拟控制方式，其根据相应载荷的变化来调制晶体管基极或 MOS 管栅极的偏置，来实现晶体管或 MOS 管导通时间的改变，从而实现开关稳压电源输出的改变。PWM（Pulse Width Modulation，脉冲宽度调制）控制技术就是对脉冲的宽度进行调制的技术，即通过对一系列脉冲的宽度进行调制，来等效的获得所需要的波形（含形状和幅值）。

占空比指的是高、低电平所占时间的比率，占空比越大，电路开通时间就越长，整机性能就越高。假如脉冲的周期为 t，脉冲宽度为 T，那么其占空比 D 就是 t/T。调节占空比可以调节电动机的速度，LED 亮度。占空比如图 2-58 所示。

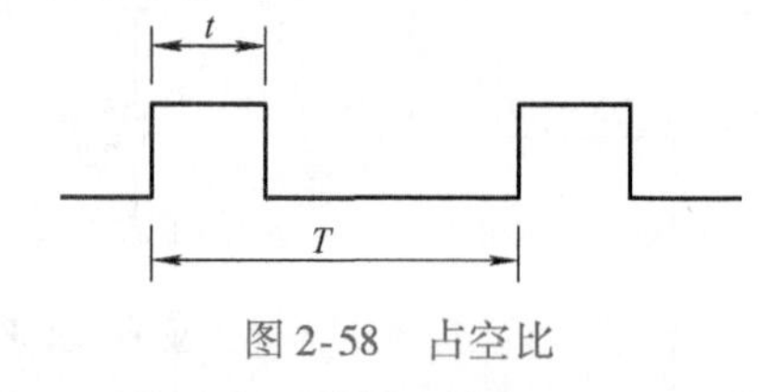

图 2-58　占空比

控制器的驱动能力是有限的，要驱动大功率电动机运行必须要有驱动电路模块。电动机驱动主要采用 N 沟道 MOSFET 构建 H 桥驱动电路，H 桥是一个典型的直流电动机控制电路，由于它的电路外形酷似字母 H，故而得名“H 桥”。4 个晶体管开关组成 H 的 4 条垂直腿，而电动机就是“H”中的横杠。要使电动机运转，必需使对角线上的一对晶体管开关导通，经过不同的电流方向来控制电动机正反转，其连通电路如图 2-59所示。H 桥驱动电路包括 4 个晶体管和一个电动机。要使电动机运转，必须导通对角线上的一对晶体管。依据不同晶体管对的导通状况，电流可能会从左至右或从右至左流过电动机，从而控制电动机的转向。

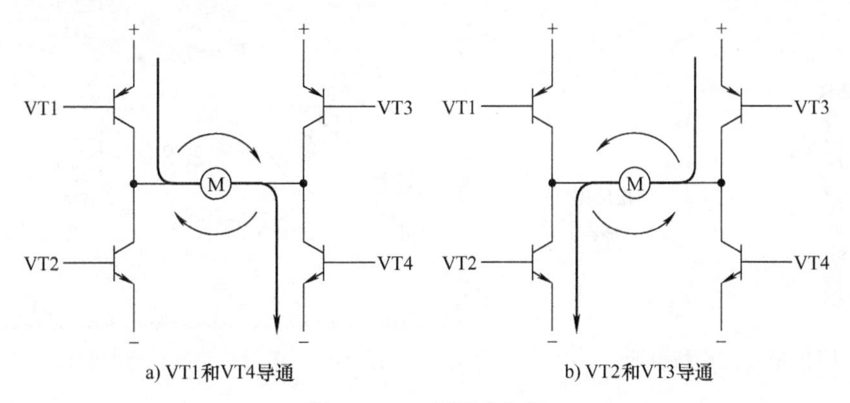

图 2-59　H 桥驱动电路

改良电路在基本 H 桥驱动电路的根底上增加了 4 个与门和两个非门。其中，4 个与门同一个“使能”导通信号相接，这样，用这一个信号就能控制整个电路的开关了。而两个非门通过提供一种方向输入，能够保证任何时分在 H 桥的同侧腿上都只有一个晶体管能导通，如图 2-60 所示。

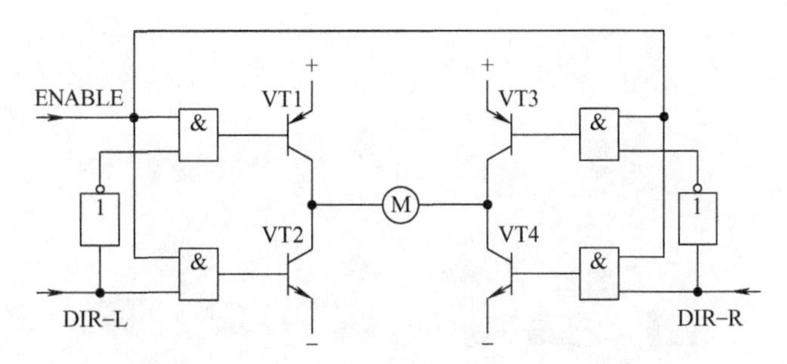

图 2-60　带使能端直流电动机驱动电路

电动机的运转就只需用 3 个信号控制：两个方向信号和一个使能信号。假如 DIR – L 信号为 0，DIR – R信号为 1，并且使能信号是 1，那么晶体管 VT1 和 VT4 导通，电流从左至右流经电动机；假如 DIR – L 信号变为 1，而 DIR – R 信号变为 0，那么 VT2 和 VT3 将导通，电流则反向流过电动机。

带使能端的电动机驱动模块有 3 个控制信号：使能端输入 PWM 信号，用来调节电动机的速度；另外两个是方向信号。没有使能端的电动机驱动模块有两个控制信号：一端输入 PWM 信号用来调节电动机的速度，另一端接低电平；切换电动机运转方向则接低电平的一端改输入 PWM 信号，接 PWM 信号端改接低电平。

一、前面板设计界面

前面板设计如图 2-61 所示。

二、程序设计

程序设计如图 2-62 所示。

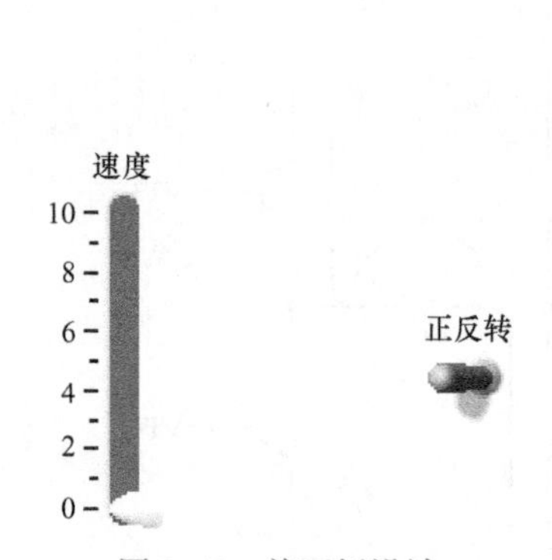

图 2-61　前面板设计

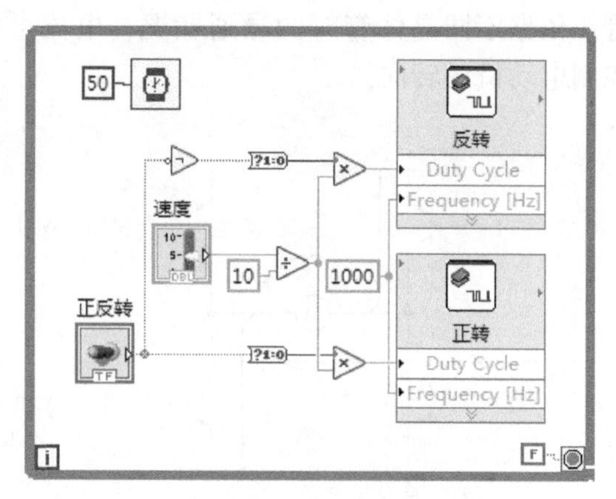

图 2-62　电动机正反转程序设计

任务六　基于无线手柄控制机器人全向移动

手柄的左边摇杆左右摇动为转向，右边摇杆前后摇动为前进后退。

一、无线手柄取值

手柄界面可以方便查看手柄信息，如图 2-63 所示。

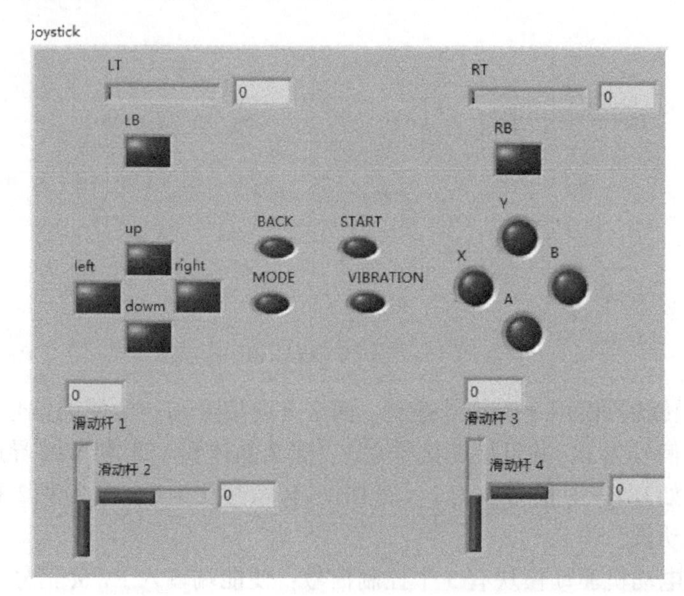

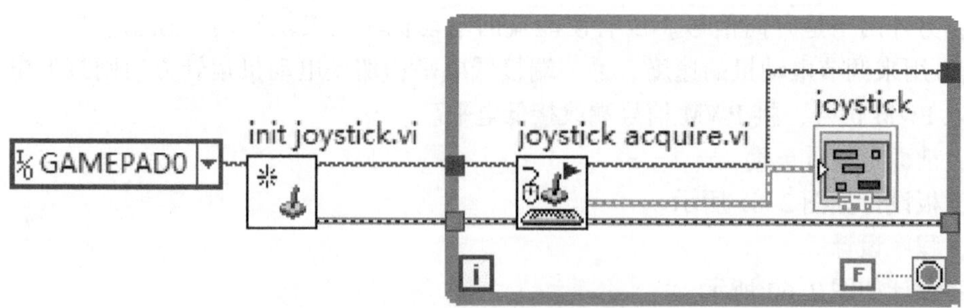

图 2-63　手柄取值界面与程序框图

二、程序设计

程序设计如图 2-64 所示。

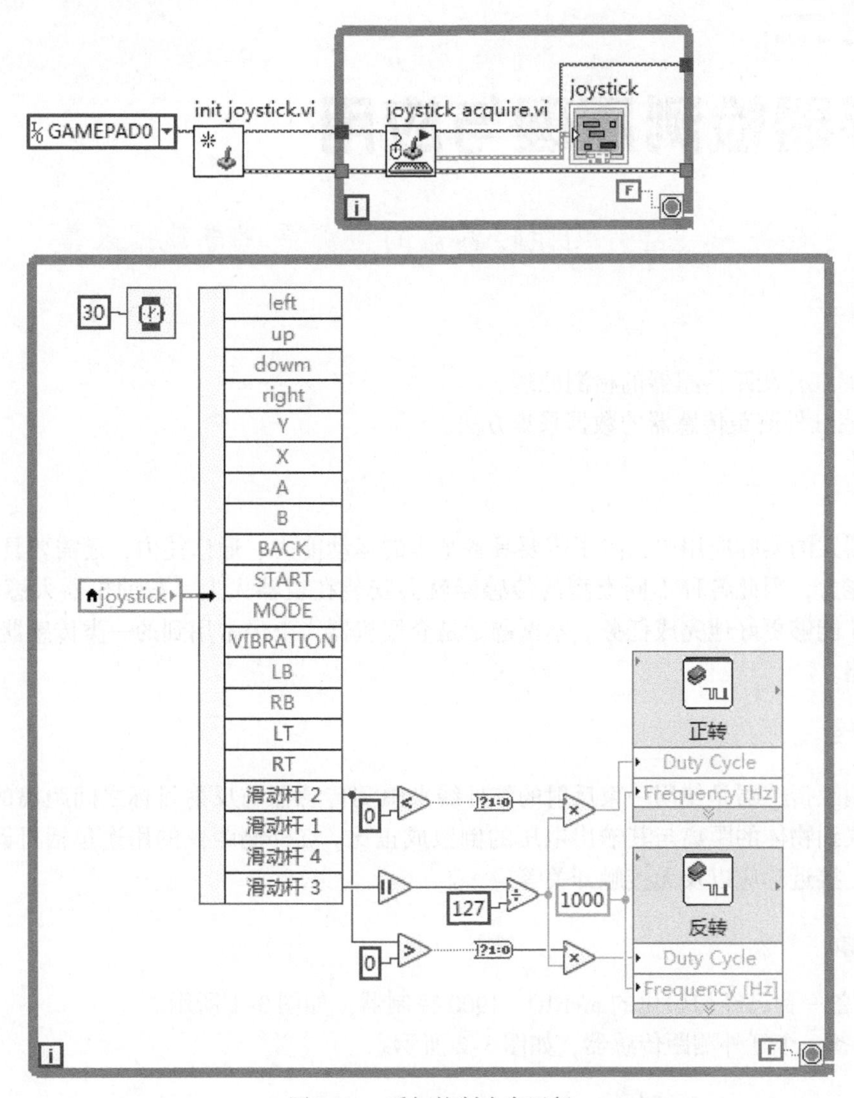

图 2-64　手柄控制小车运行

➤任务测评

每个任务限时编程，要求裸编，并根据任务完成情况打分。

➤任务总结

本项目介绍了 myRIO 的设置方法，基本的 IO 控制，电动机速度和方向控制，手柄取值，为全面而深入地学习 mrRIO 移动机器人控制技术打下坚实基础。

课题三

传感器检测原理与应用

任务一 红外测距传感器的检测原理与数据采集

➢任务目标

1. 掌握红外测距传感器的检测原理。
2. 掌握红外测距传感器的数据采集方法。

➢任务导入

在机器人的实际应用中，除了需要具备基本的运动能力、通信能力，还需要具备感知周围环境的能力，因此各种不同类型的传感器就会安装在机器人上，帮助机器人感知周围环境，这样才能够更好地完成任务。本课题就是介绍机器人上经常用到的一类传感器——红外测距传感器。

➢知识链接

红外测距传感器是使用一束反射的红外线来感测传感器与反射目标之间距离的传感器。红外测距仪到物体的距离与其输出电压的倒数成正比。红外测距仪的用途包括机器人测距、物体探测、接近感应以及无接触开关等。

➢任务准备

1）准备一台已经初始化的 myRIO－1900 控制器，如图 3-1 所示。

2）准备一个红外测距传感器，如图 3-2 所示。

图 3-1 myRIO－1900 控制器

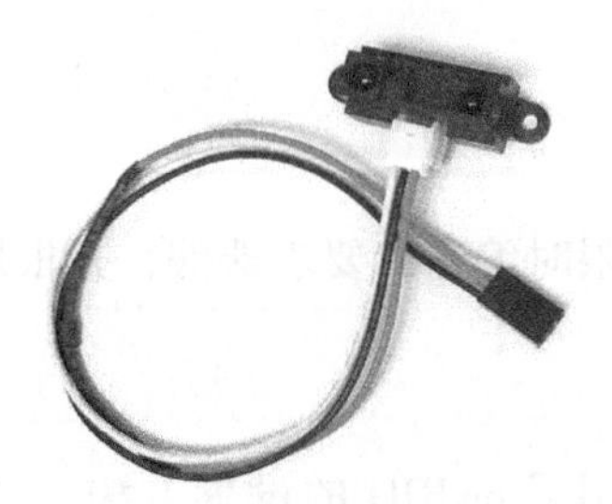

图 3-2 红外测距传感器

➢任务实施

1）如图 3-3 所示，使用杜邦线将传感器连接到 myRIO 上。图 3-3 中，红外测距传感器的红色线接电源5V，黄色线为信号输出，黑色线（此处延长线为绿色）接电源的0V，将其分别接到myRIO控制器的对应接口上。

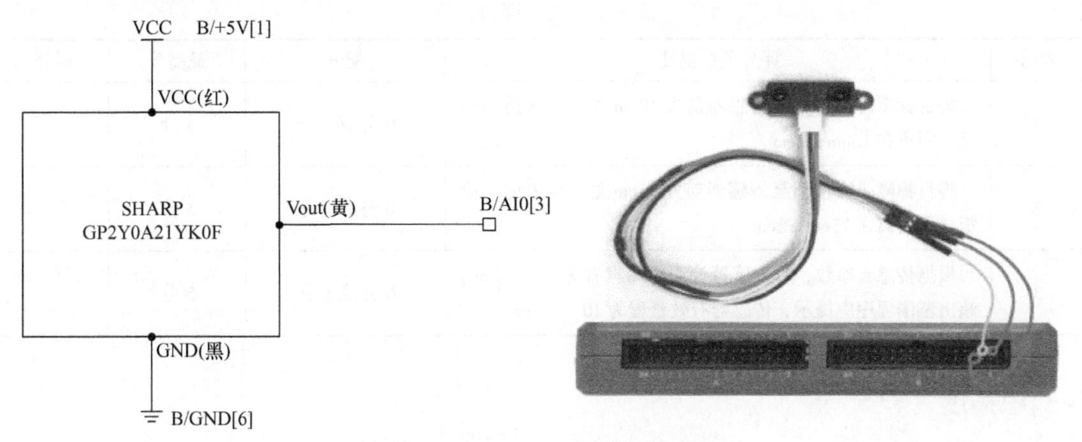

图3-3　红外测距传感器线路的连接

2）在LabVIEW前面板中放置对应控件，掌握每个控件在前面板选板中的位置，如图3-4所示。

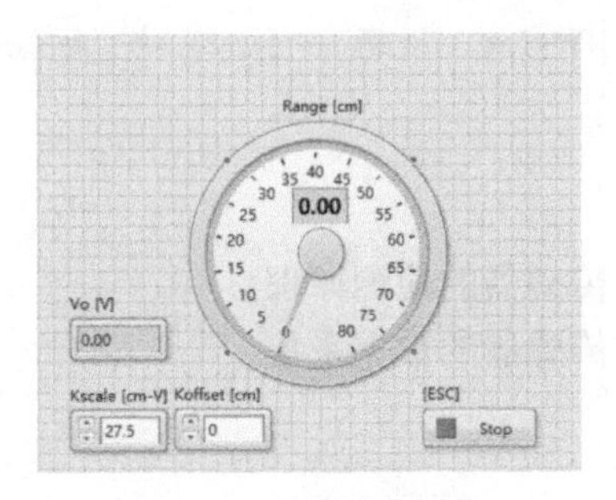

图3-4　软件控制放置

3）如图3-5所示，在LabVIEW程序面板中画出程序框图，掌握程序框图中每个控件在程序面板选板中的位置。

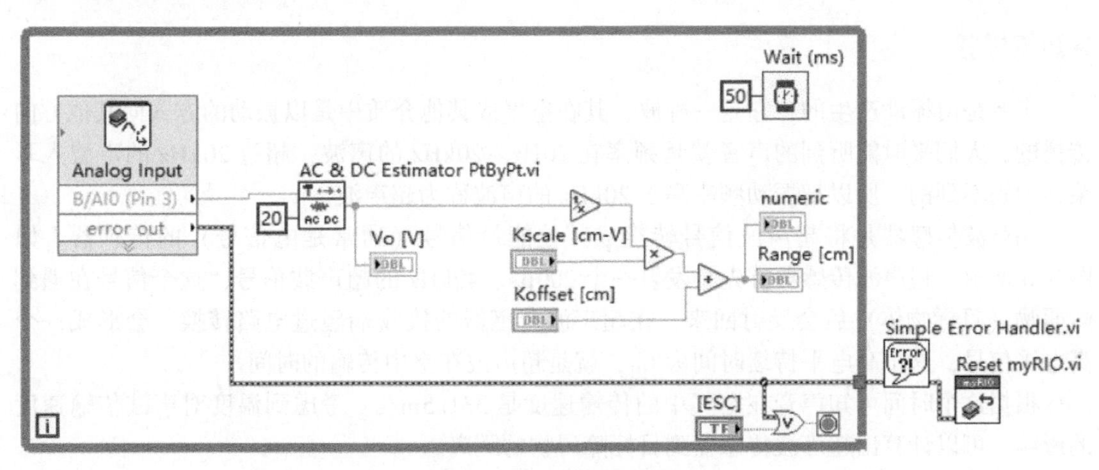

图3-5　程序框图的绘制

➤任务测评（见表3-1）

表3-1　任务评分标准

序号	评分项—描述	配分	最高分	得分
1	将目标障碍物移动至传感器前方10cm处，要求前面板显示距离在10cm±2cm	0分或5分	5分	
2	将目标障碍物移动至传感器前方75cm处，要求前　面板显示距离在75cm±2cm	0分或5分	5分	
3	根据传感器参数，将传感器检测距离设置为20～70cm，超出范围程序应提示，传感器有效量程为10～80mm	0分或5分	5分	

➤知识拓展

1）添加接近探测功能：当距离小于在前面板上输入的阈值时，点亮板载LED。

2）添加一个布尔指示器；在距离超过70cm时指示“超出距离”。

3）添加增强型接近探测功能：用3个板载LED分别指示“在距离内”“太近”“太远”。

任务二　基于板载FPGA超声波传感器的检测原理与数据采集

➤任务目标

1. 掌握板载FPGA超声波传感器的检测原理。
2. 掌握板载FPGA超声波传感器的数据采集。

➤任务导入

前文曾讲过机器人上会安装各种不同类型的传感器，除了使用红外测距传感器来测量距离目标或者障碍物的距离，还会经常用到另外一种测距传感器——超声波测距传感器。以下重点介绍超声波测距传感器的应用。

➤知识链接

声音是由振动产生的，它是一种波，其在空气或其他介质中是以振动的方式向其他方向传播的，人们平时能听到的声音就是频率在20Hz～20kHz的声波，超过20kHz的声波人耳朵是识别不到的。所以把振动频率高于20kHz的声波称为超声波。

超声波传感器是将超声波信号转换成其他能量信号（通常是电信号）的传感器。如图3-6所示，超声波传感器首先会发射一个200μs、40kHz的超声波信号，这个信号在遇到障碍物（目标物体）后会反射回来，在超声波传感器的接收端经过电路转换，会形成一个高电平信号，这个高电平持续时间为t_{IN}，就是超声波在空中传输的时间。

根据这个时间可知声音在空气中的传输速度是331.5m/s，考虑到温度对声波传输速度的影响，可以计算出超声波传感器到目标障碍物的距离。

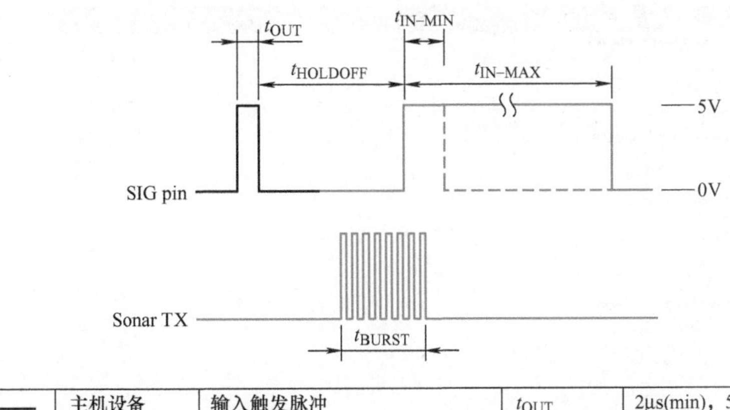

——	主机设备	输入触发脉冲	t_{OUT}	2μs(min)，5μs(典型)
——	超声波传感器	回声延迟	$t_{HOLDOFF}$	750μs
		突发频率	t_{BURST}	200μs、40kHz
		最小回波脉冲	t_{IN-MIN}	115μs
		最大回波脉冲	t_{IN-MAX}	18.5ms
		下次测量前的延迟		200μs

图 3-6 超声波信号的传输

➢任务准备

1）准备已经组装完成的移动机器人一台（机器人应当具备基本的运动能力），如图 3-7 所示。

2）准备超声波传感器一个，如图 3-8 所示。

图 3-7 移动机器人

图 3-8 超声波传感器

➢任务实施

1）将超声波传感器安装在移动机器人的前方偏右轮处，如图 3-7 所示。

2）按照超声波传感器上面标识的 VCC、GND、SIG 完成电源和信号的连接，VCC 连接 DC -5V，GND 接地，SIG 连接 C 接口的 DIO1。

3）打开 LabVIEW 创建一个自定义 FPGA 项目，项目名称可以自己定义，如图 3-9 所示。

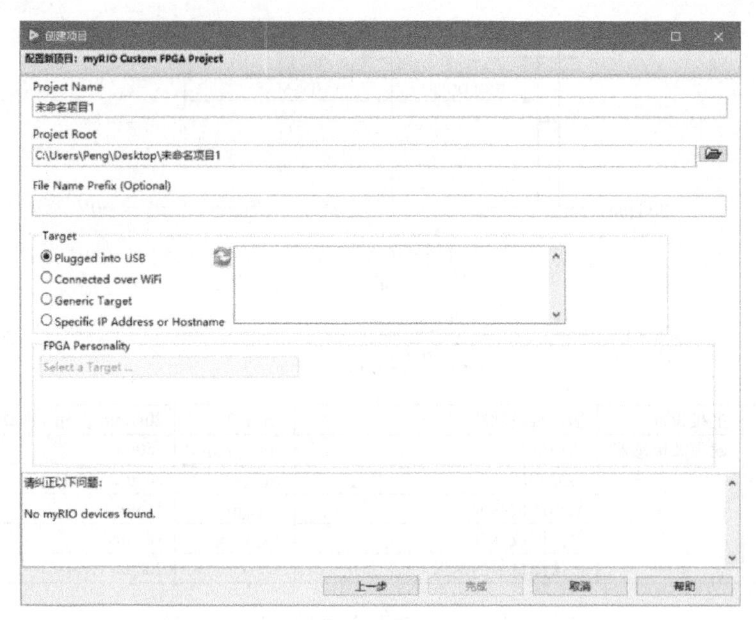

图 3-9　自定义项目

4）打开创建好的项目，找到 FPGA Main Default 文件，双击打开以后切换到程序面板，找到 Connector C DIO 这个循环结构，在开始增加超声波传感器程序之前，需要将 C – DIO1 的连线断开，如图 3-10 所示。

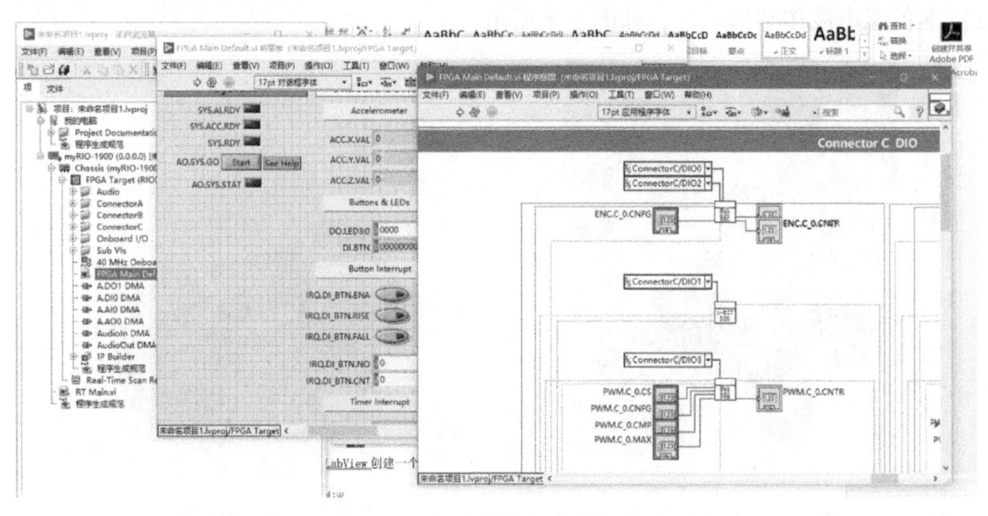

图 3-10　超声波传感器程序编写

5）完成第 4 步以后，按照下面图示的内容在程序面板完成接线，检查没有错误后执行编译（运行），如图 3-11 所示。

6）完成 FPGA 的编译运行以后，还需要在主 VI（RT Main）中完成 FPGA 文件的引用，按照图 3-12 所示完成程序的编写。

【注意事项】

中间循环中的控件“未选择”位置，根据自定义 FPGA 中测得脉宽的时间命名选择。

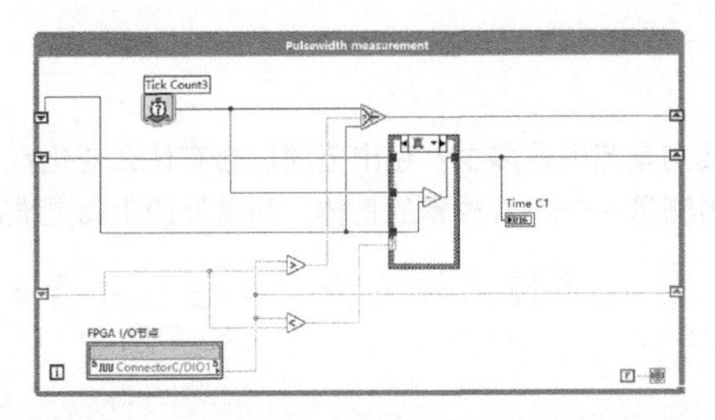

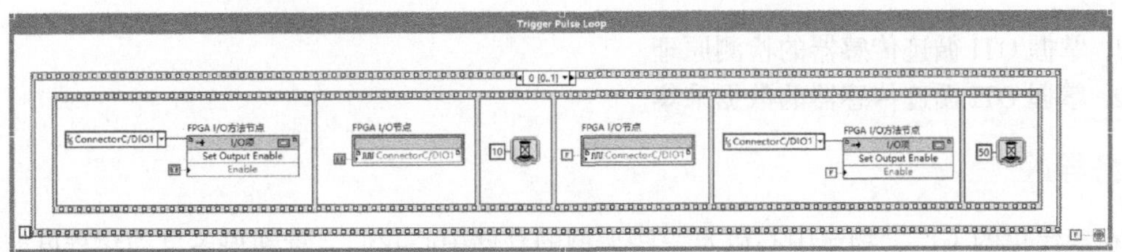

图 3-11　连线和程序编译

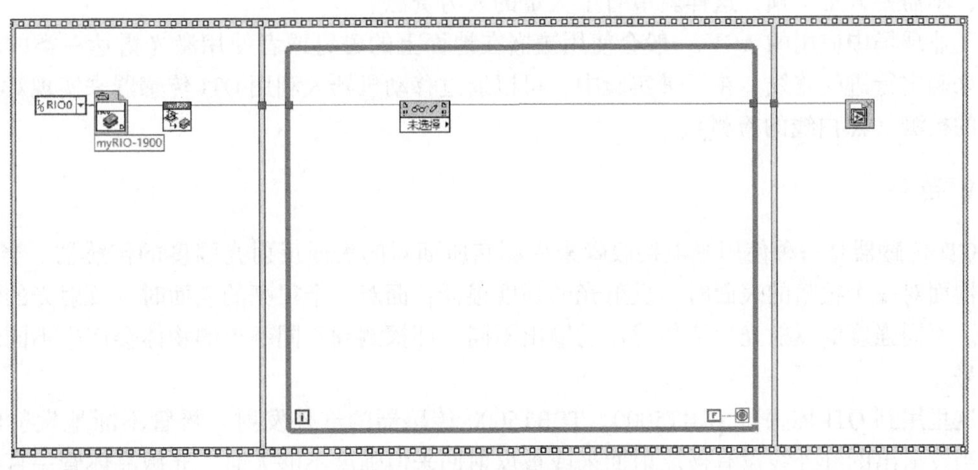

图 3-12　FPGA 文件的引用

➤任务测评（见表 3-2）

表 3-2　任务评分标准

序号	评分项—描述	配分	最高分	得分
1	根据任务实施步骤完成程序编写	0 分或 5 分	5 分	
2	将目标障碍物移动至传感器前方 100cm 处，要求前面板显示距离在 100cm ± 2cm	0 分或 5 分	5 分	
3	移动机器人向前或向后运动至距离前方挡板 30cm 处，机器人停止后测量距离应在 30cm ± 2cm	0 分或 5 分	5 分	
4	移动机器人完成跟随挡板运动，即挡板靠近时机器人后退，挡板远离时机器人前进	0 分或 5 分	5 分	

➤知识拓展

1. 超声波传感器的有效测量范围是多少？超出范围后会有什么变化？
2. 如果用超声波传感器测量一个斜着放置的物体，测量处的距离是准确的吗？

任务三　QTI 循迹传感器的检测原理与数据采集

➤任务目标

1. 掌握 QTI 循迹传感器的检测原理。
2. 掌握 QTI 循迹传感器的数据采集。

➤任务导入

在现代化的工厂、物流中心以及一些大型的仓储中心我们会看到很多自动化程度非常高的无人搬运小车（Automated Guided Vehicle，AGV），它们可以在这些地方循环往复地搬运原料，不需要人工干预，这样就节省了大量的人力资源。

工业现场中应用的 AGV 一般会使用镶嵌在地面上的磁钉或者使用激光雷达一类的光学设备来确定行进的路线。在行进实验中，可以通过移动机器人利用 QTI 传感器来实现对目标位置的检测（黑白线的检测）。

➤知识链接

QTI 传感器是一种使用光电接收管来探测它所面对的表面反射光强度的传感器。当 QTI 传感器面对一个很暗的表面时，反射光的强度很低；面对一个很亮的表面时，反射光的强度很高。不同强度的反射光导致传感器的输出不同，即探测到不同颜色的物体会产生不同的电平信号。

这里用到 QTI 传感器 TCRT5000。TCRT5000 传感器的红外发射二极管不断地发射红外线，当发射出的红外线没有被反射回来或被反射回来但强度不够大时，光敏晶体管一直处于关断状态，此时模块的输出端为高电平，指示二极管一直处于熄灭状态；当被检测的物体出现在检测范围内时，红外线被反射回来且强度足够大，光敏晶体管饱和，此时模块的输出端为低电平，指示二极管被点亮。

➤任务准备

1）准备已经组装完成的移动机器人一台（机器人应当具备基本运动的能力），如图 3-13 所示。

2）准备 QTI 传感器两个。图 3-14 所示为自制 QTI 传感器，由循迹测头和可调电位器等组成。

➤任务实施

1）将 QTI 传感器安装在移动机器人旋转机构的底部，如图 3-15 所示。

图 3-13 移动机器人载体

图 3-14 QTI 传感器

图 3-15 QTI 传感器的安装

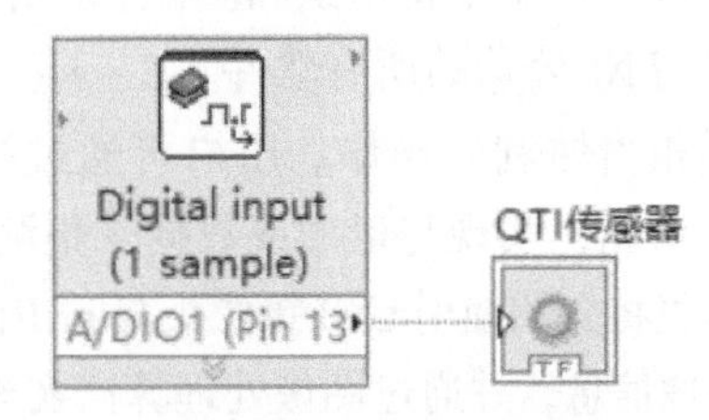

图 3-16 程序编写

2）按照 QTI 传感器上标识的 VCC、GND、D0 完成电源和信号的连接，VCC 连接 DC－5V，GND 接地，D0 连接 A 接口的 DIO1。

3）打开 LabVIEW 创建一个项目，按照图 3-16 编写程序。

4）在 QTI 传感器的下方放置一段白色胶带，观察 QTI 传感器对黑色区域和白色区域的检测结果变化。

➤任务测评（见表 3-3）

表 3-3 任务评分标准

序号	评分项—描述	配分	最高分	得分
1	根据任务实施步骤完成程序编写	0 分或 5 分	5 分	
2	完成 QTI 传感器对黑白线的检测	0 分或 5 分	5 分	

➤知识拓展

1. 如何利用 QTI 传感器的功能特性，实现机器人的旋转机构转动到指定位置？
2. 如何使用 QTI 传感器完成机器人的巡线运动？

课题四

移动机器人视觉原理与应用

项目一　基础人机交互技术

图像处理也可以称为视觉处理。LabVIEW 提供了多种图像处理的方法。其中，NI 公司的视觉采集软件提供的驱动程序和函数，既能够从数千种连接到 NI 帧接收器的不同相机上采集图像，也能够从连接在 PC、PXI 系统或便携式计算机上标准端口的 IEEE 1394 和千兆以太网视觉相机采集图像。

LabVIEW 中的视觉开发模块作为强大的机器视觉处理库，配有各类函数，包含了很多现成的机器识别算法，以帮助用户在视觉操作时快速地实现功能，如边缘检测、颗粒分析、边缘提取、光学字符识别和验证、一维和二维代码支持、几何与模式匹配、颜色工具等。该模块可与 NI 公司的所有软件、C ++、Microsoft Visual Basic、Microsoft . NET 相互调用，为用户提供相当便利的操作。用户可通过视觉开发模块的同步功能，实现与运动或数据采集测量的同步。

这里将介绍使用 USB 摄像头与 myRIO 连接以采集视频图像信息，并通过图像处理算法实现 OCR 字符识别、条形码识别、二维码识别、图案识别及颜色识别的过程。

一、LabVIEW2017 中视觉处理的支持软件及驱动

首先，需要在计算机上安装 NI Vision Acquisition Software（视觉采集软件）和 LabVIEW Vision Develoment Module（LabVIEW 视觉开发模块），安装完成后可以在 NI MAX 中依次打开“我的系统”→“软件”下查到“NI - IMAQdx”，或者依次打开“我的系统”→“软件”→“LabVIEW2017”，查到“Vision Development Module”，如图 4-1 所示。

我的系统
设备和接口
软件
CompactRIO 17.0
LabVIEW 2017
Control Design and Simulation Module
Database Connectivity Toolkit
FPGA
MathScript RT Module
Real-Time
Real-Time Trace Viewer - LabVIEW 2017 Support
Report Generation Toolkit For Microsoft Office
Robotics Module for LabRIO
Vision Development Module
LabVIEW Runtime 2015 SP1 f7
LabVIEW Runtime 2016 f2
LabVIEW Runtime 2017
LabWindows/CVI Runtime 2017
Measurement & Automation Explorer 17.0
Measurement Studio for VS2005
Measurement Studio for VS2008
NI I/O Trace 17.0
NI PXI Platform Services Configuration 17.0
NI PXI Platform Services Runtime 17.0
NI System Configuration 17.0
NI-IMAQ
Development Support 17.0
Runtime 17.0
NI-IMAQ I/O
NI-IMAQdx
NI-PAL 17.0
NI-RIO 17.0
NI-Serial Configuration 17.0
NI-Serial Runtime 17.0
NI-USI 17.0
NI-VISA 17.0
NI-VISA Runtime 17.0
Vision Common Resources 2017
Vision Development Module
远程系统

图 4-1　在 NI MAX 中查看驱动软件

二、myRIO 视觉处理的支持软件及驱动

在上位机上安装完软件之后，还需要根据以下步骤在 myRIO 上安装相应软件和驱动。

1）将 myRIO 通过 USB 线缆（或 WiFi）与计算机相连。

2）与升级后的驱动版本相类似，在 NI MAX 中

的“远程系统”→“NI-myRIO-1900”下右击“软件”，选择“添加/删除软件”，在弹出的 LabVIEW Real-Time 软件向导界面，选择自定义软件安装，如图 4-2 所示。

3）在选择需要安装的组件中分别找到 NI-IMAQdx 和 NI Vision RT 两个组件模块，右击选择安装组件后单击“下一步”，系统自动将两个模块需要用到的组件和驱动程序安装到 myRIO 中，如图 4-3 所示。

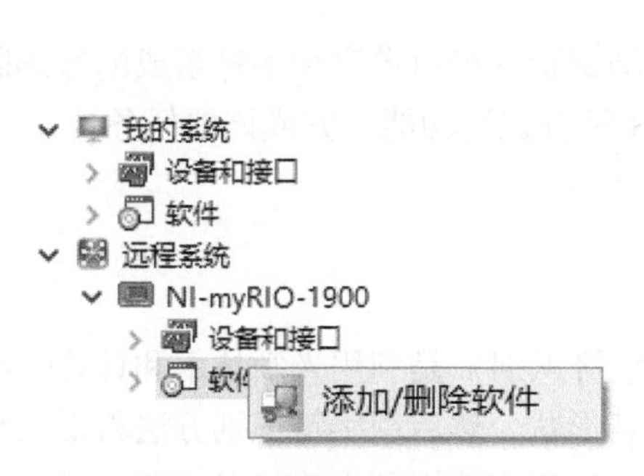

图 4-2　驱动软件的安装

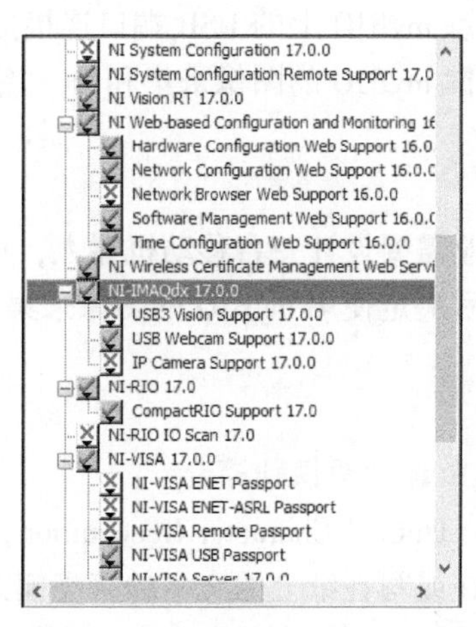

图 4-3　安装后的两个驱动模块

4）单击更新完成后，将 USB 摄像头通过 myRIO 的 USB 端口相连，便能在 NI MAX 中的“远程系统”→“myRIO”→“设备和接口”下看到 USB 摄像头，记住设备名，如本实验中摄像头设备名称为“cam0”。选中之后在右侧界面选择“Acquisition Attributes”选项卡进行测试，用户可以单击选择 Snap 单帧采集或 Grab 连续采集，还可以通过 Video Mode 对参数进行修改，参数修改后需要保存当前参数，如图 4-4 所示。

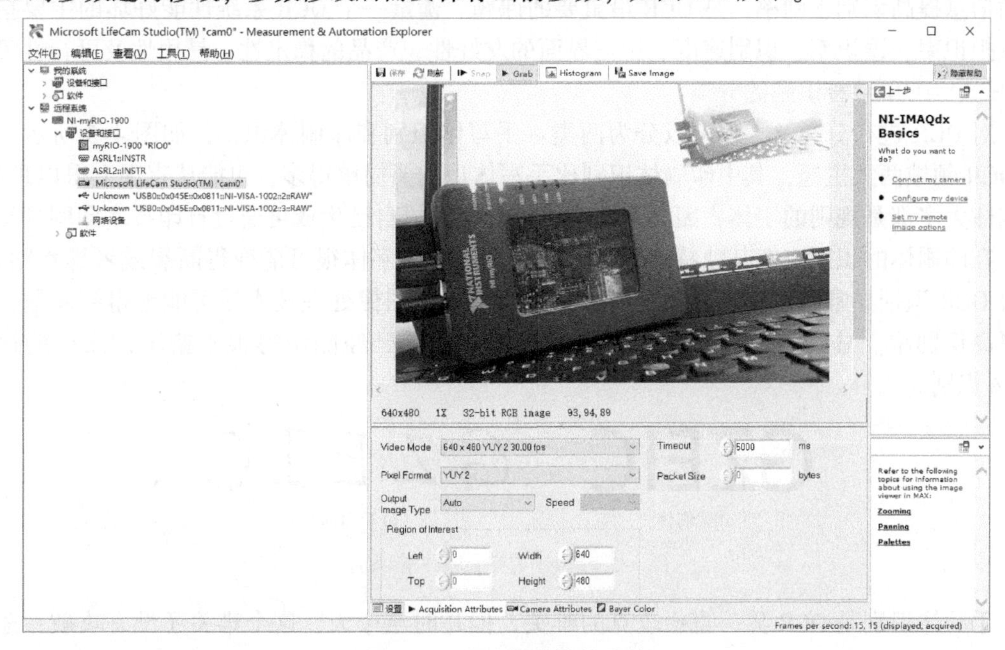

图 4-4　USB 摄像头的连接

一切准备工作就绪之后，就可以一起开启 myRIO 中的图像处理之旅了。

任务一　基于视觉的 OCR 字符识别

➢任务目标

1. 熟悉 myRIO 上的 USB 端口连接摄像头来采集图像的功能。
2. 掌握 myRIO 的图像采集和 OCR 字符识别的基本方法。

➢任务导入

某企业需要设计一台移动机器人，可以自动识别一组由数字和字符组成的号码牌，公司综合考虑后决定使用 myRIO 的图像采集和 OCR 字符识别功能，完成该项任务。

➢知识链接

一、OCR 字符识别简介

OCR（Optical Character Recognition，光学字符识别）是利用光学技术和计算机技术，通过检测印在或写在纸上的文字的暗亮模式确定其形状，然后用字符识别方法将形状翻译成计算机文字的过程，即先对文本资料进行扫描，然后用字符识别方法将形状翻译成计算机文字的过程。文字识别是计算机视觉研究领域的重要分支之一，目前这个课题已经比较成熟，并且在商业中已经有很多落地项目。像汉王 OCR、百度 OCR、阿里 OCR 等很多企业已经将 OCR 技术投入商用。生活中 OCR 技术已经无处不在，如一个手机 APP 就能用于扫描名片、身份证，并识别文字信息；汽车进入停车场、收费站不需要人工登记，都是采用了车牌识别技术；人们看书时看到不懂的题，拿手机一扫，APP 就能在网上找到答案。如何除错或利用辅助信息提高识别正确率，是 OCR 最重要的课题。衡量一个 OCR 系统性能好坏的主要指标有：拒识率、误识率、识别速度、用户界面的友好性、产品的稳定性、易用性及可行性等。

二、OCR 字符识别的分类

对 OCR 进行分类，大致可以分为两类：手写体识别和印刷体识别，如图 4-5 所示。这是 OCR 领域两大主题，其中印刷体识别比手写体识别要简单得多，也能从直观上得以理解，印刷体大多都是规则的字体，因为这些字体都是计算机自己生成再通过打印技术印刷到纸上的。在印刷体的识别上有其独特的干扰：在印刷过程中字体很可能变得断裂或者墨水粘连，使得 OCR 识别异常困难。当然，这些都可以通过一些图像处理技术尽可能地得到还原，进而提高识别率。总的来说，单纯的印刷体识别在业界已经能做得很不错了，几乎能达到 100% 识别。

GZEIC　　GZEIC

a) 印刷体　　b) 手写体

图 4-5　印刷体与手写体的识别

手写体识别是 OCR 界一直想攻克的难关，但是时至今天，这个难关还没有攻破，还有很多学者和公司在研究。为什么手写体识别这么困难？因为人类手写的字往往带有个人特色，每个人写字的风格基本不一样，虽然人类可以读懂这些手写体，但是机器却很难。为什么机器能读懂印刷体？因为印刷体一般都比较规则，字体的种类有限，机器学习这些有限种类的字体并不是一件难事，但是手写体，每个人都有可能是一种字体或几种字体，这就给机器学习带来了难度。

根据要识别的内容不同，识别的难度也各不相同，对于不同国家的文字，其识别难度也有所不同。如果按照中国人的需求，识别的内容就包括：汉字、英文字母、阿拉伯数字、常用标点符号。识别数字最简单，因为识别的字符只有0～9；而英文字母要识别的字符有26个（如果算上大小就有52个）；中文识别要识别的字符高达数千个（二级汉字一共6763个）！因为汉字的字形各不相同，结构非常复杂（如带偏旁的汉字），如果要将这些字符都比较准确地识别出来，是一件相当具有挑战性的事情。但是，并不是所有应用都需要识别如此庞大的汉字集，如车牌的识别目标仅仅是各省、自治区和直辖市的简称，难度就大大减少了。

三、OCR 字符识别的流程

图4-6　GZEIC字符串

图4-6是以“GZEIC”这个字符串识别为例，如果把它放在摄像头下拍照进行识别，第一件事情是判断文字的朝向，因为得到的这张图片很可能发生倾斜。此外，拍摄的图片可能还有污渍，所以第二件事情就是进行图像预处理，进行角度矫正和去噪。第三件事情就是对每一个字符进行分割，将该字符送入训练好的OCR识别模型进行字符识别，得到结果。但是，模型识别的结果往往是不太准确的，需要对其进行矫正和优化，如可以设计一个“语法检测器”去检测字符的组合逻辑是否合理。例如，考虑“GZEIC”，设计的识别模型把它识别为“GZE1C”或“GZElC”，那么就可以用规则去纠正这种拼写错误，用“I”代替数字“1”或小写字母“l”，完成识别矫正。

从图4-7可以看出，要进行字符识别并不是单纯一个OCR模块就能实现的（如果单纯一个OCR模块，识别率相当低），都需要各个模块的组合来保证较高的识别率。此流程划分得比较简单，其实每个模块下还有很多更细节的操作，每个细节操作都关系到最终识别结果的准确性。总之，送入OCR模块的图像越清晰（即预处理得越好），识别效果就越好。

图4-7　字符识别流程

四、OCR 字符的识别方法和策略

1）开源OCR引擎Tesseract。这是谷歌维护的一个OCR引擎，已经有一段相当悠久的历史了。Tesseract现在的版本已经支持和识别很多种语言了，当然也包括汉字的识别。

2）使用大公司的OCR开放平台（如百度），使用它们的字符识别API。在汉字的识别上，我国某些公司的技术还是顶尖的，在汉字识别的准确率上已经让人很满意了。比如要识别一些文本，自己写个python脚本，调用开放平台的服务，返回的就是识别结果了。这种模式是相当快捷有效的。

3）采用传统方法进行字符的特征提取，输入分类器得出OCR模型，进行字符模板匹配法。字符模板匹配法看起来很笨拙，但是在一些应用上可能很凑效。例如，在对电表数字进行识别时，考虑到电表上的字体较少（可能只有阿拉伯数字），而且字体很统一，清晰度也很高，所以识别难度不高。针对这种简单的识别场景，首先考虑的识别策略当然是最为简单和暴力的模板匹配法。首先定义出数字模板（0～9），然后用该模板滑动匹配电表上的字符，这种策略虽然简单但是相当有效。正因为这一点，在接下来的项目中将会用到这种方法，来识别通过 myRIO 控制器上连接的 USB 摄像头采集到的图像。

4）基于深度学习下的 CNN 字符识别。模板匹配法只限于一些很简单的场景，但对于稍微复杂的场景，就很难实现了。这时候需要采取 OCR 的一般方法，即特征设计、特征提取、分类得出结果的计算机视觉通用技巧。在深度学习大放异彩之前，OCR 的方法基本都是这种方法，但是其效果不是特别好。这里简单说一下常见的方法。第一步是特征设计和提取，为后面的特征分类做好准备。字符有结构特征，即字符的端点、交叉点、圈的个数、横线竖线条数等，如“品”字，它的特征就是有 3 个圈、6 条横线、6 条竖线。除了结构特征，还有大量人工专门设计的字符特征，都能得到不错的效果。第二步再将这些特征送入分类器（SVM）进行分类，得出识别结果。这种方式最大的缺点就是，人们需要花费大量时间进行特征的设计，这是一件相当费工夫的事情。通过人工设计的特征（如 HOG）来训练字符识别模型，此类单一的特征在字体发生变化、模糊或背景干扰时识别能力迅速下降。而且过度依赖字符切分的结果，在字符扭曲、粘连、噪声干扰的情况下，切分的错误传播尤其突出。针对传统 OCR 解决方案的不足，学界业界纷纷推进基于深度学习的 OCR。

这些年深度学习的出现，使 OCR 技术突飞猛进。现在 OCR 基本都采用卷积神经网络，识别率非常高，人们不再需要花费大量时间去设计字符特征。在 OCR 系统中，人工神经网络主要充当特征提取器和分类器的功能，输入的是字符图像，输出的是识别结果。当然用深度学习做 OCR 并不是在每个方面都很优秀，因为神经网络的训练需要大量的训练数据，如果没有办法得到大量的训练数据，这种方法很难奏效。其次，神经网络的训练需要花费大量的时间，并且需要用到的硬件资源一般都比较多。

➢任务准备

一、LabVIEW 中的 OCR 实例

1）打开 LabVIEW 2017 新建一个空白项目，如图 4-8 所示。

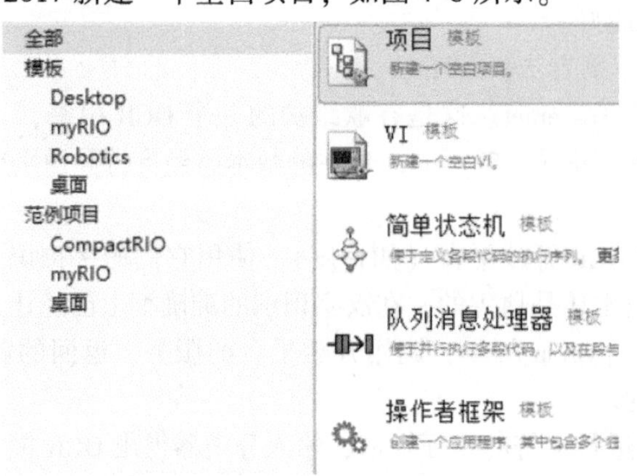

图 4-8　创建空白项目

2）在 LabVIEW 2017 项目浏览器的菜单中依次打开“帮助”→“查找范例”，打开“NI 范例查找器”。

3）选中“目录结构”单选按钮，依次选择“Vision”→“OCR”→“OCR. vi”，如图 4-9 所示。

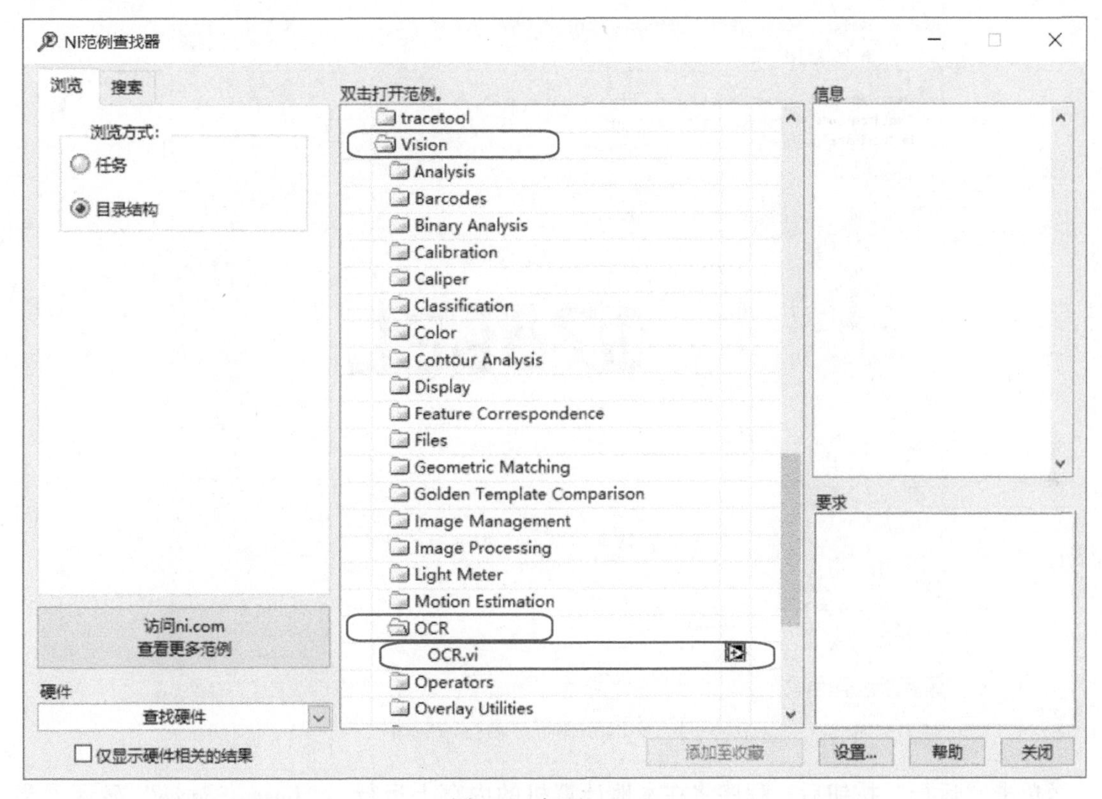

图 4-9　打开 OCR. vi

4）打开 OCR. vi 后，首先要将 VI 另存到其他位置，以免修改范例查询器中的示例程序，影响今后的使用，如图 4-10 所示。

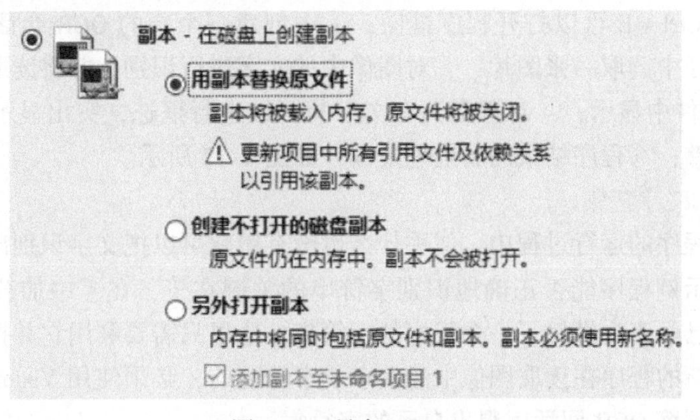

图 4-10　另存 OCR. vi

5）这个示例程序演示在 NI Vision 中如何使用字符识别（OCR）读取图像中的字符串。

程序将依次读取预先存储在 C：\ Users \ Public \ Documents \ National Instruments \ Vision \ Examples \ Images \ OCR \ Sample Set 2 目录之中的图像，并将图像中的文本和字符检测出来，如图 4-11 所示。

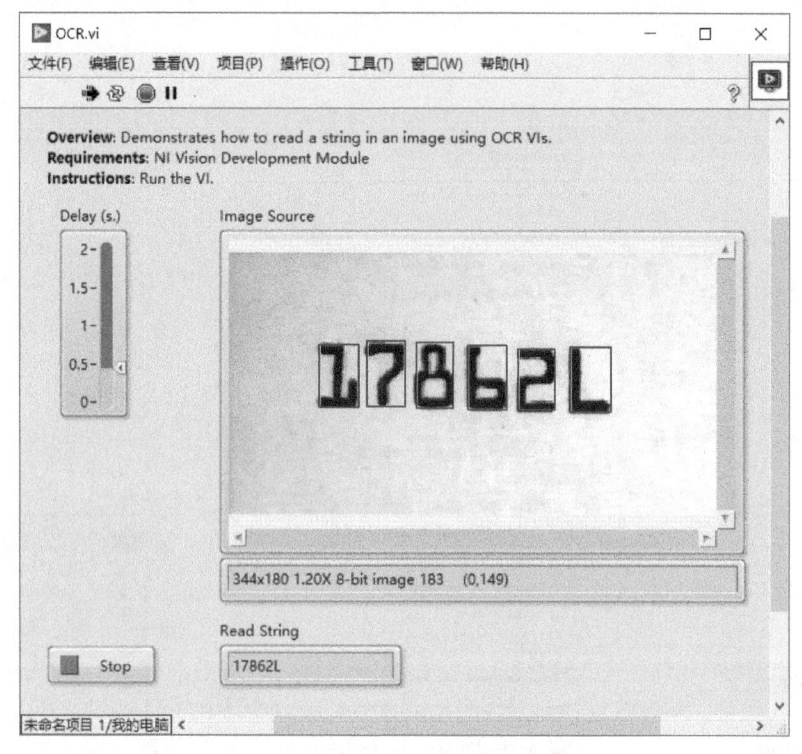

图 4-11 OCR 示例程序运行的前面板

单击“运行”按钮后，程序将在本地计算机的内存上运行。“Image Source”显示了要识别的图片信息，图像识别过程中将已经识别出来的文字区域用红色框圈出突出显示；“Read String”显示了经过算法读出来的字符串；“Delay”的滑动条可以调整图片与图片之间的切换时间间隔。

按下快捷键 Ctrl + E 可以打开程序框图，①中创建一个新的 OCR 会话并加载字符集；②送至指定的路径中读取一张图片；③对图像中的文字进行识别，并将读取的字符串输入到“Read String”控件中显示；④对识别到有文字的区域进行框选，突出显示在照片上；⑤图片切换的延时调整；⑥程序结束的后处理过程，如图 4-12 所示。

二、训练 OCR 字符集

在这个示例程序的运行过程中，似乎什么也没有做就可以把文字识别出来了，但是事实并非如此。这个示例程序能否正确地识别字符串的关键在于，在①中加载的字符集是否准确。在示例中，已经事先做好了一个很好的字符集，这里只需要利用它并把它加载到程序中即可。但是一个新的程序在读取图像中的文字或字符之前，必须使用 Vision OCR Training 接口利用字符样本训练 OCR 回话，得出自己的字符集。

1）首先启动 NI Vision OCR Training 应用程序，以下是两种常见的打开方式。

①从“开始”菜单访问 Vision OCR Training 界面。选择“开始”→“所有程序”→

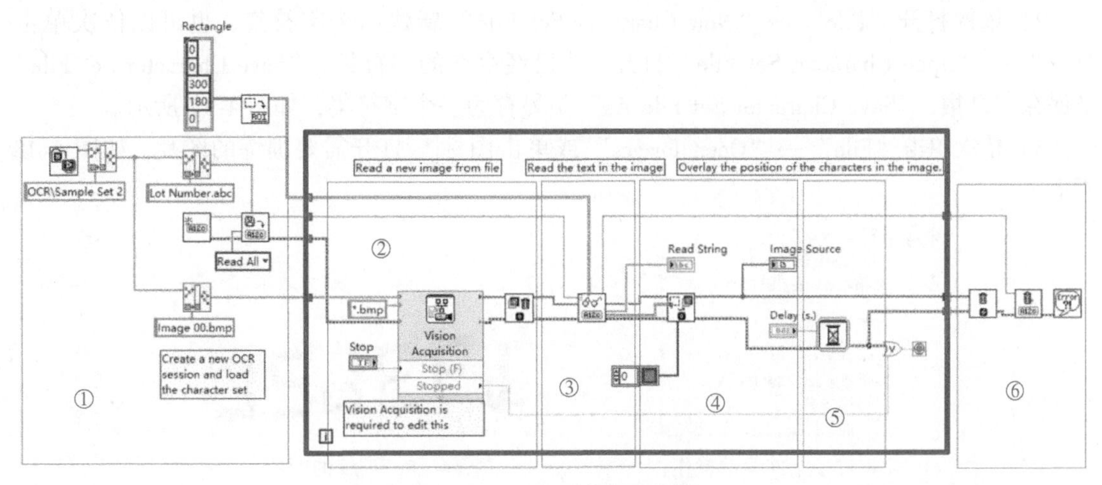

图 4-12　OCR 示例程序框图

“National Instruments” → “Vision” → “Utilities” → “Vision OCR Training” Vision OCR Training。

②从“Vision Assistan”中访问 Vision OCR Training 界面。在程序框图的空白处右击选择“视觉与运动” → “Vision Express” → “Vision Assistant” → “Identification” → “OCR/OCV”（或者“Processing Functions” → “Identification” → “OCR/OCV”）→ “OCR/OCV Setup” → “Train” → “New Character Set File”，如图 4-13 ~ 图 4-16 所示。

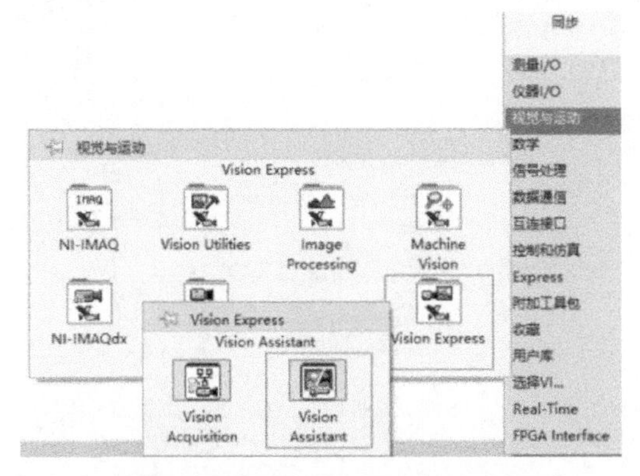

图 4-13　打开“Vision Assistant”

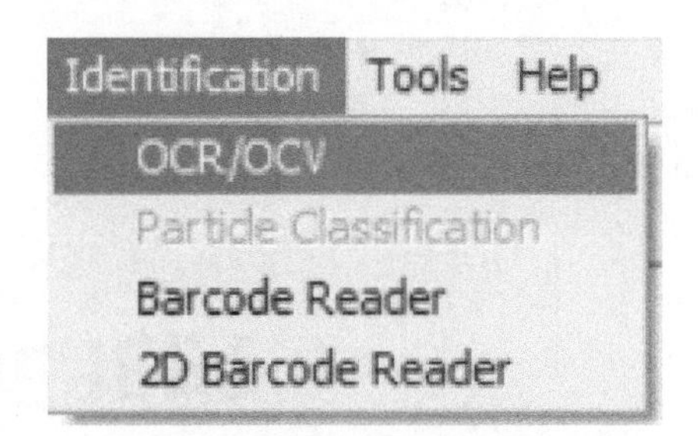

图 4-14　在菜单中添加 OCR/OCV

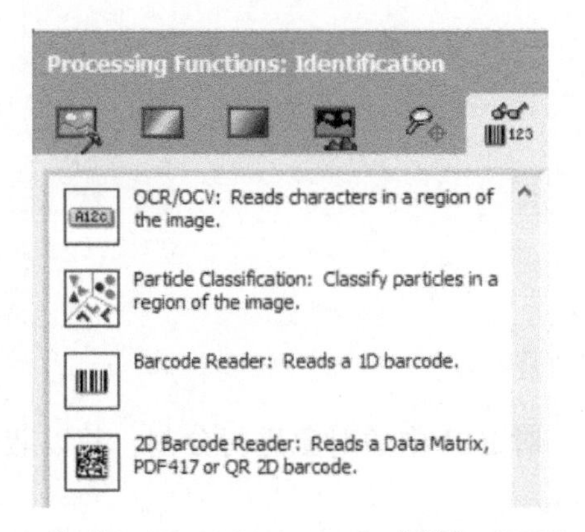

图 4-15　在“Processing Functions”中添加“OCR/OCV”

图 4-16　“OCR/OCV Setup”面板

2）依次打开“File”→“New Character Set File”新建一个字符集；也可以依次单击“File”→“Open Character Set File”打开一个已经存在的字符集。“Save Character Set File”是保存字符集，“Save Character Set File As”是另存为一个字符集，如图4-17所示。

3）依次单击“File”→“Open Images”或单击图标打开需要训练的图片，如图4-18所示。

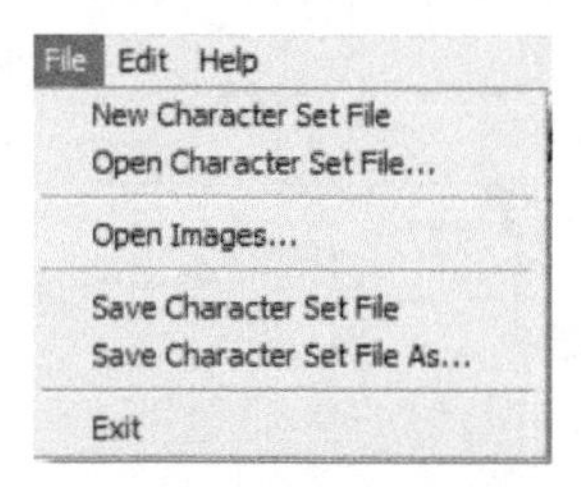

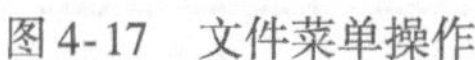

图4-17　文件菜单操作　　　　图4-18　训练的图片

4）使用旋转矩形工具绘制出ROI（感兴趣的区域）。绘制的ROI要足够大，保证能够框选出需要识别的区域，但是需要避免将不必要的区域包含在内，影响识别的准确性。OCR根据对话框底部每个选项卡上的设置，对ROI中的对象进行分割，并以蓝色显示，绘制周围的字符边界矩形。在“Train/Read”选项卡中，“Text Read”显示可识别的字符和基于所使用的字符集文件的替换字符。如果尚未打开字符集文件或训练任何字符，文本读取将显示ROI中每个分段对象的默认替换字符，通常是“?”，也可以在“Read Options”选项卡中指定替换字符，如图4-19所示。

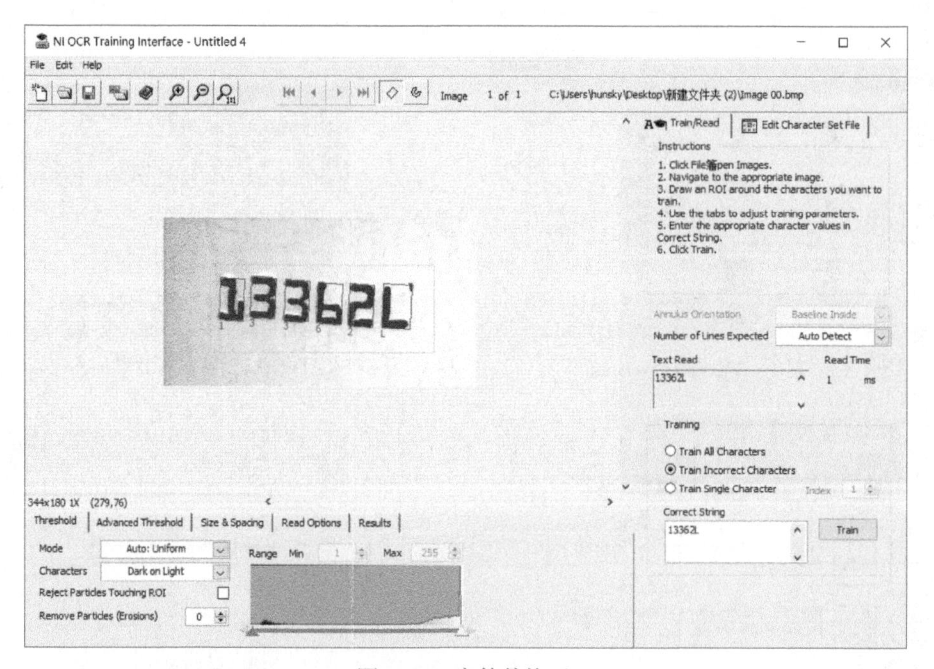

图4-19　字符替换区

OCR根据对话框底部每个选项卡上的设置，对ROI中的对象进行分割，并以蓝色显示字符和绘制周围的字符边界矩形。

在“Train/Read”选项卡中，文本读取显示可识别的字符和基于所使用的字符集文件的替换字符。如果尚未打开字符集文件或训练任何字符，文本读取将显示 ROI 中每个分段对象的替换字符。

➢任务实施

1）新建一个 myRIO 项目。

2）通过快速引导创建 Vision Acquistion，如图 4-20 所示。

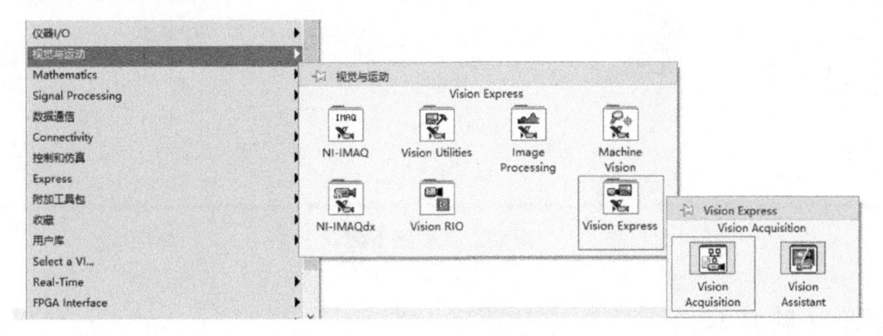

图 4-20　项目创建

3）通过快速引导创建 Vision Acquistion，并创建 OCR 字符识别的处理过程，如图 4-21 所示。

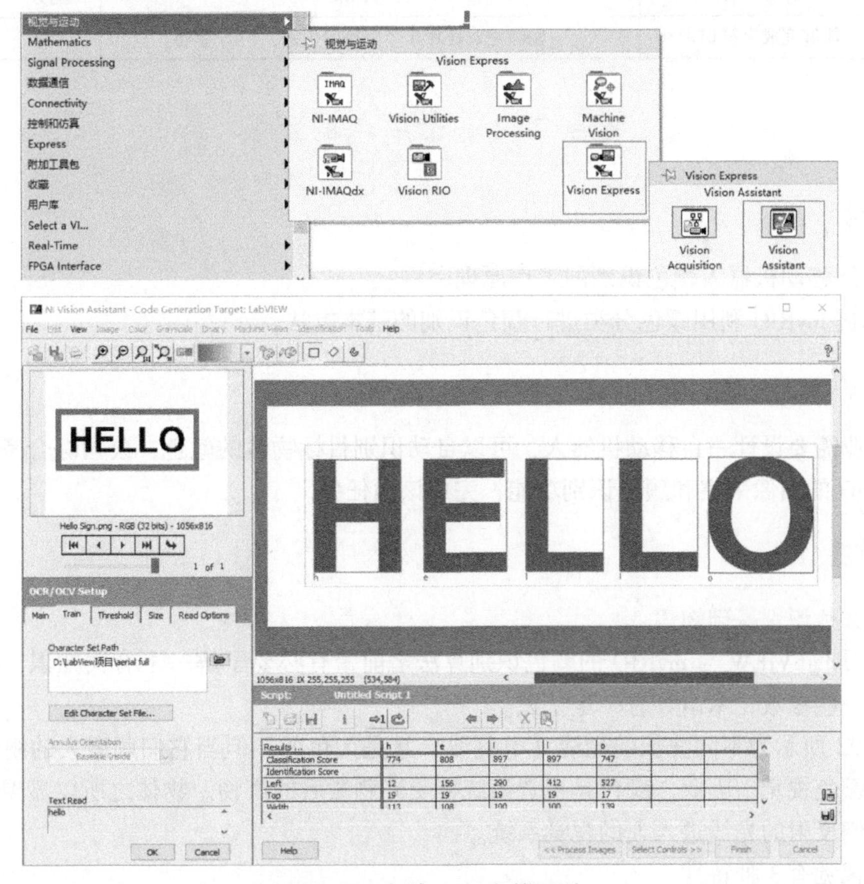

图 4-21　创建 OCR 字符识别

4）编辑程序并将其下载到 myRIO 中，如图 4-22 所示。

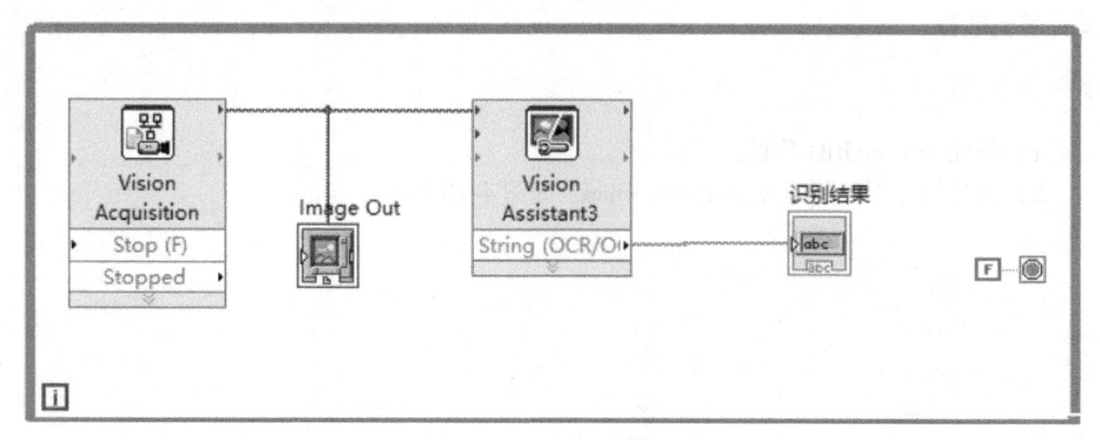

图 4-22　程序下载

➤任务测评（见表 4-1）

表 4-1　任务评分标准

序号	评分内容	评分标准	配分	得分
1	能够完成字符识别	能够完成任意 5 个字符的识别，1 分/字符	5 分	

任务二　基于颜色的识别

➤任务目标

1. 了解移动机器人颜色识别的工作原理。
2. 掌握 myRIO 利用颜色分类进行颜色识别的基本方法。

➤任务导入

某企业需要设计一台移动机器人，可以自动识别目标物体的颜色，公司综合考虑后决定使用 myRIO 的图像采集和颜色识别功能，完成该项任务。

➤知识链接

一、颜色识别基础知识

在学习 LabVIEW 与 myRIO 的颜色识别算法之前，有必要了解一下有关知识，以便对算法用到的一些参数、术语等有一定认识。

图 4-23 所示为不同波长的光线（电磁波）且是无色的，但当它们刺激人的视觉系统时就产生了颜色视觉。因此，颜色是视觉系统接受光刺激后的产物。物体之所以显现颜色，就是因为它们反射的光线进入人的视觉系统。

颜色视觉有 3 种特性：

1）明度（Brightness）：与其物理刺激的光波强度相对应。

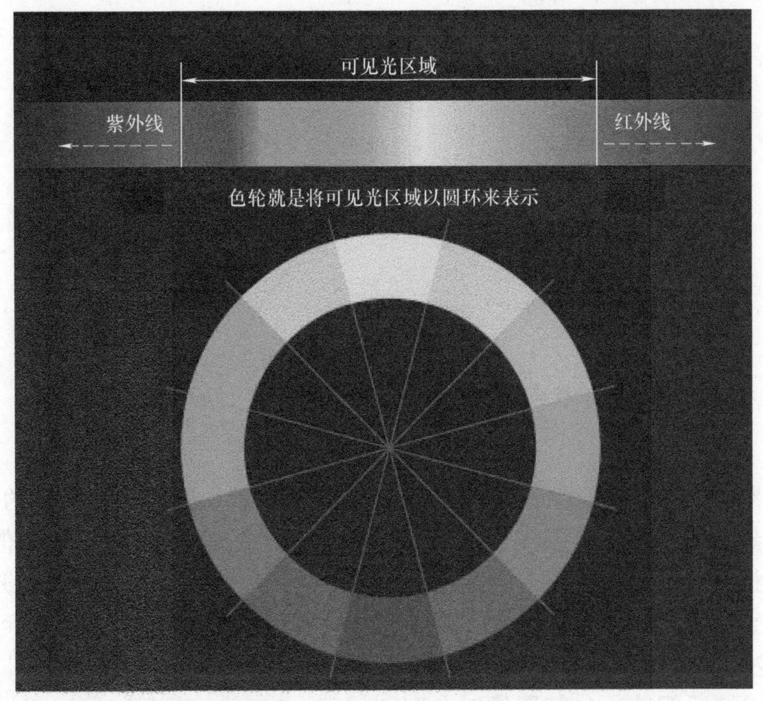

图 4-23　可见光的色轮表示

2）色调（Hue）：与其物理刺激的光波波长相对应。

3）饱和度（Saturation）：与其物理刺激的光波纯度相对应。这 3 个维度可以构建一个颜色立体（Color Solid）模型，所有的颜色体验都可以用这 3 个维度来描述。

描述彩色图像的方法有很多种，但最通用的是面向硬件的颜色模型，即“RGB（红绿蓝）模型”，此时彩色图像是用 R、G、B 三种颜色表示的，各种强度的 RGB 光混合在一起就会产生出各种各样的色彩。这 3 种颜色被称为颜色混合的三基色。

描述景物的另外一种颜色模型为 HSI 颜色模型，即用色调、饱和度、亮度来表示，它更符合人们描述和解释颜色的方式。这种表示方法把颜色分成了如下 3 个特征：第一个特征是色调或色相 H（Hue），可表示 RGB 等各种颜色的种类；第二个特征是用来表示明暗的，称为明度或亮度 I（Intensity）；第三个特征是用来表明颜色的鲜艳程度的，即饱和度或彩度 S（Saturation）。这 3 个特性称为颜色的 3 个基本属性。

彩色图像可以采用 RGB 或 HSI 等颜色模型来描述，它们之间存在严格的数学关系，可以相互转换，如图 4-24 所示。常见的颜色模型还有 CMY、CMYK、HSV、YUV、Lab 等。实际应用时，应该根据需要选择适当的颜色模型。

二、机器人颜色视觉

机器人视觉系统主要利用颜色、形状等信息来识别环境目标。机器人对颜色的识别原理是：当摄像头获得彩色图像后，机器人上的嵌入式计算机系统将模拟视频信号数字化，将像素根据颜色分成两部分，即感兴趣的像素（搜索的目标颜色）和不感兴趣的像素（背景颜色）；然后，对这些感兴趣的像素进行 RGB 颜色分量的匹配。为了减少环境光强度的影响，可把 RGB 颜色域空间转化到 HIS 颜色空间。

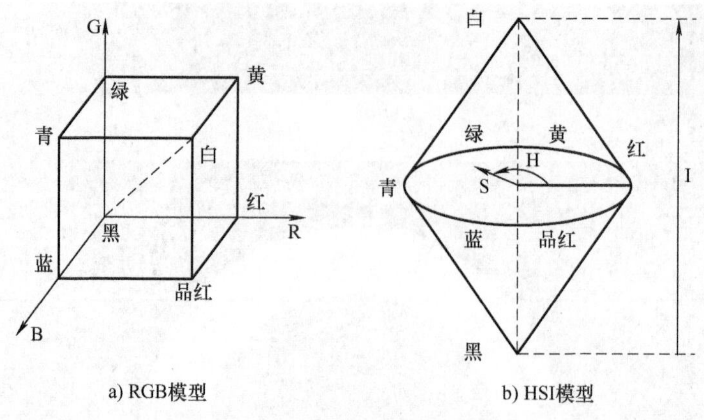

图 4-24　颜色的 RGB 模型与 HSI 模型

在移动机器人的彩色视觉系统中，颜色识别工作的第一步是把图像中的每一个像素，根据颜色分类到一组离散的色彩类中。颜色分类常用的方法有线性色彩阈值法、最近邻域法和阈值向量法等。其中，线性色彩阈值法用线性平面把色彩空间分割开来，其阈值的确定可采用直接取阈值和通过自动训练来获取目标颜色范围等方法，也可以采用神经网络和多参数决策树方法来进行自学习，以获得合适的阈值。而用最近邻域法分割图像时，则利用隶属度函数，即根据最大的隶属度来判断这个颜色属于哪个类。阈值向量法是使用一组事先确定的阈值向量，通过色彩值在色彩空间中的位置来判断其属于哪种颜色。

在色彩分类之后，必须对各个颜色类的点进行处理，最终辨识出目标物的颜色、位置和方向角。识别时，通常的做法是对分类后的像素进行一次扫描，即将相邻的同种颜色的像素连成色块。

三、LabVIEW 与 myRIO 中的颜色识别算法

LabVIEW 中有很多的颜色处理控件和函数，还有丰富的例程供用户学习使用。到了 NI Vision 中，进一步集成了功能强大而丰富的视觉处理函数库，开发人员不需要编程，就能快速完成视觉应用系统的模型建立。这给 myRIO 的颜色识别应用带来了便利，如颜色分类（Color Classification）、颜色匹配（Color Matching）、颜色模式匹配（Color Pattern Matching）、颜色定位（Color Location）、颜色分割（Color Segmentation）、颜色阈值（Color Threshold）等算法，只需要做些简单的设置和训练就可以使用。用户可以从学习 LabVIEW 中的颜色识别实例入手，逐步掌握 LabVIEW 与 myRIO 的颜色识别方法，如图 4-25 所示。

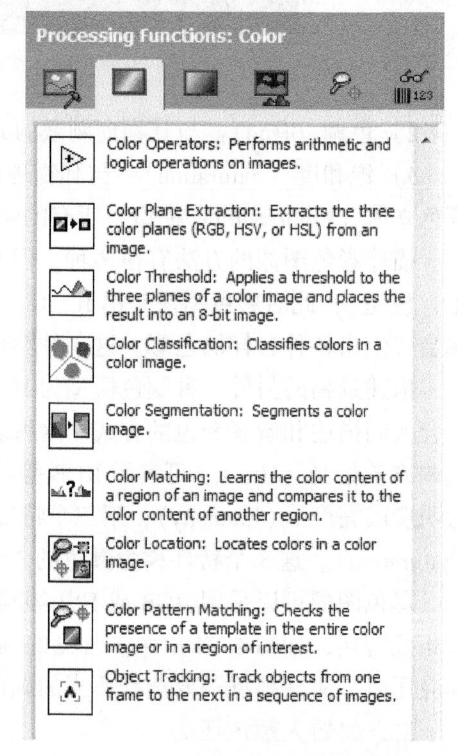

图 4-25　NI Vision 中的颜色处理方法

➢任务准备

一、LabVIEW 中的颜色识别实例

1）打开 LabVIEW 2017 新建一个空白项目。

2）在 LabVIEW 2017 项目浏览器的菜单中依次单击“帮助”→“查找范例”，打开“NI 范例查找器”。

3）选中“目录结构”单选按钮，依次单击“Vision”→“Classification”→“SubVIs”→“Color Classification. vi”，如图 4-26 所示。

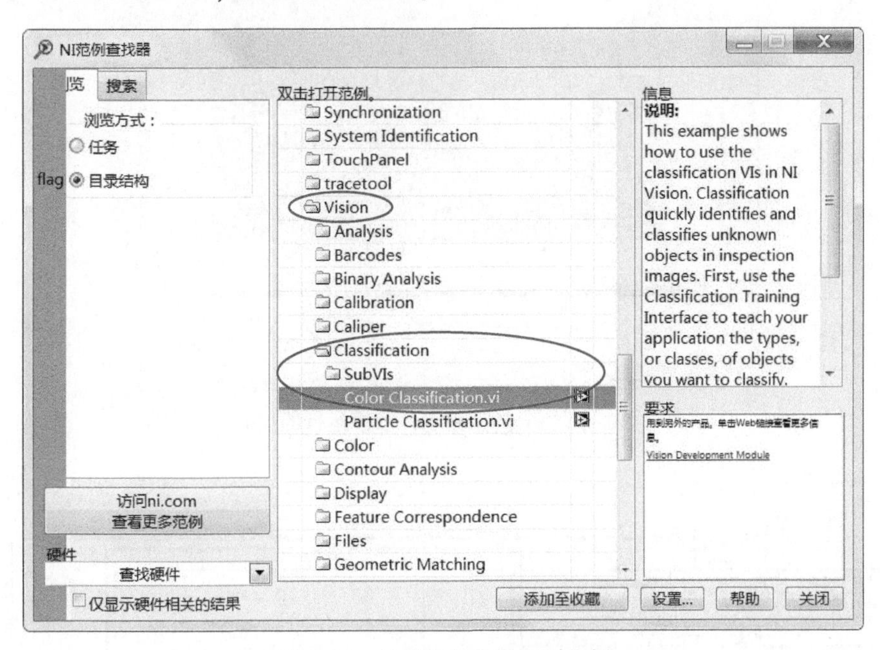

图 4-26　打开颜色分类识别范例

4）打开 Color Classification. vi 后，首先要将 VI 另存到其他位置，以免修改范例查询器中的示例程序，影响今后的使用。

5）这个示例程序演示在 NI Vision 中如何使用颜色分类样本识别图像中的物体颜色。程序将依次读取预先存储在 C：\ Users \ Public \ Documents \ National Instruments \ Vision \ Examples \ Images \ ColorClassification 目录之中的图像，并将目标区域的颜色检测出来，如图 4-27 所示。

单击“运行”按钮后，程序将在本地计算机的内存上运行。“Image”控件显示了图片的识别情况，图像识别过程中已经将目标区域用矩形框圈出突出显示，并将颜色的识别结果用文本框标出，Class 为颜色的类别，此图中是 Clear（透明），Score 是得分，这里是 881（满分 1000）。

如图 4-28 所示，按下快捷键 Ctrl + E 打开程序框图，①初始化图像的默认矩形目标区域 ROI；②通过读取系统注册表项来获取视觉范例文件夹被安装的路径，从中读取范例图片和颜色分类范例文件；③检测图像中的目标区域设置事件，程序开始运行或设置发生变化时对目标区域进行颜色识别；④清除之前的识别结果显示，对图像的当前目标区域利用颜色分类

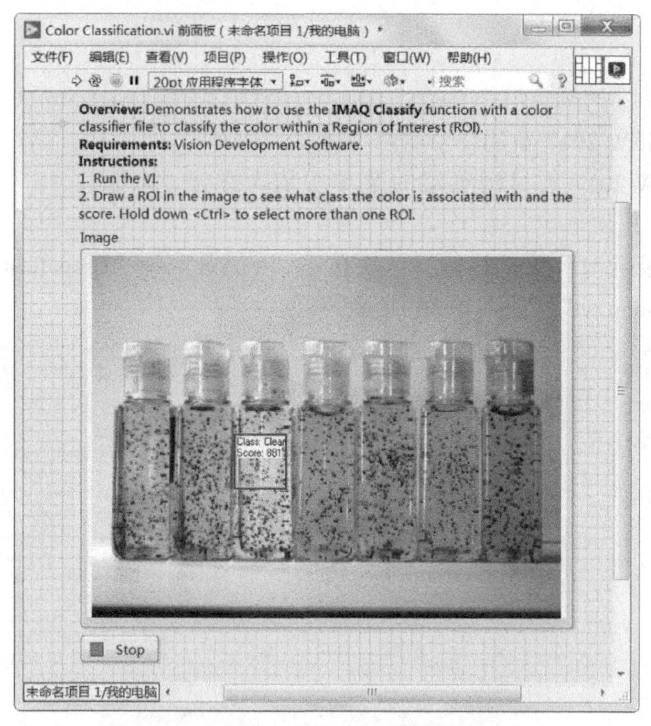

图 4-27　颜色分类识别示例程序运行的前面板

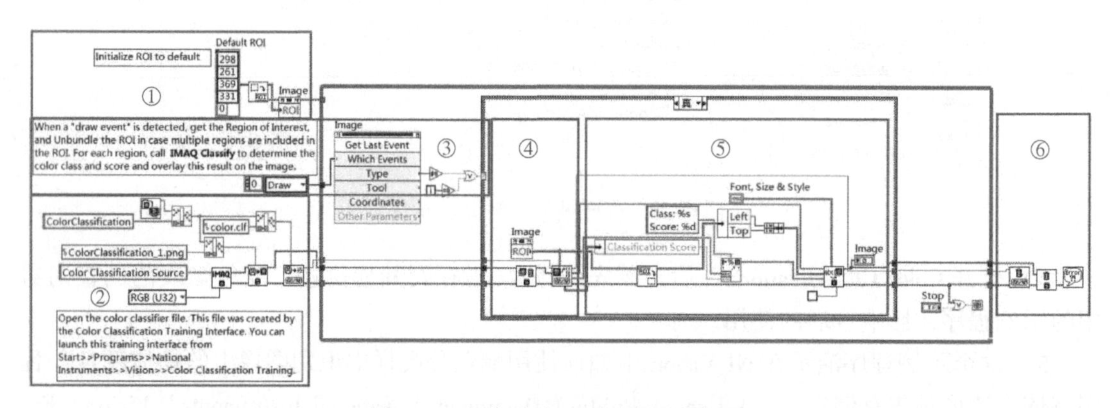

图 4-28　颜色分类识别示例程序框图

范例文件进行识别归类；⑤显示图像并用设定字体在目标区域左上方显示识别的颜色和得分信息；⑥程序结束的后处理过程。

二、训练颜色分类

上述示例程序能否正确识别颜色的关键在于，在②中加载的颜色分类是否准确。在示例中，已经事先做好了一个颜色分类，这里只需要利用它，把它加载到程序中即可。但是对于一个新的程序，在读取图像中的颜色之前，必须使用 Vision Color Classification Training 接口利用颜色样本训练颜色分类，得出自己的颜色分类集。对于移动机器人，还需要将做好的颜色分类集文件下载到其 myRIO 控制器的特定文件路径下，并在移动机器人的颜色识别程序中正确引用。

1）首先启动 NI Vision Color Classification Training 应用程序。以下是两种常见的打开方式：

①从“开始”菜单访问 Vision Color Classification Training 界面：“开始”→“所有程序”→“National Instruments”→“Vision”→“Utilities”→“Vision Color Classification Training”。

②从“Vision Assistan”中访问 Vision Color Classification Training 界面。在程序框图中空白处右击选择“视觉与运动”→“Vision Express”→“Vision Assistant”→“Color”→“Color Classification”（或者“Processing Functions”→“Color”→“Color Classification”），如图 4-29 和图 4-30 所示；进入 Color Classification Setup 面板，如图 4-31 所示，然后打开一个已存在的颜色分类文件或新建一个颜色分类文件（“New Classifier File...”），从而进入“NI Color Classification Training Interface”应用程序。

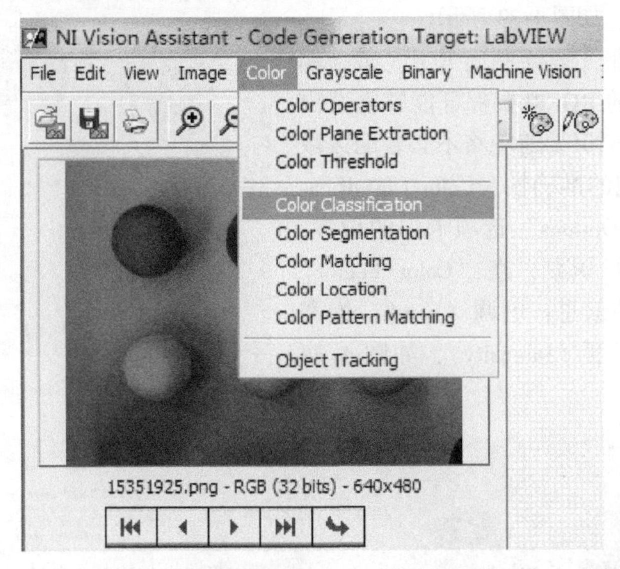

图 4-29　菜单中添加“Color Classification”

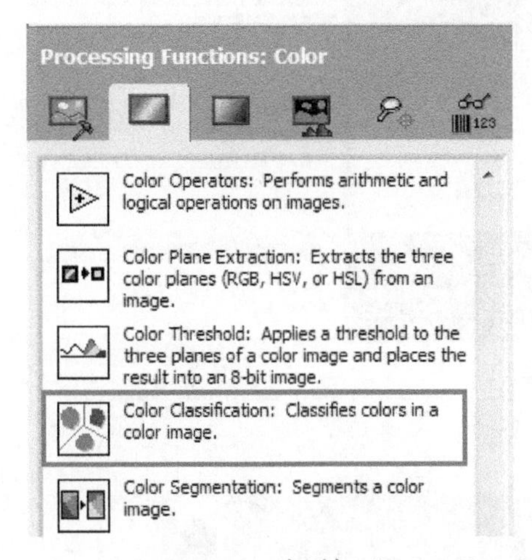

图 4-30　Processing Functions 中添加“Color Classification”

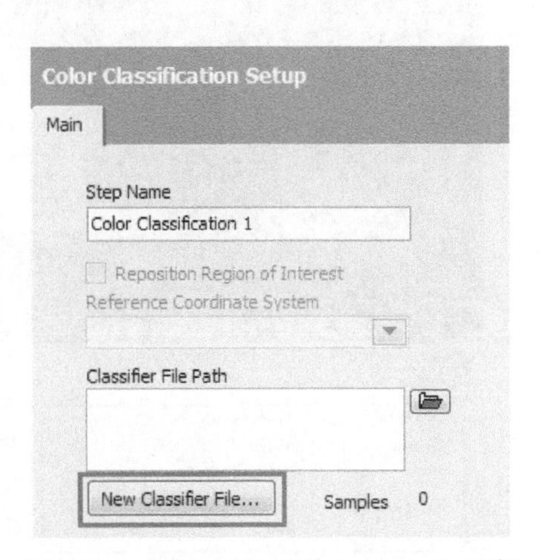

图 4-31　“Color Classification Setup”面板

2）在“NIColor Classification Training Interface”应用程序中，依次打开“File”→“New Color Classifier File”新建一个颜色分类集；也可以依次打开“File”→“Open Color Classifier File...”打开一个已经存在的颜色分类集。“Save Color Classifier File”是保存颜色分类集；“Save Color Classifier File As...”是另存为一个颜色分类集，如图4-32所示。

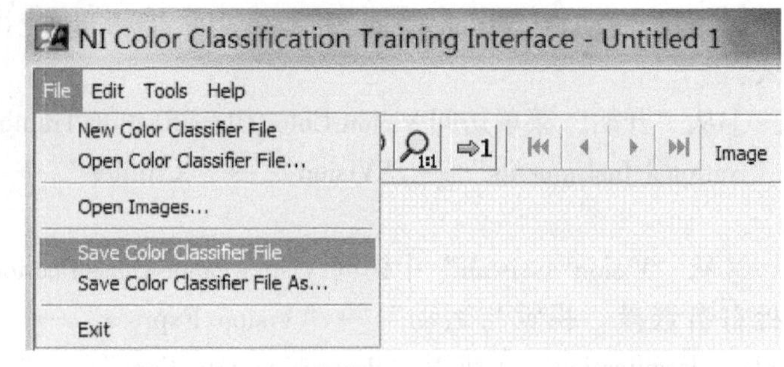

图4-32　“Color Classification”文件菜单的操作

3）依次单击“File”→“Open Images...”，打开需要训练的图片，如图4-33所示。

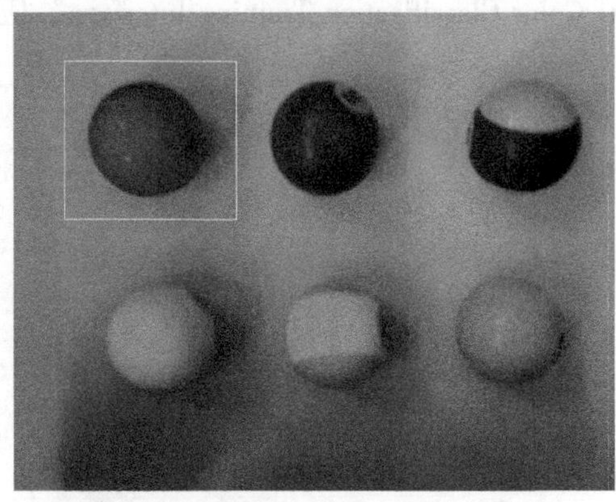

图4-33　Color Classification 训练图片

4）使用旋转矩形工具绘制出ROI（感兴趣的目标区域），绘制的ROI既要保证能够框选出需要识别的区域，同时又要避免将不必要的区域包含在内而影响识别的准确性。Color Classification 根据窗口底部“Options”选项卡中的设置，对ROI中的对象进行识别，在“Color Vector”选项卡中显示识别的信息：色调（Hue）、饱和度（Saturation）和亮度（Intensity），如图4-34所示。

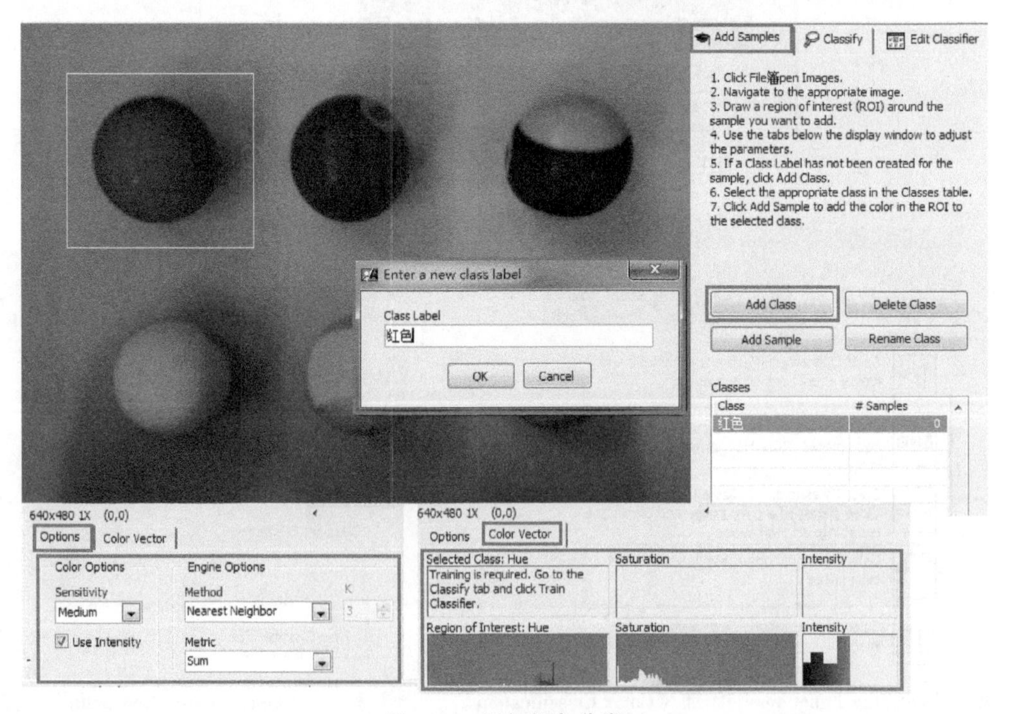

图4-34　添加颜色分类

在窗口左侧的“Add Samples”选项卡中，可以单击“Add Class”控件针对所选区域的颜色增加对应的颜色类别，单击“Add Sample”控件可以针对所选颜色类别在图像的相应颜色区域进行框选添加颜色样本。为了提高颜色分类识别的样本有效性，应尽可能多地选一些相互区分度高的典型区域，但不宜选择太多比较接近的区域作为样本，如图4-35所示。

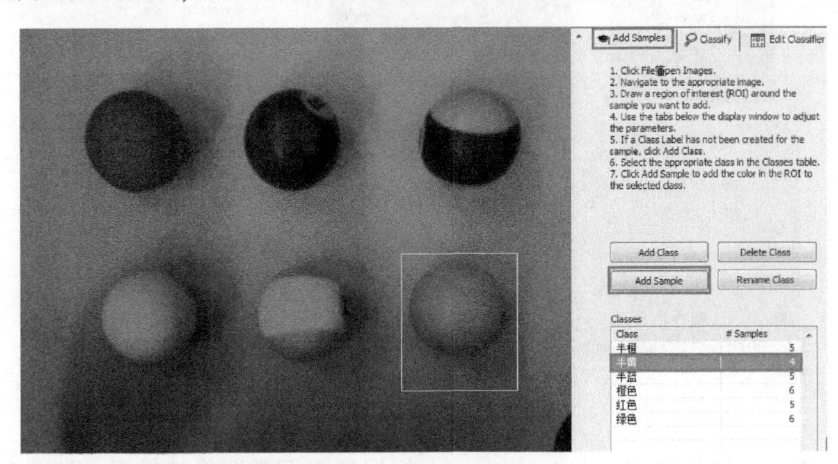

图4-35　添加颜色分类样本

图4-36所示添加颜色分类样本后要在“Classify”选项卡中进行训练。单击“Train Classifier”控件可以对所选区域的颜色进行识别，得到归类结果：颜色分类标签（Class Label）、分类得分（Classification Score）、识别得分（Identification Score）、最接近的样本（Closest Sample）、与各类颜色样本的差距（Distances）。若各项得分越高且差距越小，则说明所选区域与样本颜色越接近。

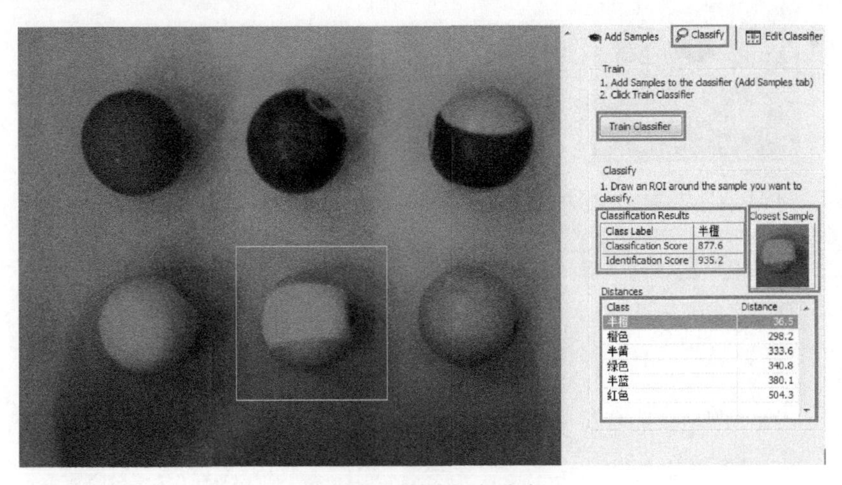

图4-36　训练颜色分类

在“Edit Classifier”选项卡中，可以对添加的颜色分类样本进行浏览、注释、重新归类（Relabel）、删除等操作，如图4-37所示。

➢任务实施

1）新建一个myRIO项目。

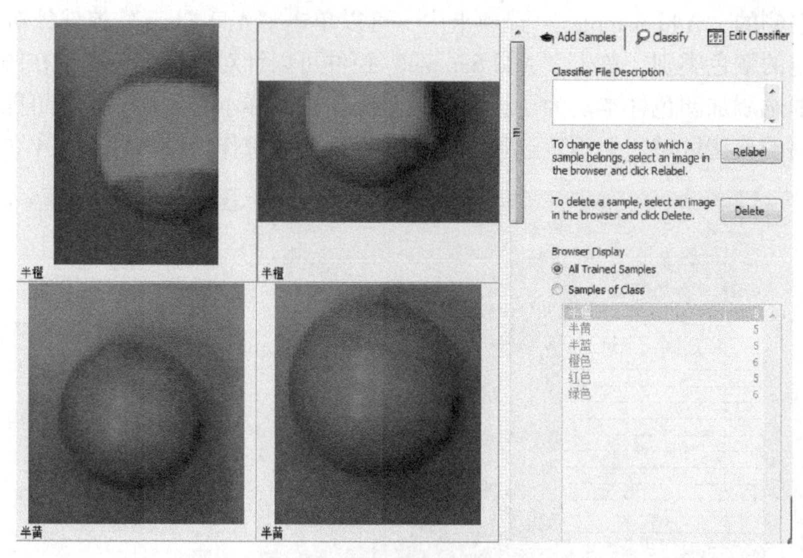

图 4-37　编辑颜色分类样本

2）通过快速引导创建 Vision Acquisition，根据需要调整图像帧像素、类型和采集速率等参数。

3）通过快速引导创建 Vision Assistant，并创建颜色分类识别的处理过程，对要识别的颜色创建恰当的类别和足够的样本，利用所创建的颜色分类集文件对所选目标区域进行颜色识别。注意，这里采用的处理图像像素和上面设置的采集图像像素要保持一致，否则所选区域位置在实际识别时会出现偏离而不能达到预期目标效果，如图 4-38 所示。

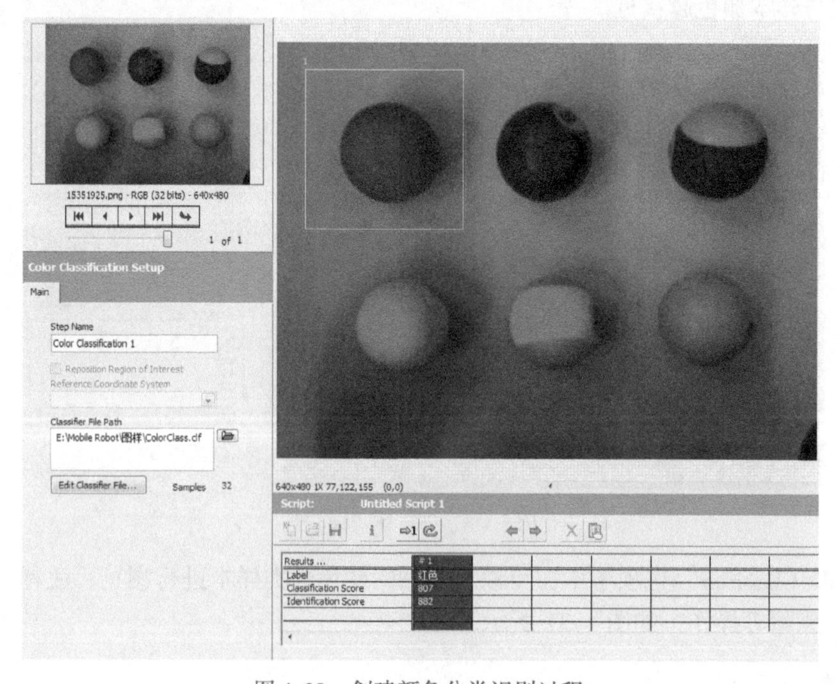

图 4-38　创建颜色分类识别过程

4）如果需要对多个目标区域进行颜色识别，可以重复添加“Color Classification”图像处理步骤，在每个步骤中选择相应的目标区域，从而实现多处目标颜色识别，如图 4-39 所示。

a)

640x480 1X 77,122,155 (0,0)
Script: Untitled Script 1 *
Original Image
Color Classification 1
Color Classification 2
Color Classification 3

b)

图 4-39 多处目标颜色识别

5）对颜色识别程序需要用到的颜色分类文件路径和识别出的颜色类别建立输入输出，如图 4-40 所示。

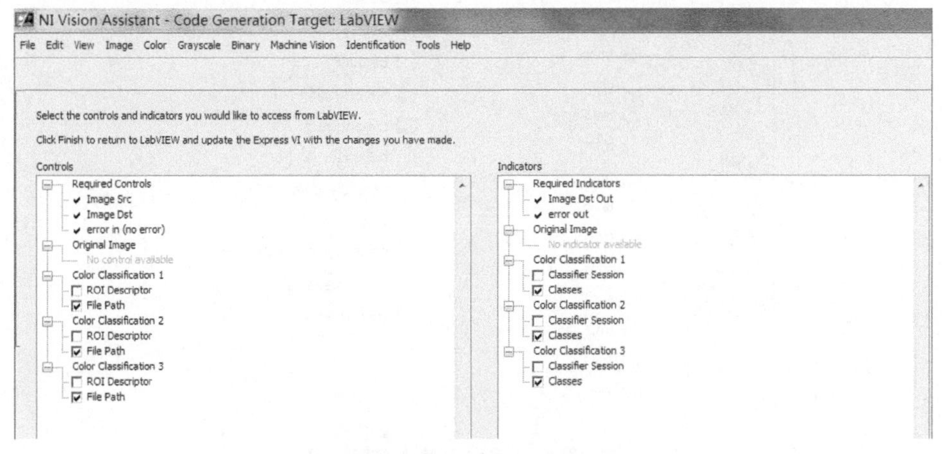

图 4-40 颜色识别输入输出设置

6）编辑完成颜色识别程序（见图4-41和图4-42），将程序和相应的颜色分类文件都上传到 myRIO 中。

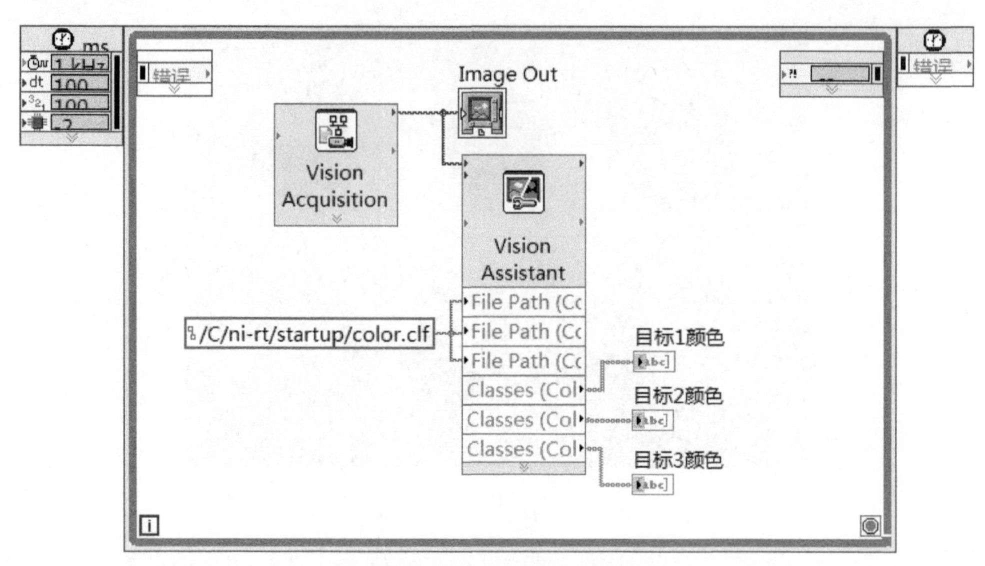

图4-41 颜色识别程序示例

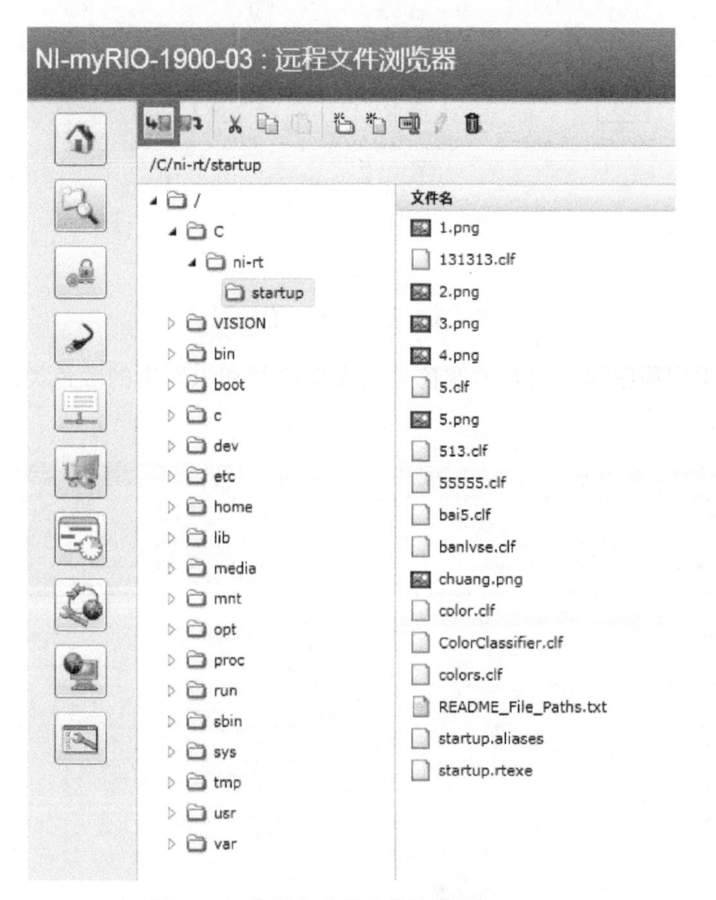

图4-42 将颜色分类文件上传到 myRIO

➢任务测评（见表 4-2）

表 4-2 任务评分标准

序号	评分内容	评分标准	配分	得分
1	能够完成颜色识别	能够完成任意 5 种颜色的识别，1 分/颜色	5 分	

➢任务总结

认真分析总结影响此项任务完成效率的因素以及如何改进，如颜色分类样本的选取是否恰当，颜色分类学习训练是否准确、充分等。可以尝试采用其他颜色识别方法进行比较。

任务三 基于条形码、二维码的识别

➢任务目标

1. 了解条形码、二维码识别的技术原理。
2. 掌握 myRIO 的条形码、二维码识别的基本方法。

➢任务导入

某企业需要设计一台可以自动识别条形码和二维码的移动机器人，公司综合考虑后决定使用 myRIO 的条形码和二维码识别功能，完成该项任务。

➢知识链接

一、条形码识别技术简介

条形码（简称条码）技术是集条码理论、光电技术、计算机技术、通信技术、条码印制技术于一体的一种自动识别技术。条形码是由宽度不同、反射率不同的条（黑色）和空（白色），按照一定的编码规则编制而成的，用以表达一组数字或字母符号信息的图形标识符。条形码符号也可印成其他颜色，但两种颜色对光必须有不同的反射率，保证有足够的对比度。条码技术具有速度快、准确率高、可靠性强、寿命长、成本低廉等特点，因而广泛应用于商品流通、工业生产、图书管理、仓储标证管理、信息服务等领域。

一维条码主要有 EAN 和 UPC 两种，其中 EAN 码是我国主要采取的编码标准。EAN 是欧洲物品条码（European Article Number Bar Code）的英文简写，是以消费资料为使用对象的国际统一商品代码。只要用条形码阅读器扫描该条码，便可以了解该商品的名称、型号、规格、生产厂商、所属国家或地区等信息。

EAN 条形码有两个版本，一个是 13 位标准条码（EAN－13 条码），另一个是 8 位缩短条码（EAN－8 条码）。EAN－13 条码由代表 13 位数字码的条码符号组成，如图 4-43 所示。

一个条形码图案由数条黑色和白色线条组成，如图 4-44 所示，图案分成五个部分，从左至右分别为：起始部分、第一数据部分、中间部分、第二数据部分和结束部分。

（1）起始部分　包含左侧空白区和起始字符，由 11 条线组成，从左至右分别是 8 条白线、一条黑线、一条白线和一条黑线。

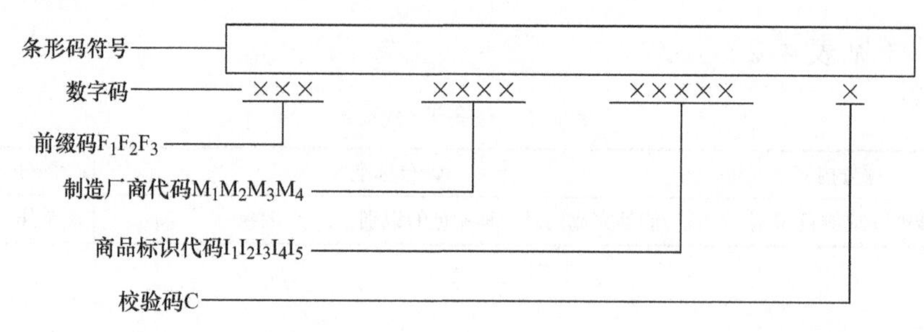

图 4-43　EAN－13 条码的组成

（2）第一数据部分　由 42 条线组成，是按照一定的算法形成的，包含了左侧数据符（$d_1 \sim d_6$）这些数字的信息。

（3）中间部分　由 5 条线组成，从左到右依次是白线、黑线、白线、黑线、白线。

（4）第二数据部分　由 42 条线组成，是按照一定的算法形成的，包含了校验字符在内的右侧数据符（$d_7 \sim d_{12}$）这些数字的信息。

（5）结尾部分　包含终止字符和右侧空白区，由 11 条线组成，从左至右分别是一条黑线、一条白线和一条黑线，8 条白线。

图 4-44　条形码图案构成

二、二维码识别技术简介

二维码是一种比一维码更高级的条码格式。一维码只能在一个方向（一般是水平方向）上表达信息，而二维码在水平方向和垂直方向都可以存储信息。一维码只能由数字和字母组成，而二维码能存储汉字、数字和图片等信息，因此二维码的应用领域要广得多。

二维条码（二维码）是用某种特定的几何图形按一定规律在平面（二维方向）分布的黑白相间的图形记录数据符号信息的。二维码是 DOI（数字对象唯一识别符）的一种。在代码编制上巧妙地利用构成计算机内部逻辑基础的“0”和“1”比特流的概念，使用若干个与二进制相对应的几何形体来表示文字数值信息，通过图像输入设备或光电扫描设备自动识读以实现信息的自动处理。在许多种类的二维条码中，常用的码制有 Data Matrix、Maxi Code、Aztec、QR Code、PDF417 和 Ultra Code 等。

1. QR Code

图 4-45 所示 QR 码是一种矩阵码或二维空间的条码，1994 年由日本 Denso－Wave 公司发明。QR 是英文 Quick Response 的简写，即快速反应的意思，源自发明者希望 QR 码可让其内容快速被解码。QR 码常见于日本，并为目前日本最流行的二维空间条码。QR 码比普

通条码可储存更多的资料，也无须像普通条码那般在扫描时需直线对准扫描器。

QR 码呈正方形，只有黑、白两色。在 4 个角落的其中 3 个，印有较小、像“回”字的正方形图案。它们是供解码软件作定位用的图案，使用者无须对准或特意匹配，可以任何角度扫描。符号规格为：21 ×21 模块（版本 1）——177 ×177 模块（版本 40），对于每一种规格，每边增加 4 个模块。

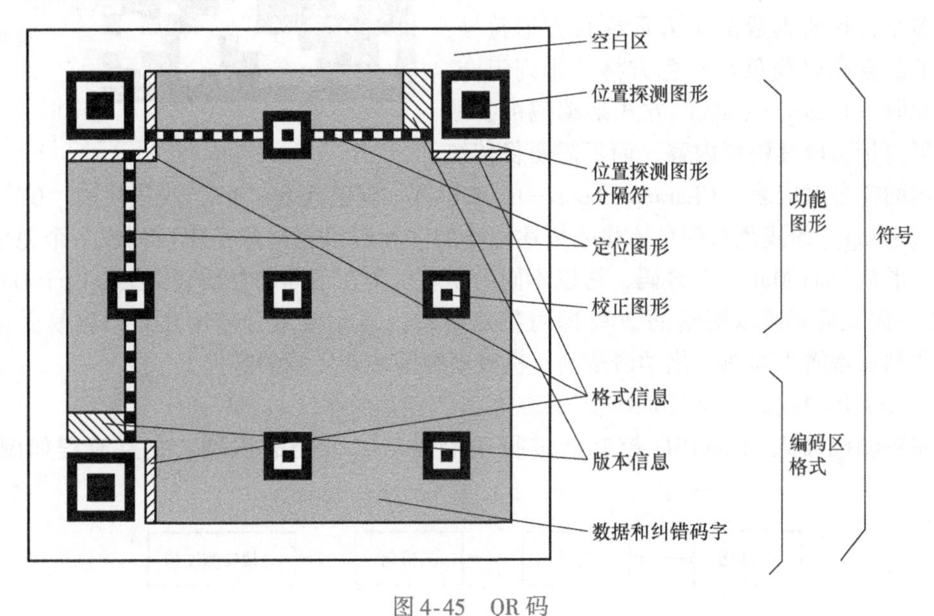

图 4-45　QR 码

2. PDF417 码

图 4-46 所示 PDF417 二维条码是一种高密度、高信息含量的便携式数据文件，是实现证件及卡片等大容量、高可靠性信息自动存储、携带并可用机器自动识读的理想手段。PDF417 条码既可表示数字、字母或二进制数据，也可表示汉字。一个 PDF417 条码最多可容纳 1850 个字符或 1108B 的二进制数据，如果只表示数字则可容纳 2710 个数字。PDF417 的纠错能力分为 9 级，级别越高，纠正能力越强。由于这种纠错功能，使得发生污损的 417 条码也能够被正确读出。我国已制定了 PDF417 码的国家标准。

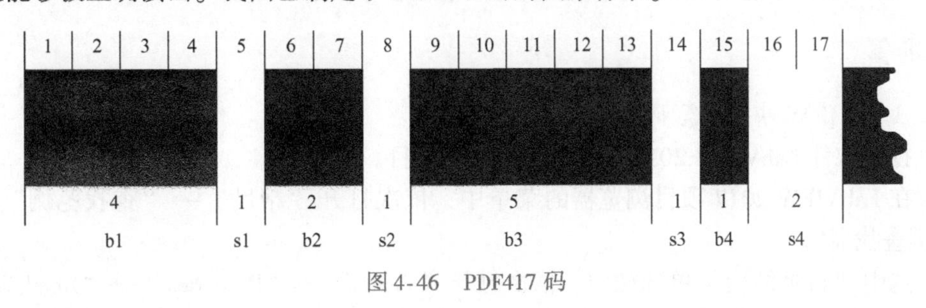

图 4-46　PDF417 码

3. Data Matrix 码

Data Matrix 原名 Data code，由美国国际资料公司（International Data Matrix，ID Matrix）于 1989 年发明。Data Matrix 又可分为 ECC000 - 140 与 ECC200 两种类型，其中 ECC000 - 140 具有多种不同等级的错误纠正功能，而 ECC200 则透过 Reed - Solomon 演算法产生多项

式计算出错误纠正码，其尺寸可以依据需求印成不同大小，但采用的错误纠正码应与尺寸配合，由于其演算法较为容易，且尺寸较有弹性，故一般以 ECC200 较为普遍。

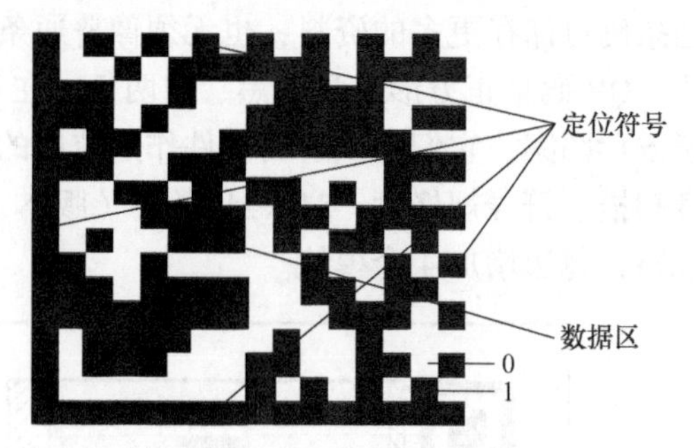

图 4-47　Data Matrix 码

图 4-47 所示 Data Matrix 二维码的外观是一个由许多小方格所组成的正方形或长方形符号，其资讯的储存是以浅色与深色方格的排列组合，以二位元码（Binary - code）方式来编码的，故计算机可直接读取其资料内容，而不需要像传统一维条码的符号对应表（Character Look - up Table）。深色代表“1”，浅色代表“0”，再利用成串（String）的浅色与深色方格来描述特殊的字元资讯，这些字串再列成一个完成的矩阵式码，形成 Data Matrix 二维码，再以不同的印表机印在不同的材质表面上。由于 Data Matrix 二维条码只需要读取资料的 20% 即可精确辨读，因此很适合应用在条码容易受损的场所，如印制在暴露于高热、化学清洁剂、机械剥蚀等特殊环境的零件上。

三、myRIO 的条形码与二维码识别方法

利用移动机器人的 myRIO 控制器进行条形码与二维码的识别，主要流程如图 4-48 所示。

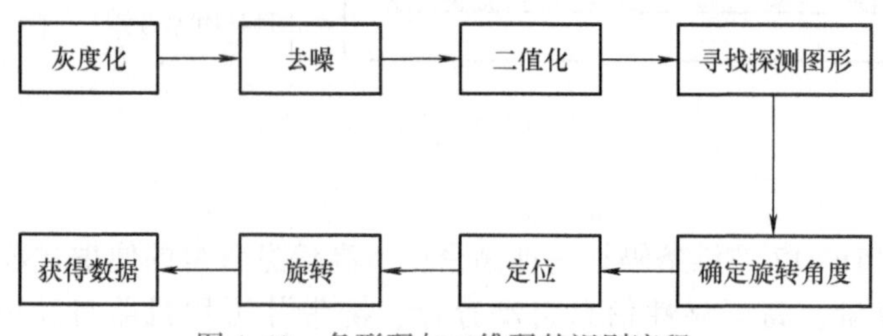

图 4-48　条形码与二维码的识别流程

利用 NI Vision 成熟的识别算法函数——条形码阅读器（Barcode Reader）和二维码阅读器（2D Barcode Reader），只需要做些简单的灰度处理与参数设置等，就可以方便地实现读码功能。LabVIEW 中还有相应的读码示例可供学习参考。

➢任务准备

一、LabVIEW 中的条形码识别实例

1）打开软件 LabVIEW 2017，新建一个空白项目。

2）在 LabVIEW 2017 项目浏览器的菜单中，依次打开“帮助”→“查找范例”，打开“NI 范例查找器”。

3）选中“目录结构”单选按钮，依次打开“Vision”→“Barcodes”→“Read 1D Barcode. vi”，如图 4-49 所示。

4）打开 Read 1D Barcode. vi 后，首先要将 VI 另存到其他位置，以免修改范例查询器中的示例程序，影响今后的使用。

5）这个示例程序演示在 NI Vision 中如何自动识别图像中的条形码。程序将读取预先存

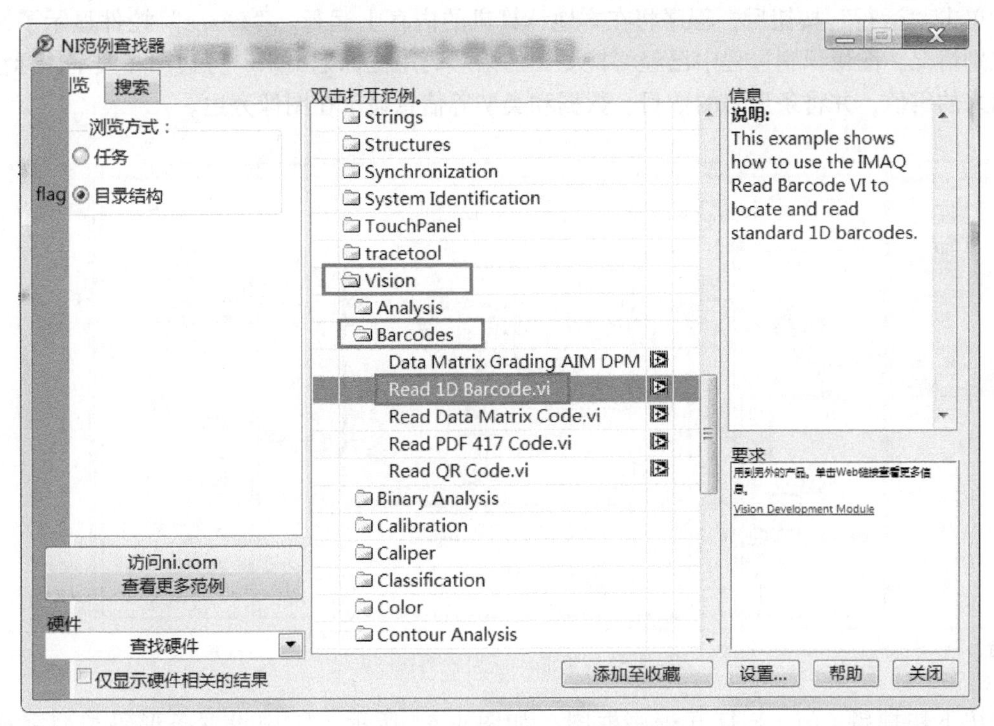

图 4-49　打开条形码识别范例

储在 C:\Users\Public\Documents\National Instruments\ Vision\Examples\Images\Barcode 目录中的图像，如图 4-50 所示。

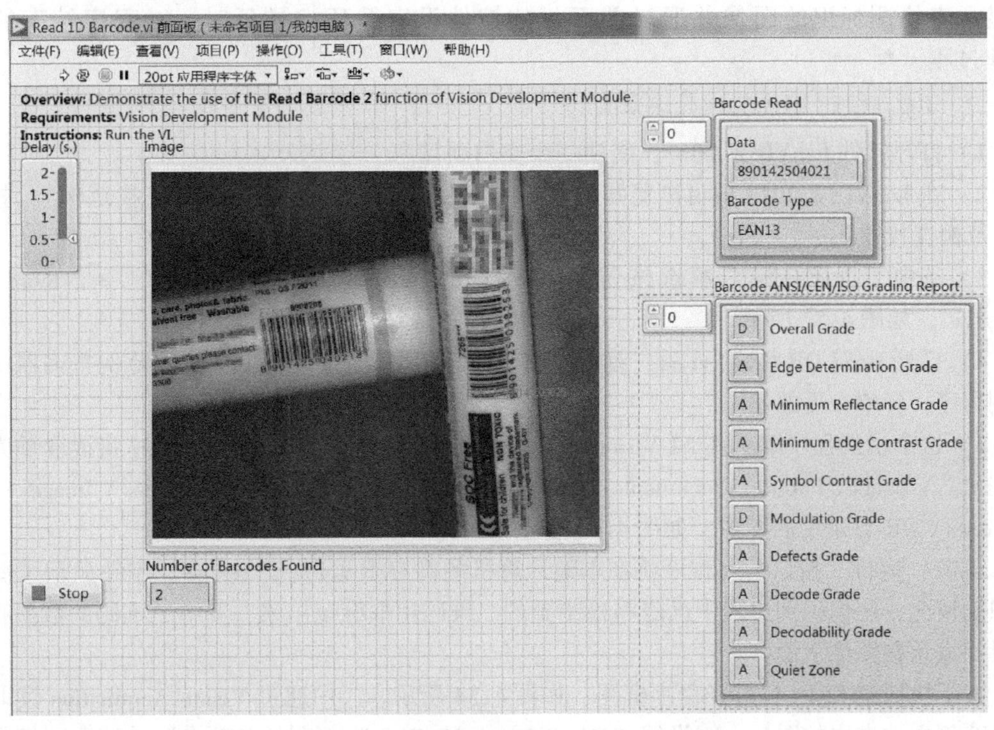

图 4-50　条形码识别示例程序运行的前面板

单击“运行”按钮后，程序将在本地计算机的内存上运行。“Image”控件显示了图片的识别情况，图像识别过程中已经将检测到的条形码用框标记出来，旁边用相关字体标注识别出来的码值，并将条形码的数目、数据和类型等信息显示在图像旁边。

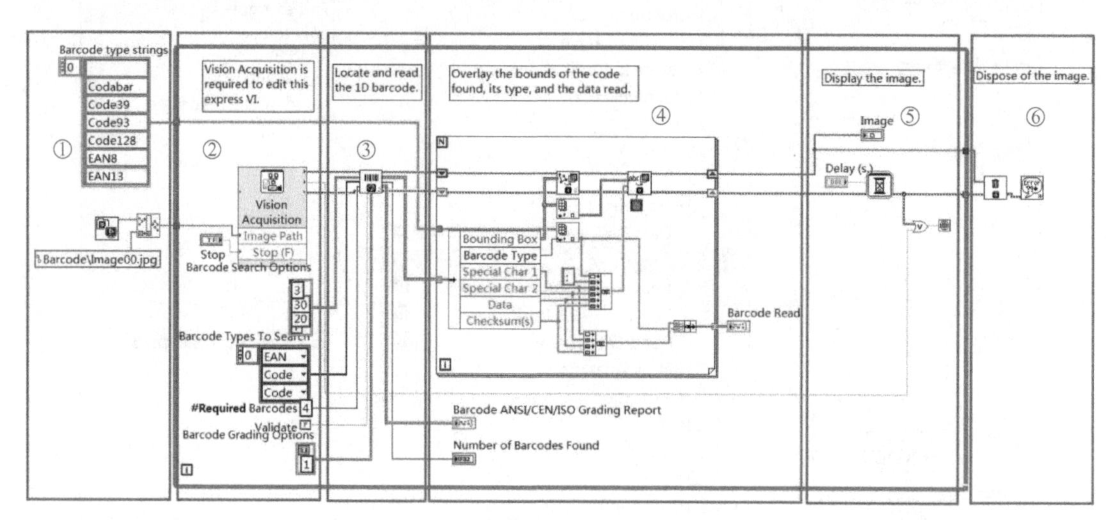

图 4-51　条形码识别示例程序框图

按下快捷键 Ctrl + E 打开程序框图，如图 4-51 所示。①中设置条形码类型字符串数组，并预加载条形码范例文件夹中的第一幅图片；②通过 Vision Acquisition 循环读取范例文件夹中的各幅图片，并设置“IMAQ Read Barcode 2”例程的各项参数；③定位并读取图像中的条形码；④显示检测到的条形码的数量、数据与类型等信息；⑤显示带检测标识的图像并通过前面板的控件设定循环扫描延时；⑥程序结束的后处理过程。

二、LabVIEW 中的二维码识别实例

1）打开软件 LabVIEW 2017，新建一个空白项目。

2）在 LabVIEW 2017 项目浏览器的菜单中，依次打开“帮助”→“查找范例”，打开“NI 范例查找器”。

3）选中“目录结构”单选按钮，依次打开“Vision”→“Barcodes”→“Read QR Code. vi”，如图 4-52 所示。

4）打开 Read QR Code. vi 后，首先要将 VI 另存到其他位置，以免修改范例查询器中的示例程序，影响今后的使用。

5）这个示例程序演示在 NI Vision 中如何自动识别图像中的二维码。程序将读取预先存储在 C：\ Users \ Public \ Documents \ National Instruments \ Vision \ Examples \ Images \ 2D Barcodes \ QR 目录中的图像，如图 4-53 所示。

单击“运行”按钮后，程序将在本地计算机的内存上运行。“Image”控件显示了图片的识别情况，图像识别过程中已经将检测到的二维码用框标记出来，并将二维码的数据和读取时间显示在图像下面。

按下快捷键 Ctrl + E 打开程序框图，如图 4-54 所示。①中通过 Vision Acquisition 读取二维码范例文件夹中的图片；②设置“IMAQ Read QR Code”例程的各项参数并读取图像中的

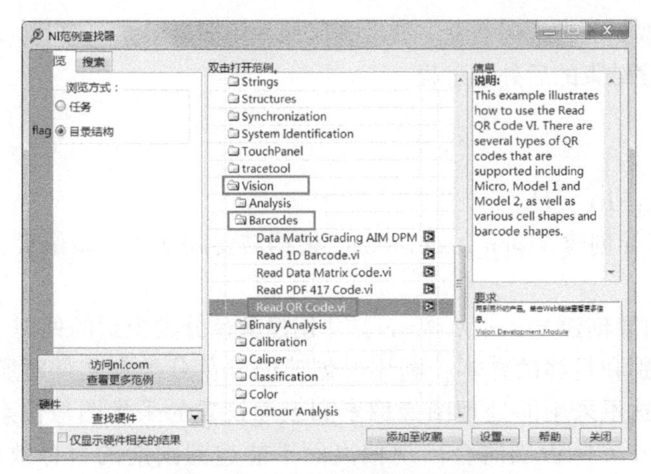

图 4-52　打开二维码识别范例

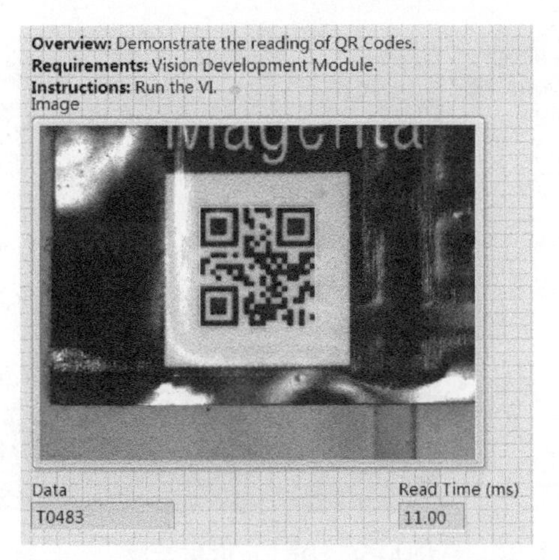

图 4-53　二维码识别示例程序运行的前面板

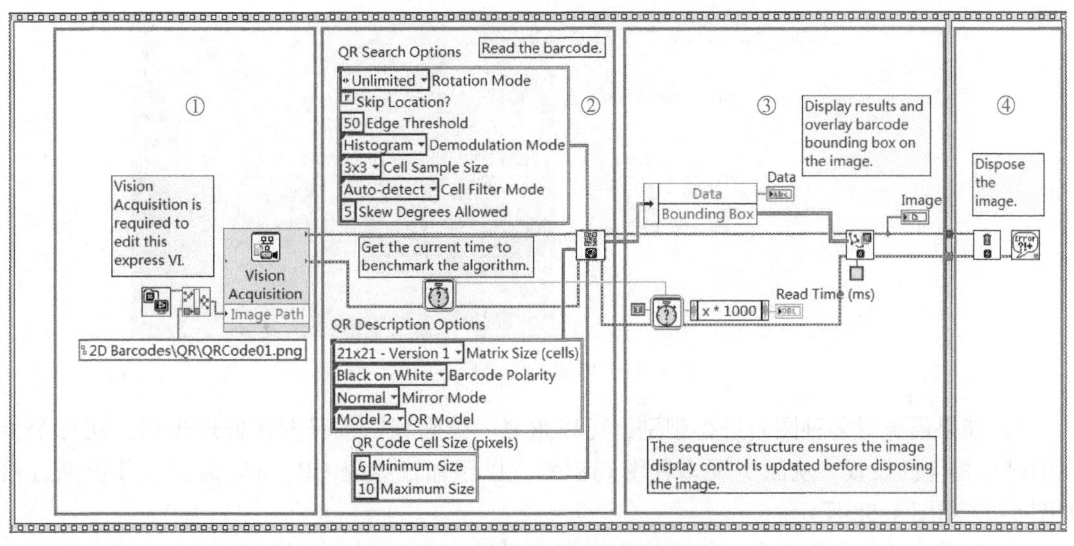

图 4-54　二维码识别示例程序框图

二维码；③显示读取到的二维码数据，获取其区域并用框显示在图像上，获取并计算读码所用的毫秒数；④程序结束的后处理过程。

➢任务实施

1）新建一个 myRIO 项目。

2）通过快速引导创建 Vision Acquisition，根据需要调整图像帧像素、类型和采集速率等参数。

3）通过快速引导创建 Vision Assistant，并创建颜色分类识别的处理过程，对要识别的颜色创建恰当的类别和足够的样本，利用所创建的颜色分类集文件对所选目标区域进行颜色识别。注意，这里采用的处理图像像素和上面设置的采集图像像素要保持一致，否则所选的区域位置在实际识别时会出现偏离而不能达到预期的目标效果，如图 4-55 和图 4-56 所示。

图 4-55　图像灰度化处理

图 4-56　创建条形码识别过程

4）如果需要对多种图码进行识别，可以重复一维码和二维码图像处理步骤，在每个步骤中进行相应的设置，从而实现多种图码识别。以添加二维码 QR Code 为例，其识别过程如图 4-57 和图 4-58 所示。

5）编辑完成的条形码和二维码识别程序（见图 4-59），并将程序上传到 myRIO 中。

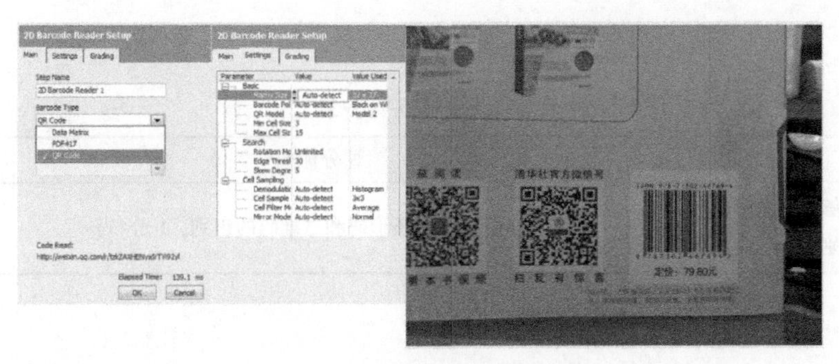

图 4-57　创建二维码识别过程

图 4-58　条形码与二维码识别示例

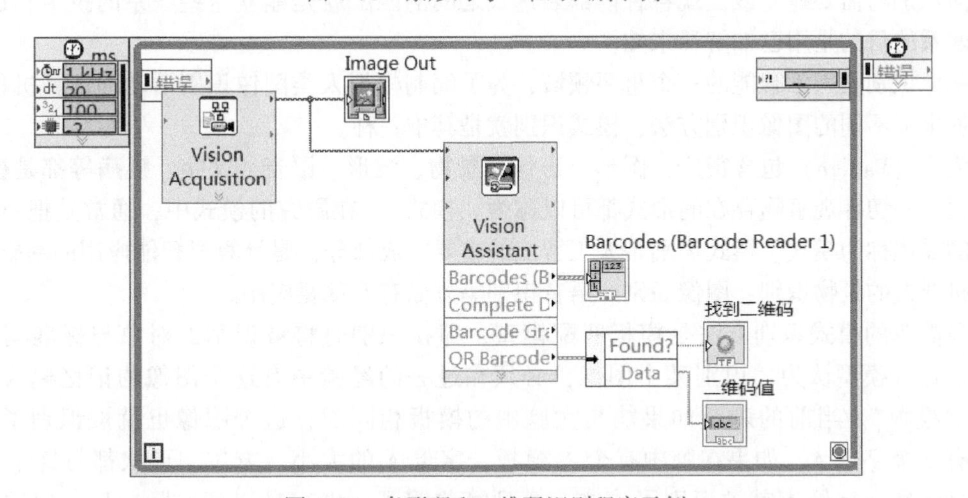

图 4-59　条形码和二维码识别程序示例

➢任务测评

表4-3 任务评分表

序号	评分内容	评分标准	配分	得分
1	能够完成条形码和二维码识别	能够完成任意5个条形码和二维码的识别，1分/码	5分	

➢任务总结

认真分析与总结影响此项任务完成效率的因素以及改进措施，通过借鉴范例程序实现更多的功能。

任务四 基于多种视觉算法的应用和学习

➢任务目标

1. 了解模式匹配识别图形的原理。
2. 掌握用多种视觉算法识别图形的基本方法。

➢任务导入

某企业需要设计一台移动机器人，可以自动识别特定的平面图形，公司综合考虑后决定使用myRIO的图像模式匹配识别功能，完成该项任务。

➢知识链接

一、图像识别与模式匹配简介

认知是一个把未知与已知联系起来的过程。对于一个复杂的视觉系统，其内部常同时存在多种输入和其他知识共存的表达形式。感知是把视觉输入与事先已有表达进行结合的过程，而识别与需要建立或发现各种内部表达式之间的匹配就是建立这些联系的技术和过程。建立联系的目的是用已知解释未知。

图像识别是人工智能的一个重要领域，为了编制模拟人类图像识别活动的计算机程序，人们提出了不同的图像识别方法，模式识别就是其中一种。

模式（Pattern）包含很广，图形、影像、景物、波形、语音、文字、疾病等都是模式。可以说，一切客观事物存在的形式都可以称为“模式”。在研究的模式中，通常是把一组对事物的描述称为模式。模式识别是人工智能的重要组成部分，是计算机智能应用的基础，在智能机器人的景物识别、图像识别、语音识别等方面有着重要应用。

最简单的模式识别方法是模板匹配模型，即在识别时将被识别的对象与标准模板相比较。这种模型认为，识别某个图像，必须在过去的经验中有这个图像的记忆模式，又称为“模板”。当前的刺激如果能与大脑中的模板相匹配，这个图像也就被识别了。例如，有一个字母A，如果在脑中有个A模板，字母A的大小、方位、形状都与这个A模板完全一致，字母A就被识别了。这个模型简单明了，也容易得到实际应用。但这种模型强调，图像必须与脑中的模板完全符合才能进行识别，而事实上人不仅能识别与脑中模板完全一致的图像，也能识别与模板不完全一致的图像。例如，人们不仅能识别某一个具体的字母A，也能识别印刷体的、手写体的、方向不正的、大小不同的各种字母A。同时，人能识别的图像是大量的，如果所识别的每一个图像在脑中都有一个相应的模板，也是不可能的。

为了解决模板匹配模型存在的问题，格式塔心理学家又提出了一个原型匹配模型。这种模型认为，在长时间记忆中存储的并不是所要识别的无数个模板，而是图像的某些“相似性”。从图像中抽象出来的“相似性”就可作为原型，拿它来检验所要识别的图像。如果能找到一个相似的原型，这个图像也就被识别了。这种模型从神经上和记忆探寻的过程上来看，都比模板匹配模型更适宜，而且还能说明对一些不规则的，但某些方面与原型相似的图像的识别。但是，这种模型没有说明人是怎样对相似的刺激进行辨别和加工的，它也难以在计算机程序中得到实现。因此又有人提出了一个更复杂的模型，即“泛魔”识别模型。

二、移动机器人的图形模式匹配识别步骤

模式匹配主要包含的步骤有：信息获取或模式采集、数据预处理、特征提取和选择、分类设计、分类决策和输出结果，如图4-60所示。

模式采集是信息获取的过程。数据预处理的目的是去除噪声，加强有用信息，并对输入测量仪器或其他因素所造成的退化现象进行复原。由于待识别对象的数据量是相当大的，为了有效地实现分类识别，就要对原始数据进行某种变换，得到最能反映分类本质的特征，这就是特征提取和选择的过程。特征提取可以实现由模式空间向特征空间的转变，成功地压缩维数。分类决策就是利用特征空间中获得的信息，对计算机进行训练，从而制定判别标准，用某种方法把待识别对象归为某一类别的过程。

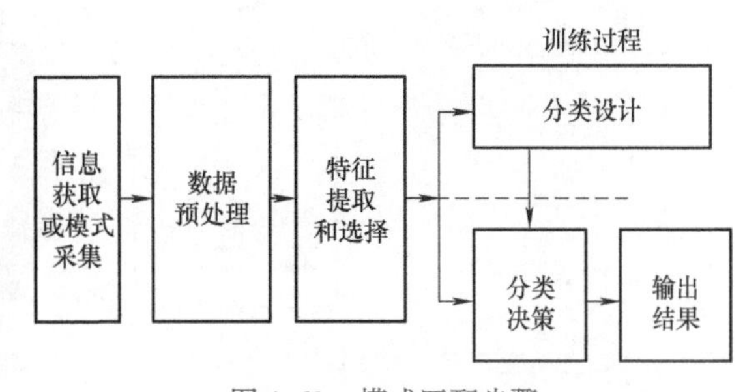

图4-60 模式匹配步骤

在这里的任务中，首先需要对采集到的图像利用色彩平面抽取方法进行灰度化处理，然后利用阈值选择方法对得到的灰度图像进行二值化处理，接着利用高级形态学方法去除图像边缘散布的粒状物，进而利用查找表方法均衡图像以改善对比度与亮度，最后利用模板编辑器制作模板，设置模板匹配模式、算法等参数，进行学习训练。

以上这些步骤都可以借助NI Vision中的相应处理函数实现。

1. 抽取色彩平面（Color Plane Extraction）

抽取色彩平面如图4-61所示。

2. 阈值过滤（Threshold）

阈值过滤处理如图4-62所示。

3. 高级形态学（Adv. Morphology）处理

高级形态学处理如图4-63所示。

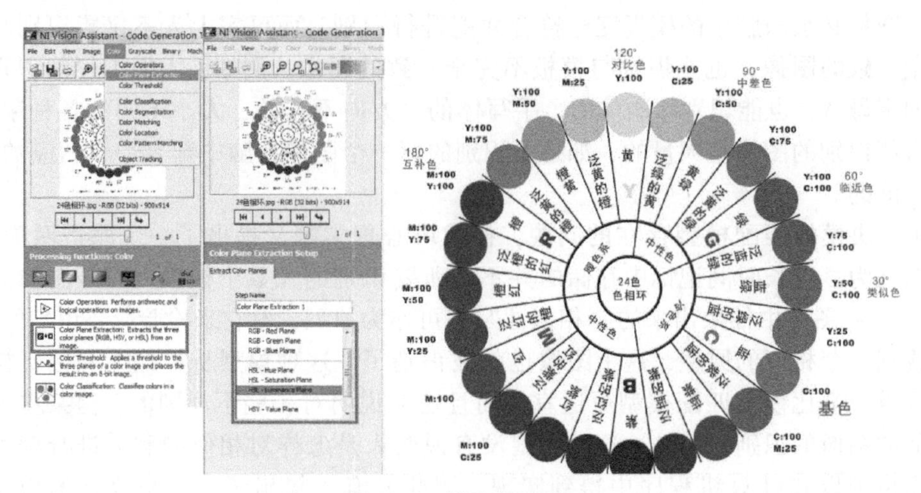

图 4-61　抽取色彩平面

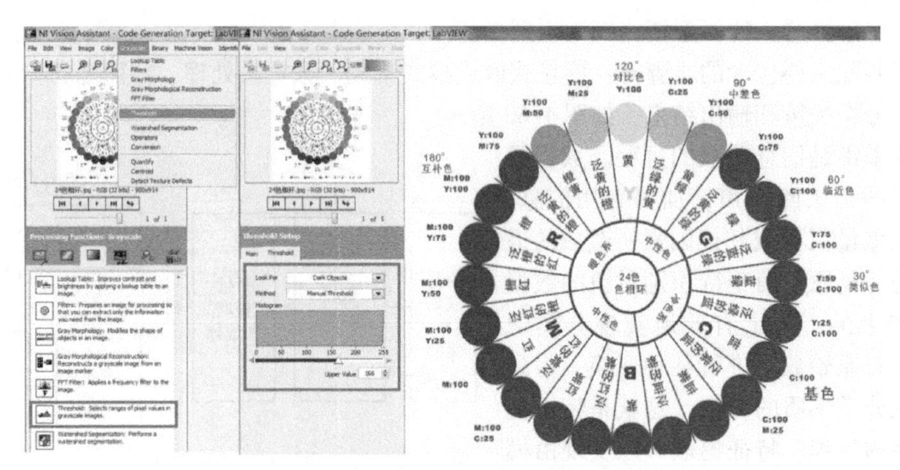

图 4-62　阈值过滤处理

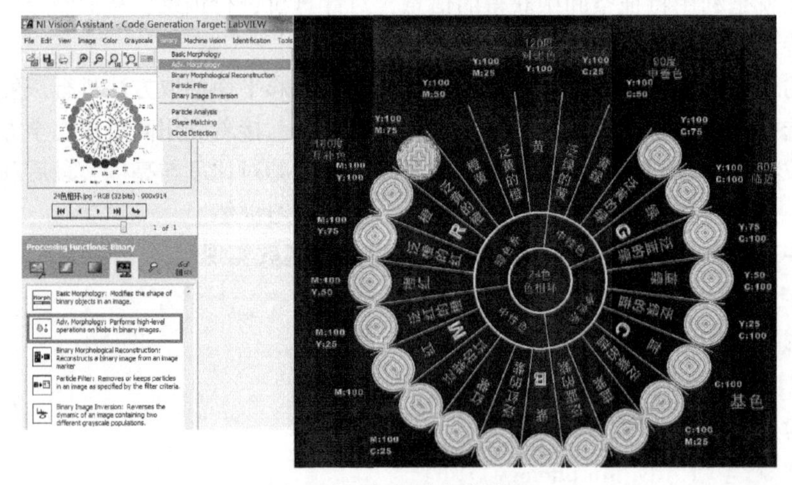

图 4-63　高级形态学处理

4. 查找表（Lookup Table）处理

查找表处理如图 4-64 所示。

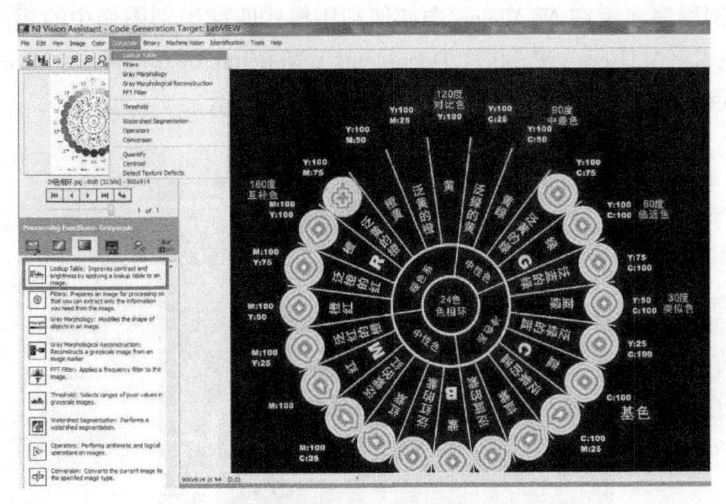

图 4-64　查找表处理

5. 模式匹配（Pattern Matching）

下面将从 LabVIEW 中的有关范例开始逐步学习并掌握模式匹配的方法。

➤任务准备

一、LabVIEW 中的模式匹配实例

1）打开 LabVIEW 2017 新建一个空白项目。

2）在 LabVIEW 2017 项目浏览器的菜单中，依次打开“帮助”→“查找范例”，打开“NI 范例查找器”。

3）选中“目录结构”单选按钮，依次打开“Vision”→“Pattern Matching”→“SubVIs”→“Pattern Matching. vi”，如图 4-65 所示。

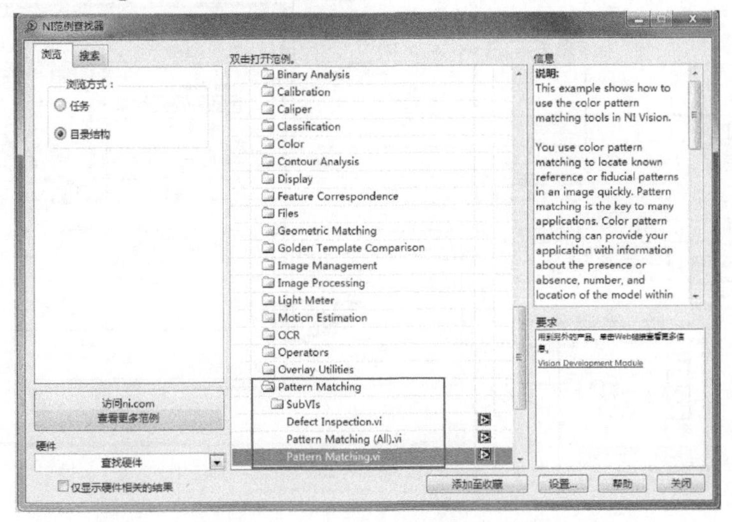

图 4-65　打开模式匹配范例

4）打开 Pattern Matching. vi 后，首先要将 VI 另存到其他位置，以免因修改范例查询器中的示例程序而影响今后的使用。

5）这个示例程序演示在 NI Vision 中如何利用模式匹配识别图像中的相同图案。程序将读取预先存储在 C：\ Users \ Public \ Documents \ National Instruments \ Vision \ Examples \ Images \ Pcb 目录中的图像 PCB03 - 01. png，如图 4-66 所示。

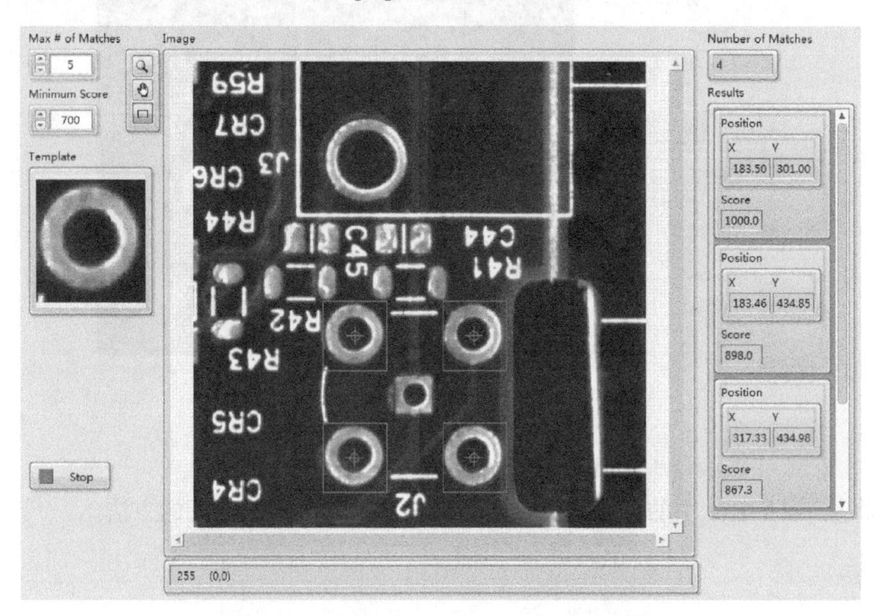

图 4-66　模式匹配示例程序运行的前面板

单击“运行”按钮后，程序将在本地计算机的内存上运行。“Image”控件显示了图片的识别情况，图像识别过程中已经将检测到的目标图案标记出来，左上方可以设置最大匹配数量、最小匹配得分，右边显示了匹配到的数量和各个匹配对象的位置与得分情况。通过重新框选要匹配的目标对象可以设置新的匹配模板，从而进行新的图案匹配，如图 4-67 所示。

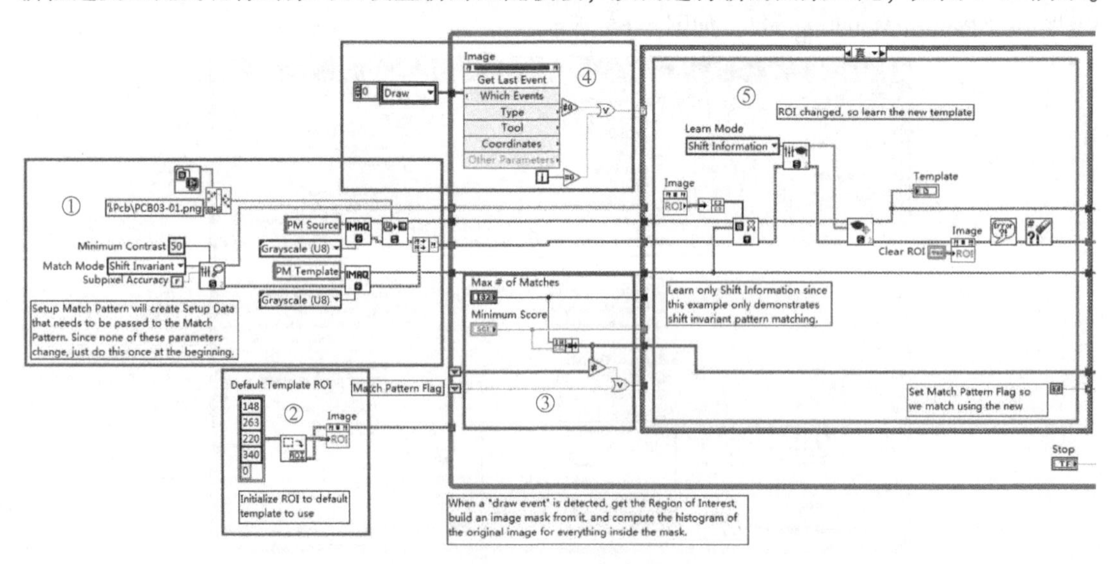

图 4-67　模式匹配示例程序框图（一）

按下快捷键 Ctrl + E 打开程序框图，①预设置匹配模式相关参数，并预加载范例文件夹中的一幅图片，设置图像与模板的色彩模式为“灰度值 U8”；②为默认模板预设 ROI 区域；③设置最大匹配数和最小分值；④检测图像中的目标区域设置事件，程序开始运行或设置发生变化时对目标区域进行模板设置；⑤读取 ROI 选定的图案信息，设置成目标模板并显示出来，同时发出匹配模式更新信号；⑥利用前面设置的各项参数在图像中进行模式匹配；⑦显示匹配数量并将匹配结果显示在 Results 数组中；⑧程序结束的后处理过程，如图 4-68 所示。

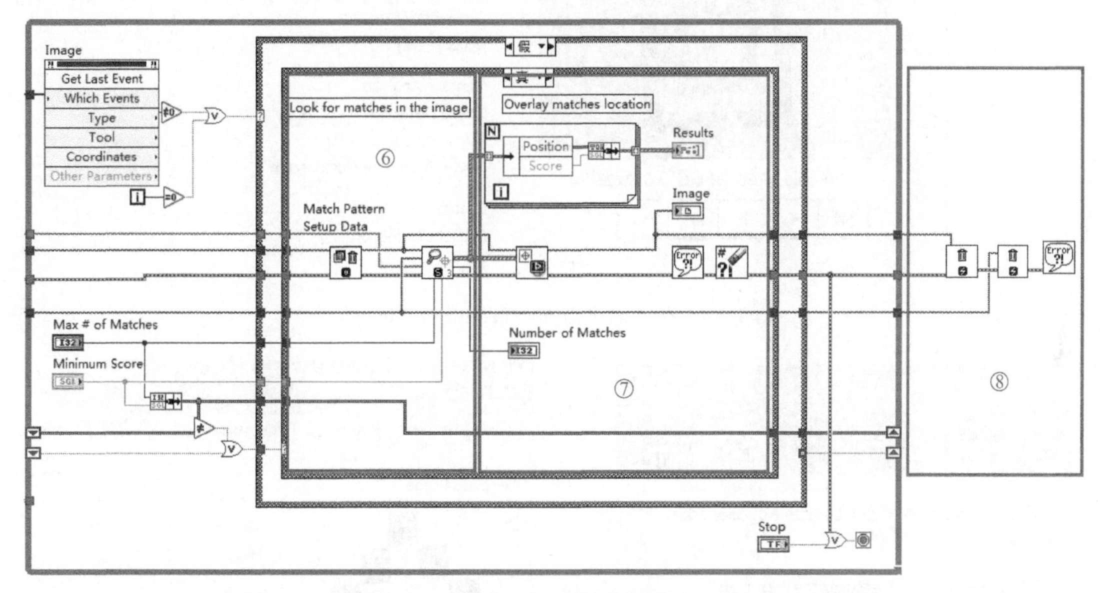

图 4-68　模式匹配示例程序框图（二）

二、LabVIEW 中的模式匹配

上述示例程序能否正确识别出目标图形的关键在于，在⑤中生成的匹配模板是否恰当。在示例程序中，可以在计算机上实时点选生成目标模板，从而匹配目标图形。但是对于独立的移动机器人程序，不可能实时借助计算机生成模板并进行匹配，必须事先使用 NI Vision Template Editor 制做出需要的目标模板，将它们下载到移动机器人 myRIO 控制器的特定文件路径下，并在移动机器人的图形模式识别程序中正确引用。

1）首先，启动 NI Vision Template Editor 应用程序。以下是两种常见的打开方式：

① 从“开始”菜单访问 Vision Color Classification Training 界面。选择“开始”→“所有程序”→“National Instruments”→“Vision”→“Utilities”→“Vision Template Editor”。

② 从“Vision Assistan”中访问 Vision Color Classification Training 界面。在程序框图中空白处右击选择“视觉与运动”→“Vision Express”→“Vision Assistant”→“Machine Vision”→“Pattern Matching”，如图 4-69 所示；或者选择“Processing Functions”→“Machine Vision”→“Pattern Matching”，如图 4-70 所示；进入 Pattern Matching Setup 面板，如图 4-71 所示，在“Template”选项卡中编辑一个已经存在的模板或新建一个模板“New Template”，从而进入“NI Vision Template Editor”应用程序。

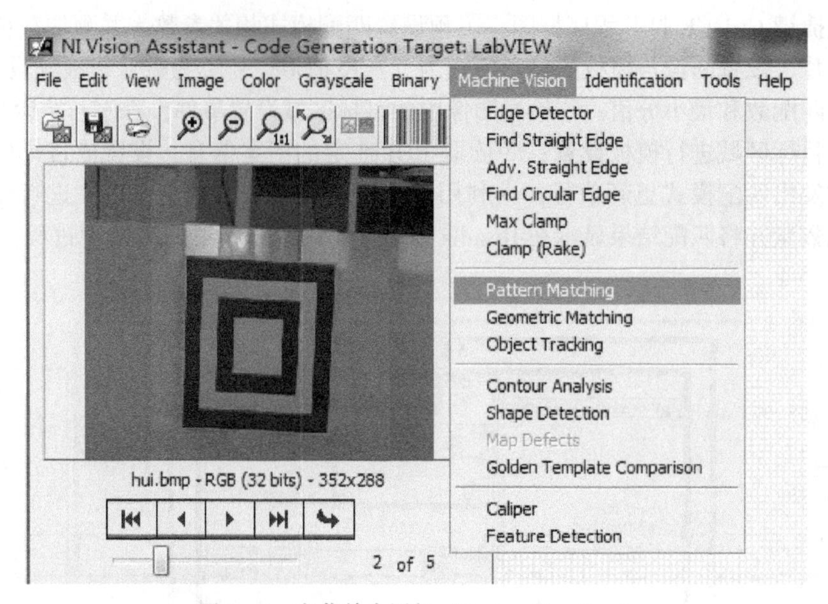

图 4-69　在菜单中添加“Pattern Matching”

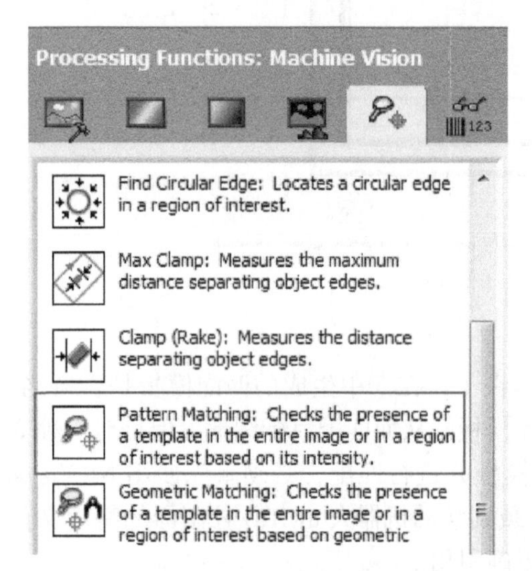

图 4-70　在“Processing Functions”中添加“Pattern Matching”

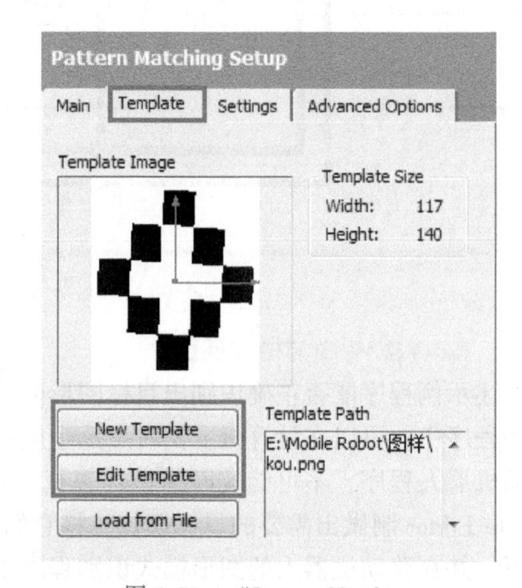

图 4-71　“Pattern Matching Setup”面板

2）在“Select Template Region”界面中使用旋转矩形工具绘制出最贴近的模板区域，如果模板是倾斜的，可以旋转选择框加以适应。如果是由编辑模板进入的，则跳过此步骤直接进入下一步设置模板忽略区域，如图 4-72 所示。

3）在“Define Pattern Matching Mask”界面中可以根据实际情况选择绘制合适的模板忽略区域，以提高模式匹配效率，如图 4-73 所示。

4）在“Specify Match Offset”界面中既可以设置匹配的位置偏移和角度偏移，还可以设置存储的最大分辨率金字塔等级，如果这里设置为 2 级，则在“Pattern Matching Setup”界面的“Settings”选项卡中的最大分辨率金字塔等级就不能设置为分辨率更高的 1 级或 0 级。设置完成后单击“Finish”保存模板，如图 4-74 所示。

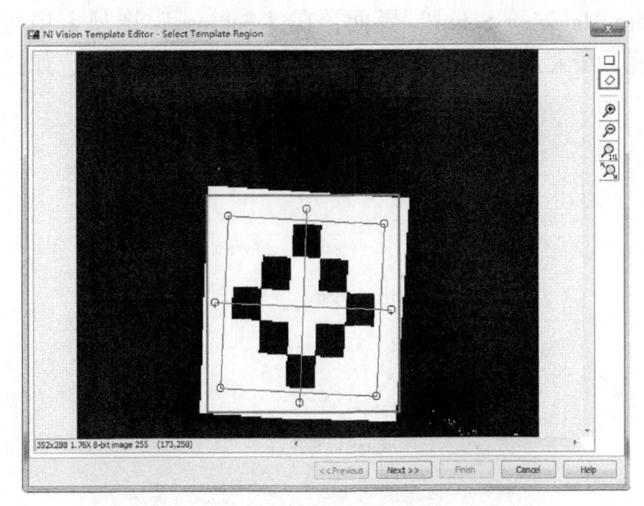

图 4-72　选择模板区域

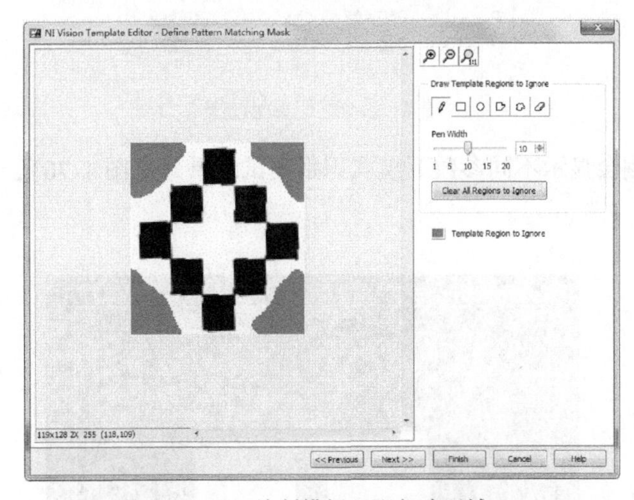

图 4-73　绘制模板匹配忽略区域

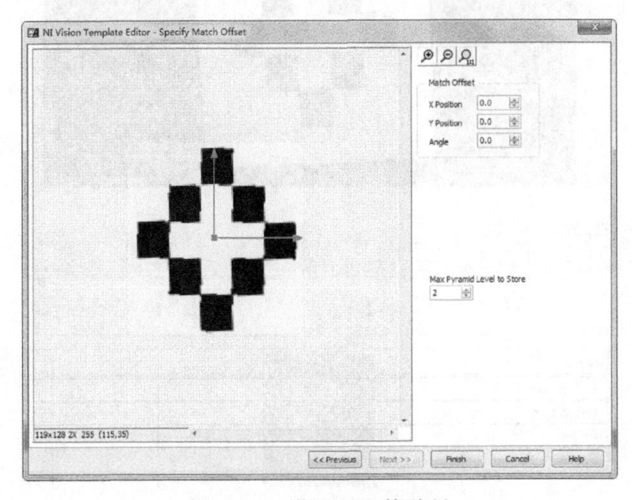

图 4-74　设置匹配偏移量

5）回到“Pattern Matching Setup”界面，在“Settings”选项卡中可以设置匹配算法、匹配数量、最小分值、最大金字塔等级、旋转匹配角度范围等参数，如图 4-75 所示。

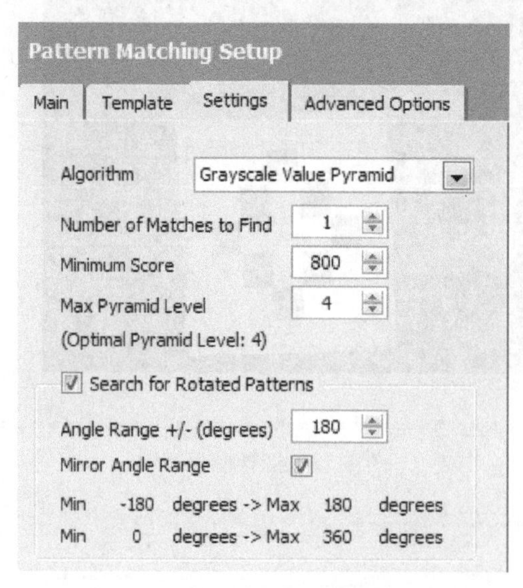

图 4-75　模式匹配设置

设置界面的右侧会显示不同参数下模式识别测试结果（见图 4-76），包括匹配图形的位置、转角、得分等。

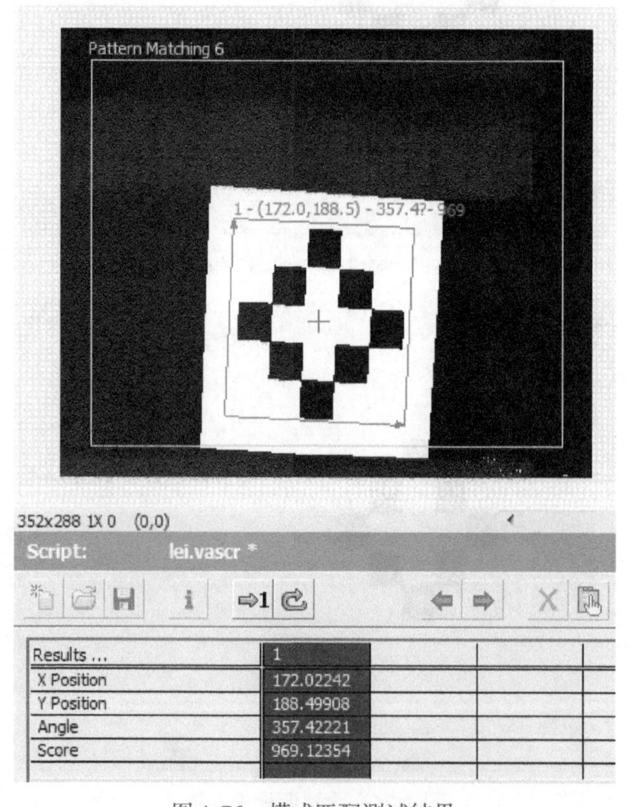

图 4-76　模式匹配测试结果

➤任务实施

1）新建一个 myRIO 项目。

2）通过快速引导创建 Vision Acquisition，根据需要调整图像帧像素、类型和采集速率等参数。

3）通过快速引导创建 Vision Assistant，并创建模式匹配的处理过程。由于移动机器人通过相机直接采集的图像不是灰度图而是彩色的，为了进行模式匹配，先要对图像做一些处理，主要是色彩平面抽取、阈值选择、高级形态学处理、查找表处理，然后根据创建的模板选择相应图像区域进行模式匹配，如图 4-77 ~ 图 4-80 所示。

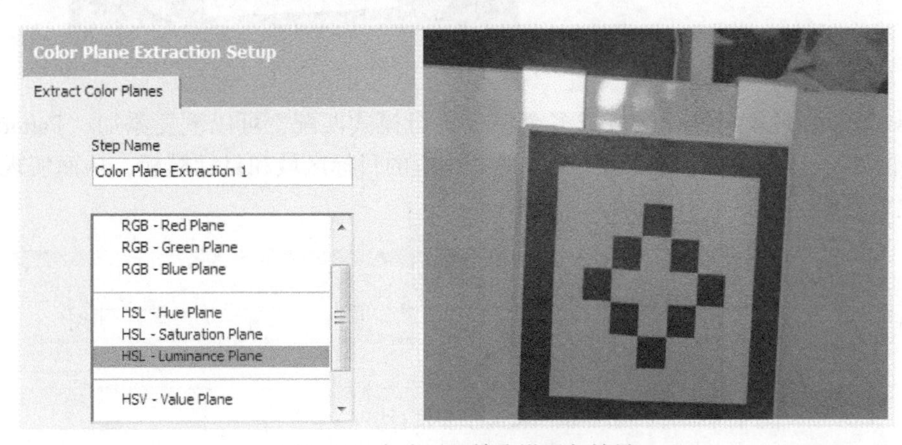

图 4-77　色彩平面抽取设置与效果

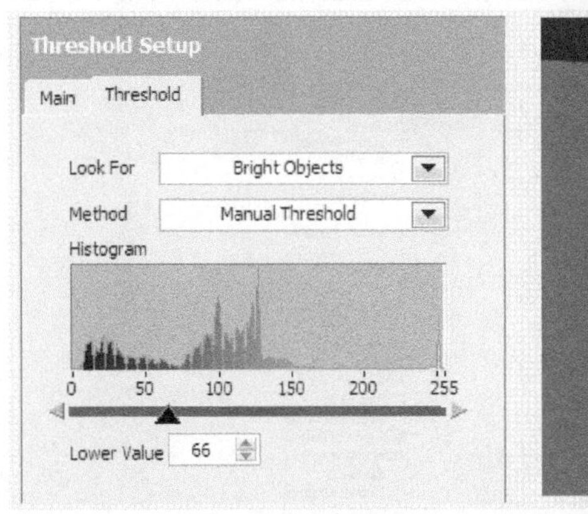

图 4-78　阈值设置与效果图像

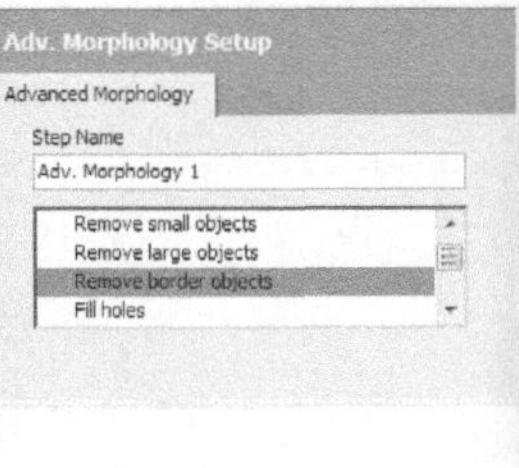

图 4-79　高级形态学处理设置与前后图像

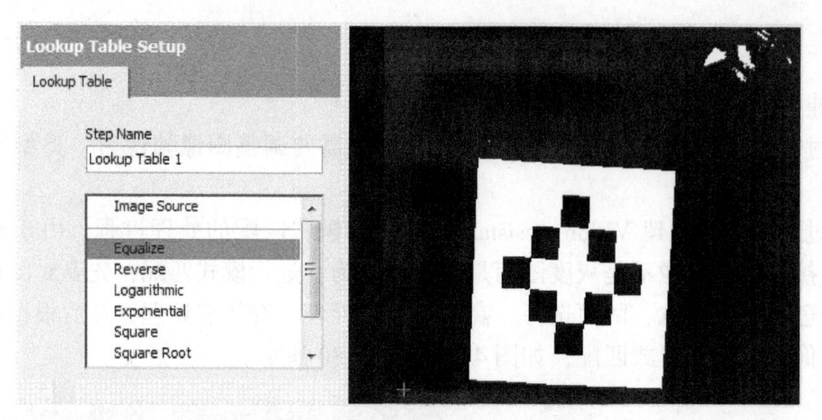

图 4-80　查找表设置与改善后的图像

4）如果需要对多个目标区域或多个模板进行模式匹配，可以重复添加“Pattern Matching”图像处理步骤，在每个处理步骤中选择相应的目标区域和目标模板，从而实现多处或多模板模式匹配，如图 4-81 所示。

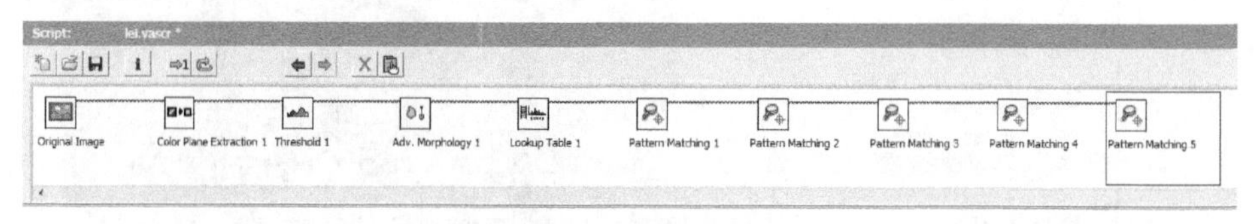

图 4-81　多处或多模板模式匹配

5）对图形识别程序需要用到的模板路径和匹配到的数量建立输入输出，如图 4-82 所示。

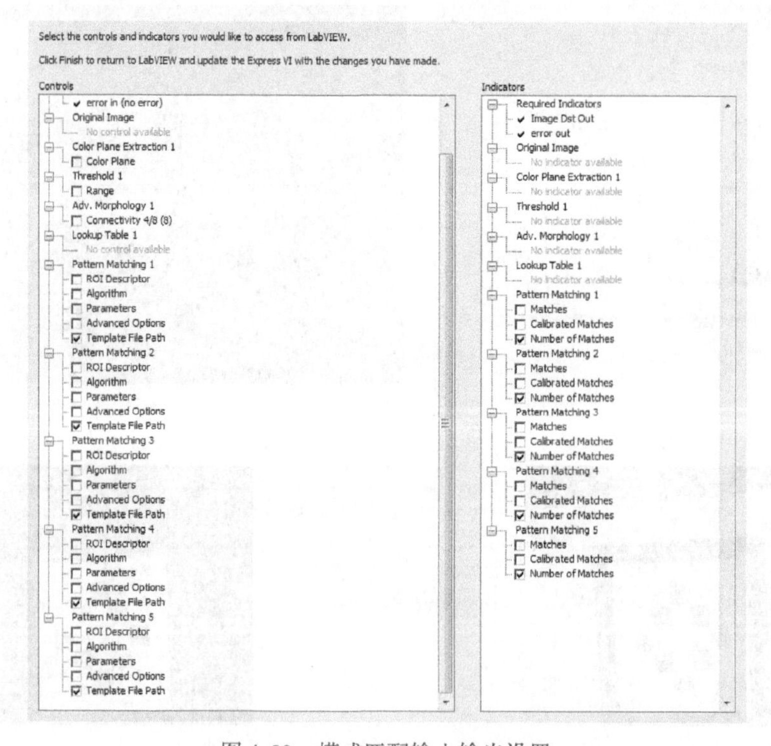

图 4-82　模式匹配输入输出设置

6）编辑完成图形模式匹配识别程序（见图 4-83），并将程序和对应模板上传到 myRIO 中。

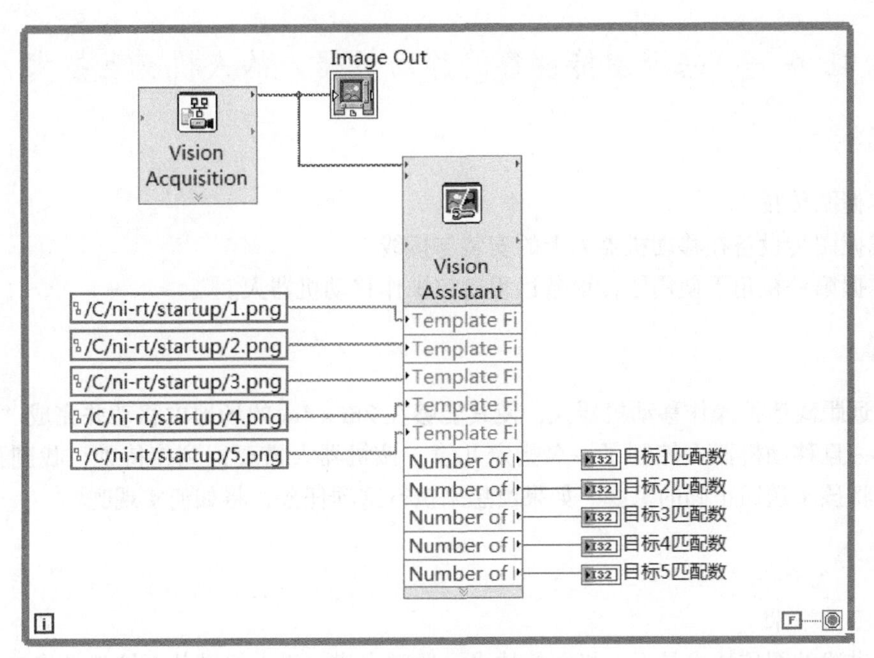

图 4-83 图形识别程序示例

➤任务测评

表 4-4 任务评分表

序号	评分内容	评分标准	配分	得分
1	能够完成类二维码图形的识别	能够完成任意 5 个类二维码图形的识别，1 分/码	5 分	

➤任务总结

认真分析与总结影响此项任务完成效率的因素以及改进措施，尝试采用其他识别方法进行比较。

【名言警句】 在等待的日子里刻苦读书，谦卑做人，养得深根，日后才能枝叶茂盛。

项目二　高级人机交互技术

任务一　基于图传设备的移动机器人的人机交互技术

➢任务目标

1. 掌握图传技术。
2. 掌握图传设备在移动机器人上的安装与接线。
3. 掌握第一视角下使用图传设备远程遥控操作移动机器人。

➢任务导入

实现远距离遥控操作移动机器人，使其能够在2m×4m的场地内移动并完成“找孩子”的任务。一旦移动机器人控制了一名指定儿童，该机器人需要回到接待处，找到孩子的父母，并且将孩子送回正确的家庭。如果由您来执行这项任务，将如何实现呢？

➢知识链接

一、图传技术

这里讲述的图传技术是无人机图传技术。通常来讲，无人机图传系统就是将现场无人机所搭载的摄像机采集到的音视频以无线方式并采用合适的音视频压缩、信号处理、信道编码及调制解调技术，实时传送到一定距离以外的无线电传输技术系统。这里利用无人机图传技术，搭建移动机器人图传系统，操作者在远离移动机器人工作场所的情况下，可以实时、可靠地观察和获取现场图像和视频，并对移动机器人进行遥控操作。

二、第44届世界技能大赛移动机器人遥控操作的要求

根据第44届世界技能大赛移动机器人项目技术文件，考核模块D2（综合功能测试2）的内容是：选手在第一视角（背对移动机器人工作场地的某一指定位置），通过图传设备实时传输的移动机器人工作视频图像，控制移动机器人在2m×4m的场地内完成“找孩子”的任务（抓取球），并将“孩子”送到指定的父母接待区的隔间内。考核目标是，主要考核选手遥控操作机器人的熟练程度和选手之间的配合。

➢任务准备

一、准备图传设备配件

图传设备配件见表4-5。

表4-5　图传设备配件

序号	名称	型号	单位	数量	备注
1	图传发射机	锐鹰	1	套	1W锐鹰发射机＋原厂四叶草图传天线远距离15千米
2	摄像头	SONY	1	套	1200线高清
3	显示屏	BOSCAM	1	套	FPV航拍7in双接收5.8GHz

二、准备图传设备安装工具

图传设备安装工具见表 4-6。

表 4-6　图传设备安装工具

序号	名称	型号规格	数量	单位	备注
1	扎带	5mm×300mm	10	根	
2	双面胶带	10mm×2mm	1	卷	
3	斜口钳	5in	1	把	

三、熟悉图传设备配件技术参数

1. 1W 锐鹰发射机 + 原厂四叶草图传天线

图传设备由 5.8GHz 图传发射机、锐鹰原厂四叶草图传天线和图传连接线 3 部分组成，如图 4-84 所示。

a) 5.8GHz图传发射机

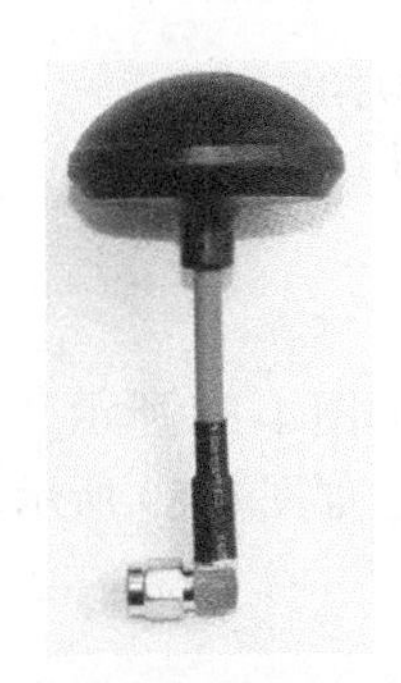

b) 锐鹰原厂四叶草图传天线

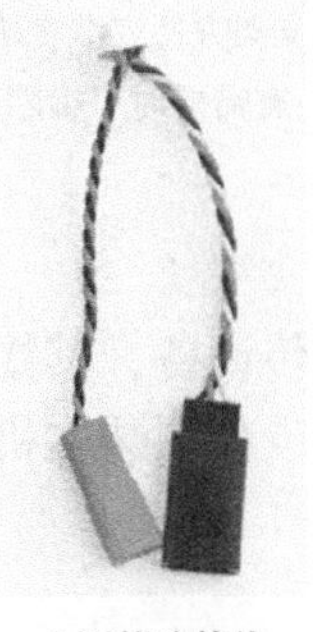

c) 图传连接线

图 4-84　锐鹰图传

2. SONY 高清 FPV 摄像头

1）SONY 高清 FPV 摄像头部件，如图 4-85 所示。

图 4-85　SONY 高清 FPV 摄像头部件

2）装配图及接线说明如图 4-86 所示。

3. BOSCAM 一体化显示屏

BOSCAM 一体化显示屏如图 4-87 所示。

图 4-86　装配图及接线说明

注：支架方便安装在墙上，也可以拆除，有需要时可拆除，方便使用。

图 4-87　BOSCAM 一体化显示屏

注：名称 RD2，7in LCD 高清屏。

➢任务实施

1）连接图传设备，其接线情况如图 4-88 所示。

2）将图传设备安装在机器人上，如图 4-89 所示。

图 4-88　图传设备接线情况

图 4-89　将图传设备安装在机器人上

3）根据显示屏监视到的移动机器人的实时位置及周围环境信息，选手背对场地，操作遥控手柄控制移动机器人工作，如图 4-90 所示。

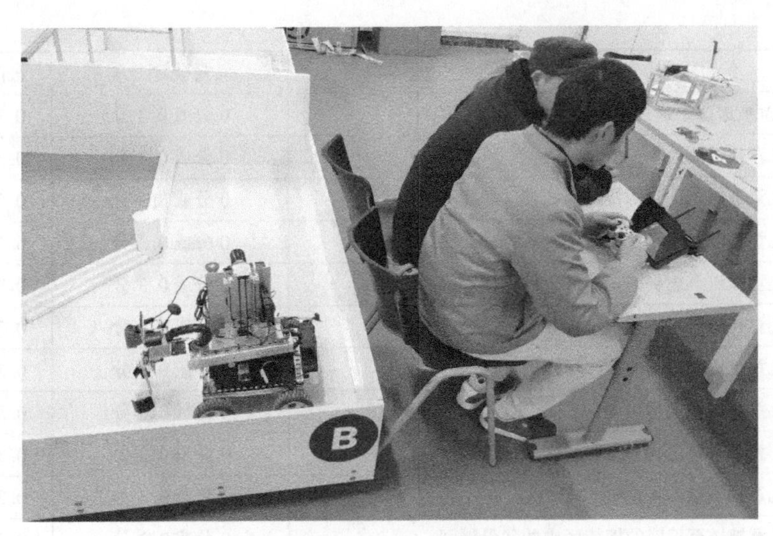

图 4-90 移动机器人图传设备的远程遥控

➤任务测评

D2 第一视角遥控任务评分标准，见表 4-7。

表 4-7 D2 第一视角遥控任务评分标准

评分项描述	量化评分	最高分	得分
指定的 1 号儿童在机器人掌控中	0 分或 0.3 分	0.3 分	
指定的 1 号儿童被送至正确的接待区内的父母隔间	0 分或 0.3 分	0.3 分	
指定的 2 号儿童在机器人掌控中	0 分或 0.3 分	0.3 分	
指定的 2 号儿童被送至正确的接待区内的父母隔间	0 分或 0.3 分	0.3 分	
指定的 3 号儿童在机器人掌控中	0 分或 0.3 分	0.3 分	
指定的 3 号儿童被送至正确的接待区内的父母隔间	0 分或 0.3 分	0.3 分	
指定的 4 号儿童在机器人掌控中	0 分或 0.3 分	0.3 分	
指定的 4 号儿童被送至正确的接待区内的父母隔间	0 分或 0.3 分	0.3 分	
指定的 5 号儿童在机器人掌控中	0 分或 0.3 分	0.3 分	
指定的 5 号儿童被送至正确的接待区内的父母隔间	0 分或 0.3 分	0.3 分	
指定的 6 号儿童在机器人掌控中	0 分或 0.3 分	0.3 分	
指定的 6 号儿童被送至正确的接待区内的父母隔间	0 分或 0.3 分	0.3 分	
指定的 7 号儿童在机器人掌控中	0 分或 0.3 分	0.3 分	
指定的 7 号儿童被送至正确的接待区内的父母隔间	0 分或 0.3 分	0.3 分	
指定的 8 号儿童在机器人掌控中	0 分或 0.3 分	0.3 分	
指定的 8 号儿童被送至正确的接待区内的父母隔间	0 分或 0.3 分	0.3 分	
指定的 9 号儿童在机器人掌控中	0 分或 0.3 分	0.3 分	

（续）

评分项描述	量化评分	最高分	得分
指定的 9 号儿童被送至正确的接待区内的父母隔间	0 分或 0.3 分	0.3 分	
指定的 10 号儿童在机器人掌控中	0 分或 0.3 分	0.3 分	
指定的 10 号儿童被送至正确的接待区内的父母隔间	0 分或 0.3 分	0.3 分	
指定的 11 号儿童在机器人掌控中	0 分或 0.3 分	0.3 分	
指定的 11 号儿童被送至正确的接待区内的父母隔间	0 分或 0.3 分	0.3 分	
指定的 12 号儿童在机器人掌控中	0 分或 0.3 分	0.3 分	
指定的 12 号儿童被送至正确的接待区内的父母隔间	0 分或 0.3 分	0.3 分	
指定的 13 号儿童在机器人掌控中	0 分或 0.3 分	0.3 分	
指定的 13 号儿童被送至正确的接待区内的父母隔间	0 分或 0.3 分	0.3 分	
指定的 14 号儿童在机器人掌控中	0 分或 0.3 分	0.3 分	
指定的 14 号儿童被送至正确的接待区内的父母隔间	0 分或 0.3 分	0.3 分	
指定的 15 号儿童在机器人掌控中	0 分或 0.3 分	0.3 分	
指定的 15 号儿童被送至正确的接待区内的父母隔间	0 分或 0.3 分	0.3 分	
机器人运行安全指示灯（机器人在起动后或无运动时点亮，无论车体移动或目标管理系统工作，安全灯都闪烁）	0 分或 0.3 分	0.3 分	
时间分（在所有任务均正确地完成的情况下，可获得此项分值。分数计算公式为：本轮最快时间/本队本轮时间 ×1.5 = 时间分）	1.5 分	1.5 分	
合计		10.8 分	

任务二　基于手机 APP 移动机器人的人机交互技术

➤任务目标

1. 掌握 Data Dashboard 手机 APP 的安装方法。
2. 掌握 Data Dashboard 基于网络发布共享变量。
3. 掌握使用 Data Dashboard 远程遥控操作移动机器人。

➤任务导入

移动技术正在从根本上改变着人们获取和使用信息的方式，也对数据采集领域产生了革命性影响。通过将移动技术与数据采集设备相结合，工程师和科学家创造出了极具便携性和互联性的测量系统，这让人们可以在更多场合进行测量。

利用这项技术并不难。用户可以选择各种各样的工具，来帮助自己使用带有移动技术的 NI LabVIEW 软件和 NI 硬件，如 Data Dashboard。如果由您来执行该项任务，将如何实现呢？

➤知识链接

一、Data Dashboard 的简介

Data Dashboard 是一个运行在智能手机和平板计算机上的客户端应用程序。通过使用它，甚

至不需要编程，就可以建立一个自定义、便携的 LabVIEW 应用界面。需要做的仅仅是拖拽一些输入控件、输出控件和显示控件（如图表、仪表、LED 灯、滚动条和按钮），而这些输入控件和输出控件则可以通过 LabVIEW 网络服务或者网络发布的共享变量来进行数据读写。客户可以通过内建的主题自定义应用程序的外观，还可以通过电子邮件或 NI Cloud 进行仪表盘的共享。

二、Data Dashboard 的下载

Data Dashboard 免费支持运行 iOS，Android，Windows 8，Windows Phone 8 系统的智能手机和平板计算机。NI 提供的下载链接是：http：//www. ni. com/mobile/。下载地址分别链接到 Apple App Store，Google Play 和 Windows 8 等应用市场。具体支持的系统版本和设备见各应用市场给出的详细信息。

➢任务准备

硬件设备要求如下：

1）PC：能够安装 LabVIEW 2017，可以创建网络发布的共享变量或 Web 服务即可。

2）智能手机：iOS、Android 操作系统，能够安装 Data Dashboard。

3）移动机器人：DLRB－MR520GS。

➢任务实施

一、PC 端的配置

1. 创建 myRIO Project

1）打开应用程序 LabVIEW 2017，选择 Create Project 创建项目，如图 4-91 所示。

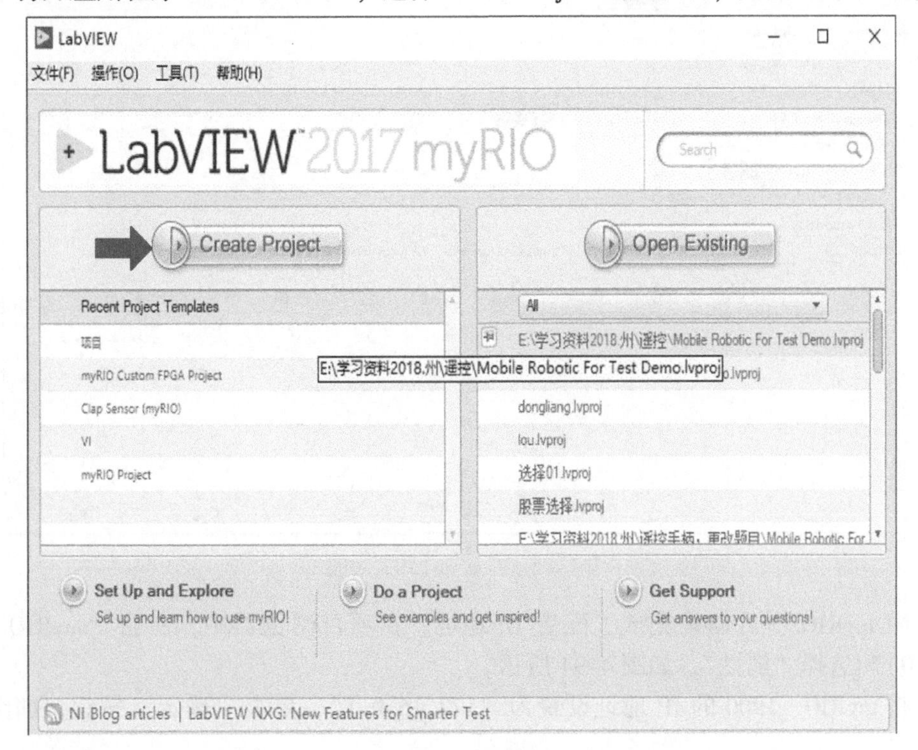

图 4-91　创建项目

2）单击“myRIO”，选择“myRIO Custom FPGA Project 模板”，如图 4-92 所示。

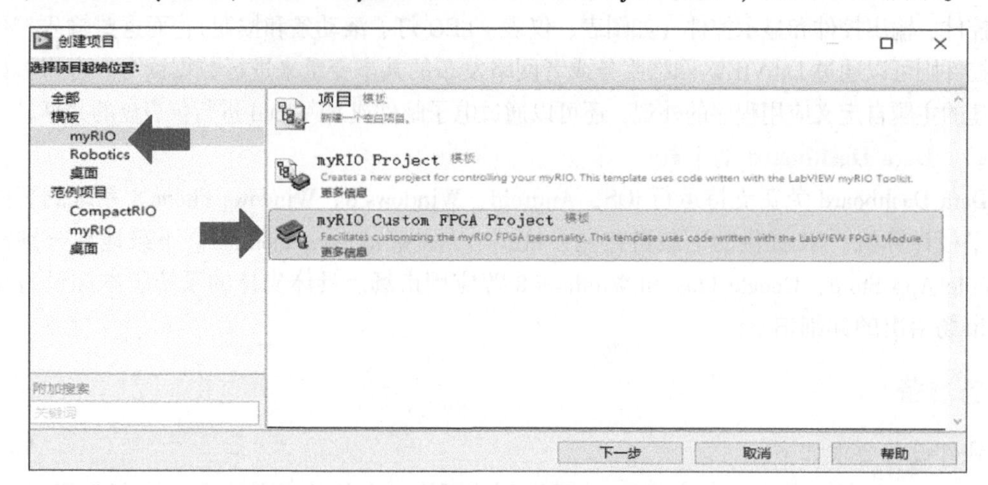

图 4-92　创建 myRIO 项目模板

3）单击“下一步”配置新项目，如图 4-93 所示。重命名项目，设置保存地址，Target 选择“Generic Target”和“myRIO－1900”，单击“完成”按钮。

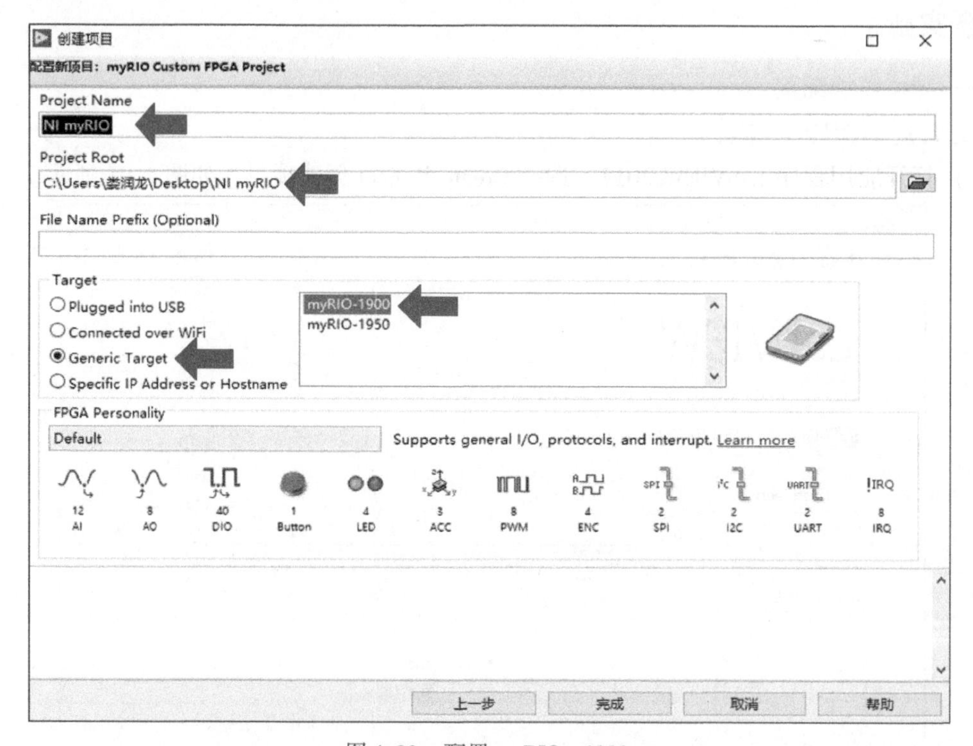

图 4-93　配置 myRIO－1900

4）NI myRIO 项目创建完成，配置 IP 地址。在项目浏览器中，右击“myRIO－1900 (0.0.0.0)”选择“属性”，如图 4-94 所示。

5）将 myRIO－1900 的 IP 地址设置为“172.16.0.1”，单击“确定”按钮，如图 4-95 所示。

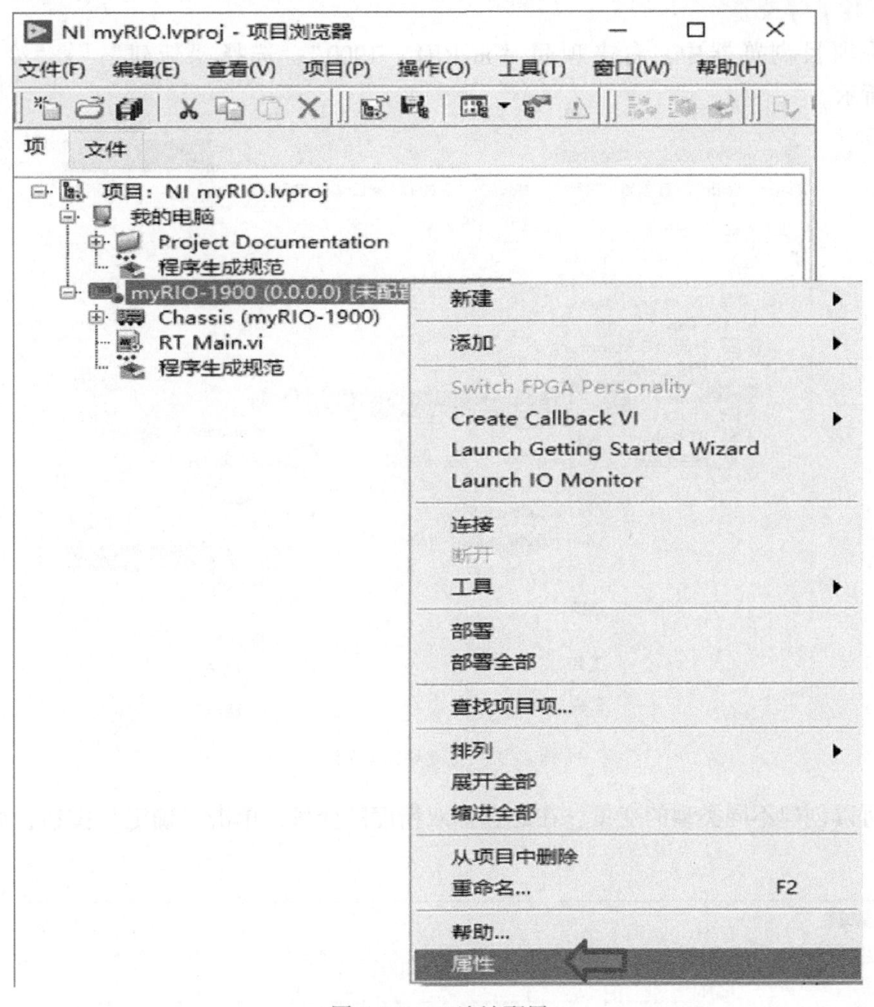

图 4-94 IP 地址配置

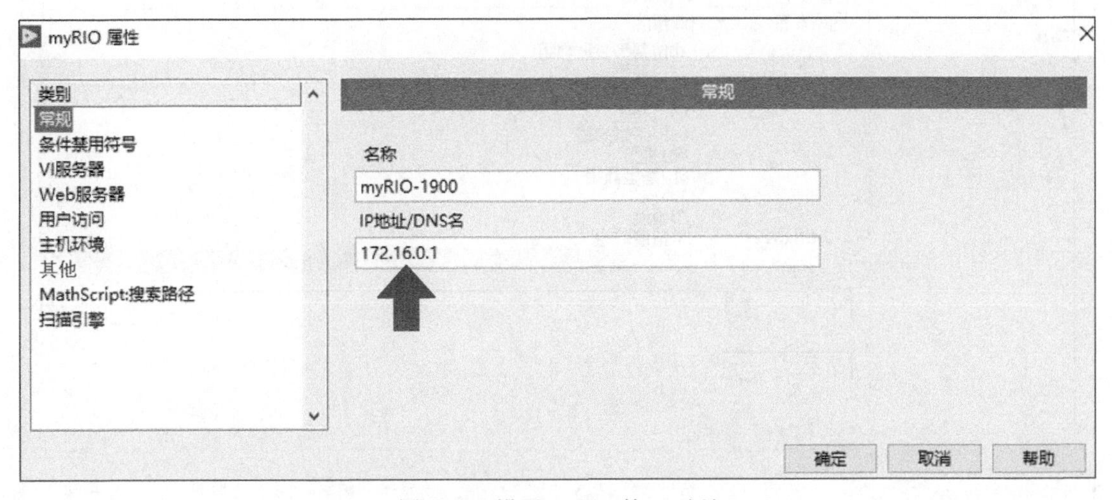

图 4-95 设置 myRIO 的 IP 地址

2. 创建共享变量

1）在项目浏览器中，右击项目“myRIO - 1900”，选择“新建”→“变量”，如图4-96所示。

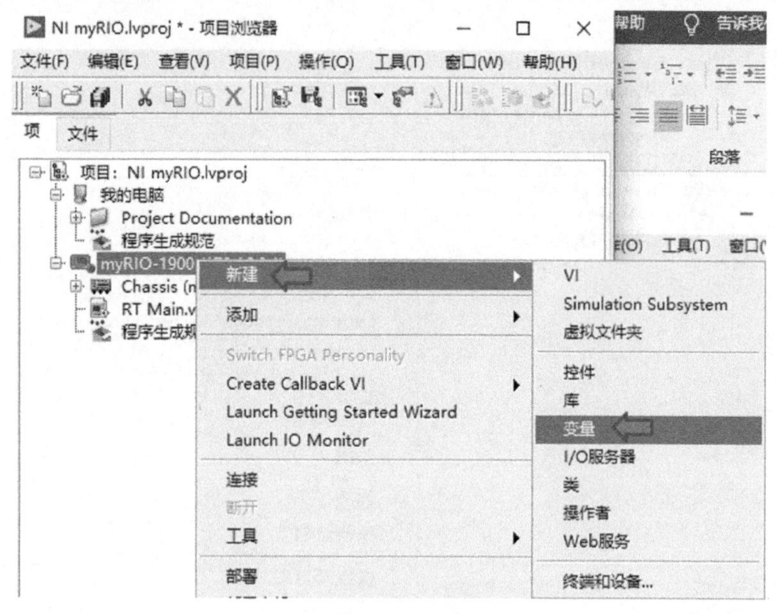

图4-96　新建共享变量

2）可以创建不同类型的变量，在此选择双精度的变量，单击“确定”按钮，如图4-97所示。

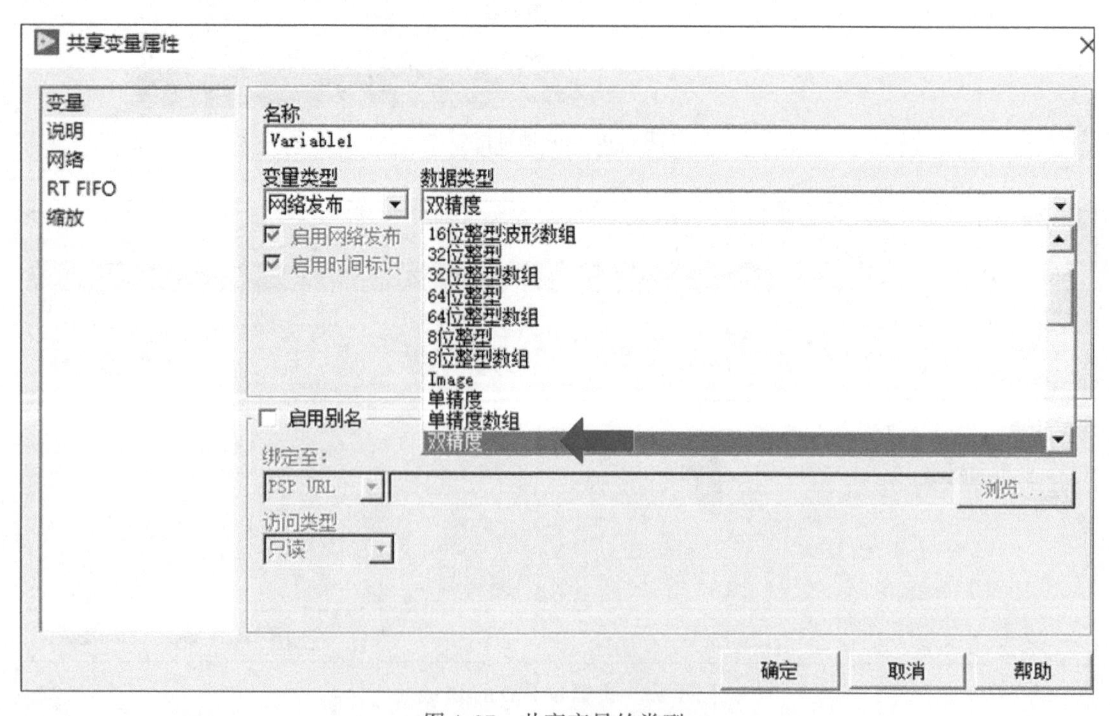

图4-97　共享变量的类型

3）将变量命名为“lou1”，如图4-98所示。

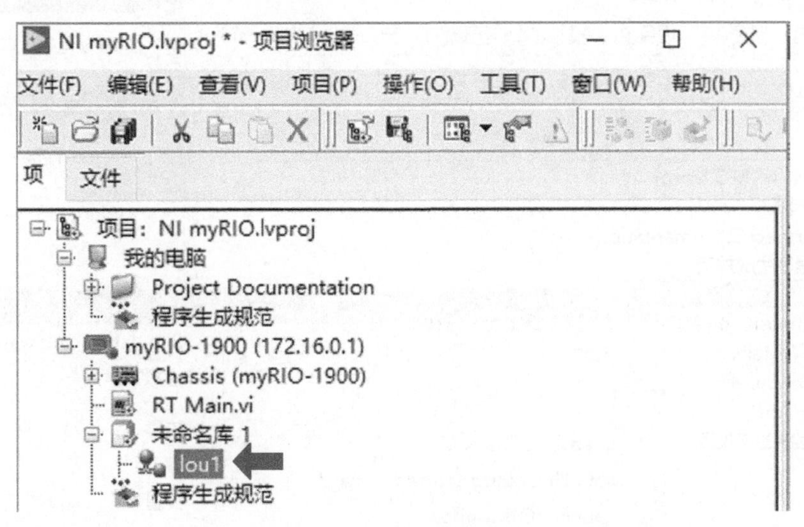

图4-98　共享变量的命名

4）单击“保存”，自动创建变量库（.lvlib），定义变量库名为“NI lou”，如图4-99所示。

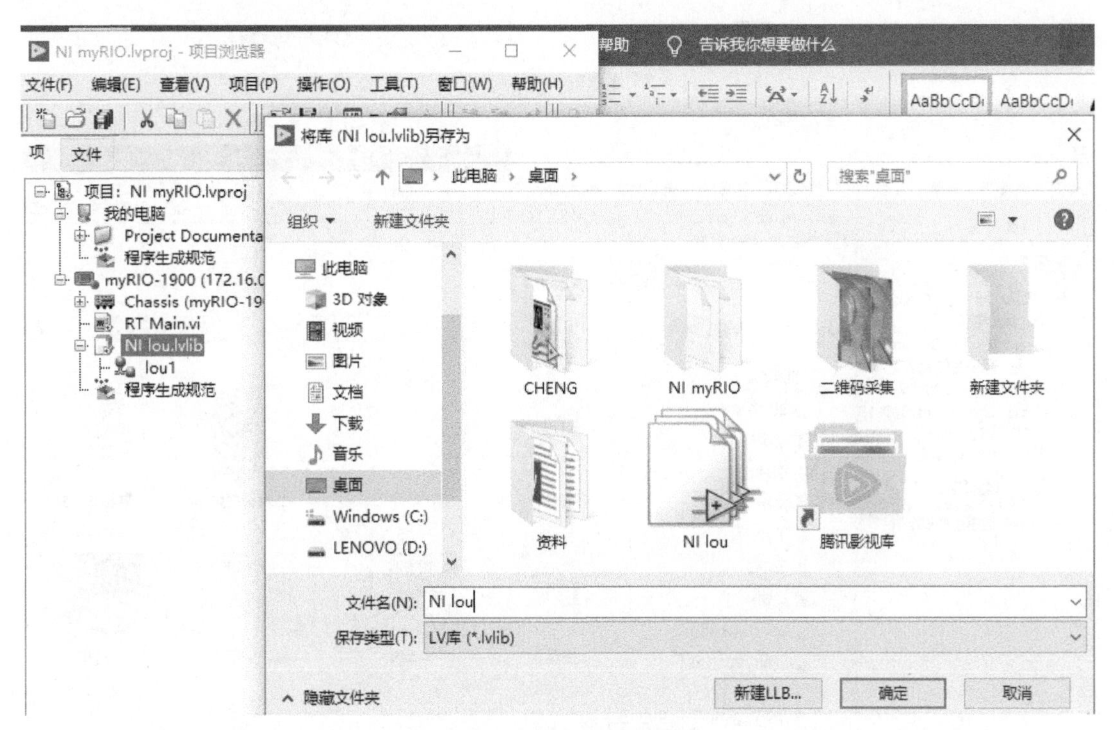

图4-99　共享变量库的创建

3. 调用共享变量

1）在项目浏览器中，右击项目名选择“新建”→“VI”，创建VI，如图4-100所示。

2）保存并命名VI为“myRIO lou”，单击“确定”按钮，如图4-101所示。

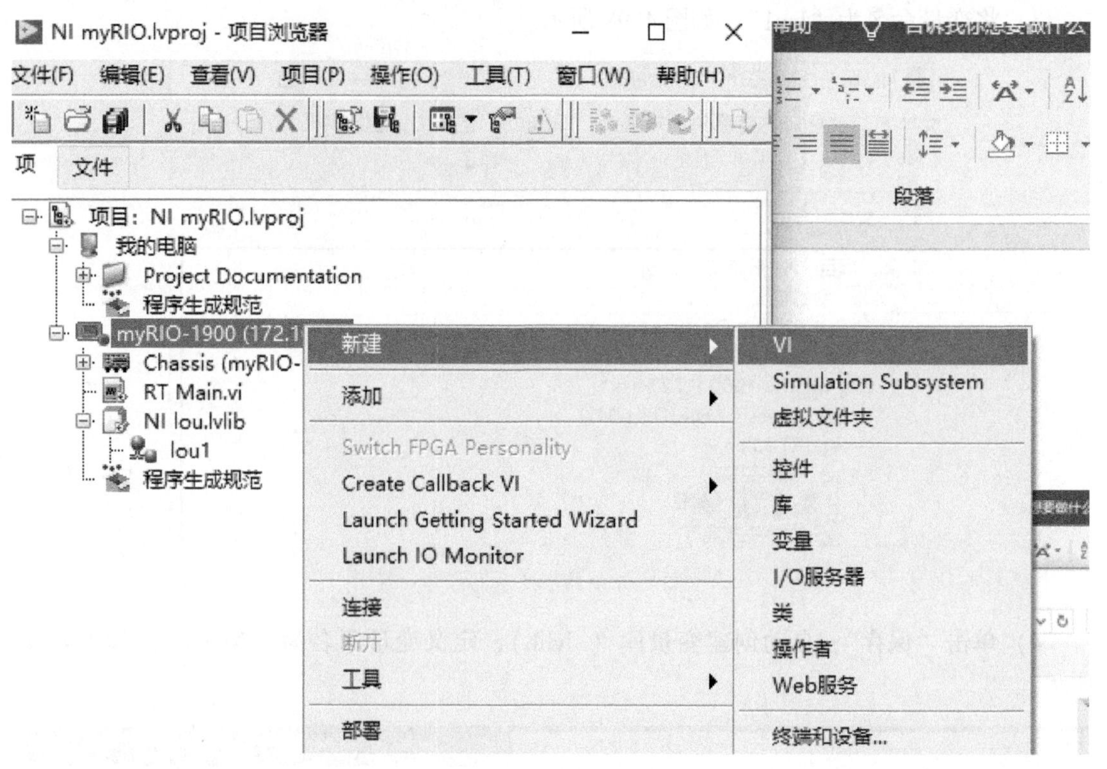

图 4-100　新建 VI

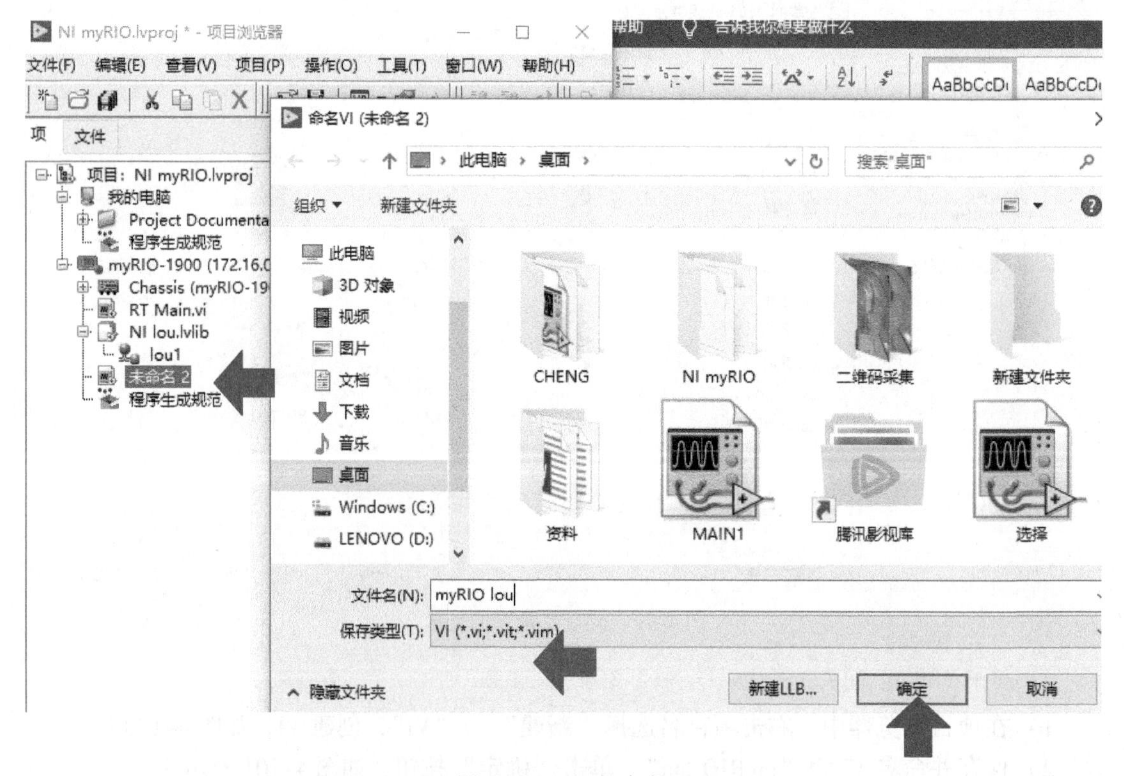

图 4-101　VI 的命名

3）在 VI 中有两种调用共享变量的方法：第一种是直接将变量“lou1”拖放到前面板，如图 4-102 所示；第二种是右击程序框图面板，选择“结构”→“共享变量”，并将其拖到面板上，如图 4-103 所示；单击“选择变量”为“myRIO - 1900”→“NI lou. lvlib”→“lou1”，然后确认，如图 4-104、图 4-105 所示。

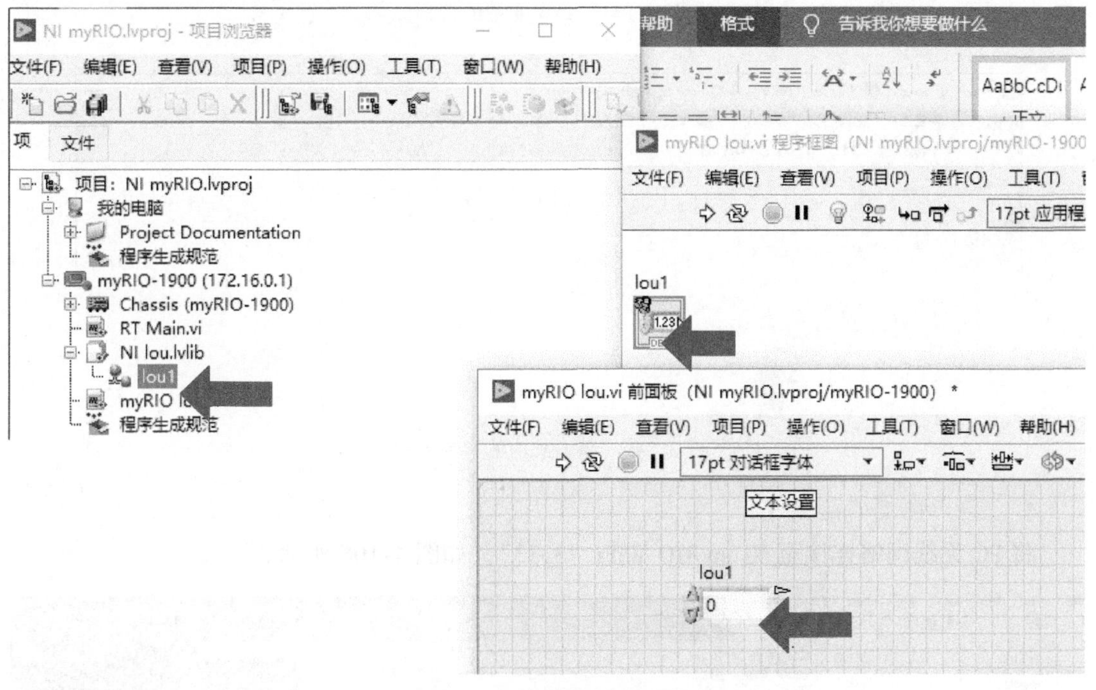

图 4-102 共享变量的调用方法一

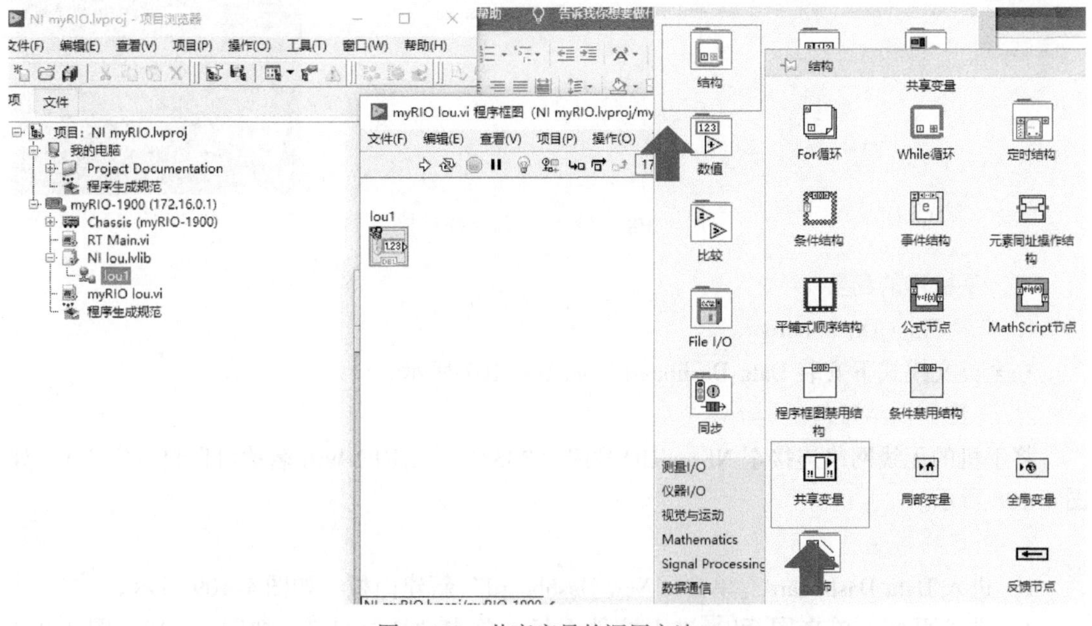

图 4-103 共享变量的调用方法二

图 4-104　共享变量的选择

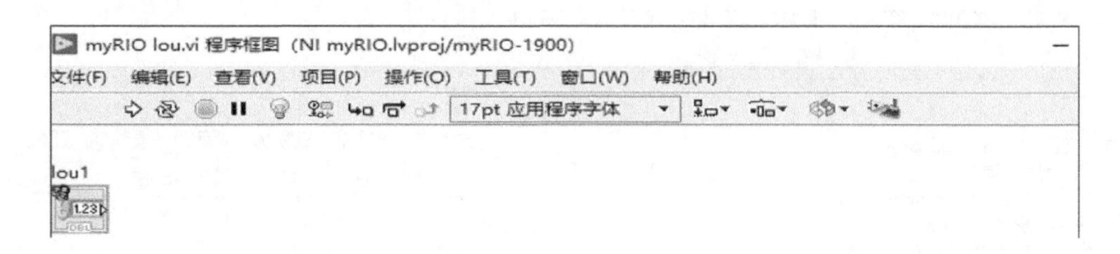

图 4-105　调用成功的共享变量

4. 设置 PC 端网络连接

将 PC 无线网络连接至 NI myRIO WiFi “3333”，如图 4-106 所示。

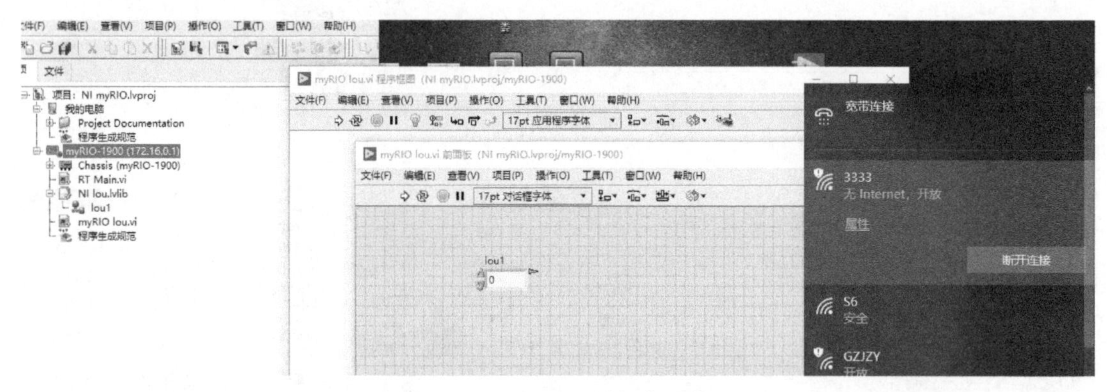

图 4-106　设置 PC 端网络连接

二、手机端的配置

1. 安装 Data Dashboard

在全英文模式下安装 Data Dashboard，如图 4-107 所示。

2. 设置手机端网络连接

将手机的无线网络连接至 NI myRIO WiFi “3333”（myRIO Wifi 名称可以自行定义），如图 4-108 所示。

3. 发布共享变量

1）进入 Data Dashboard，单击 “New Dashboard” 新建面板，如图 4-109 所示。

2）进入页面，单击图标进入控件面板，单击 “Controls”，如图 4-110、图 4-111 所示。

图 4-107　安装 Data Dashboard

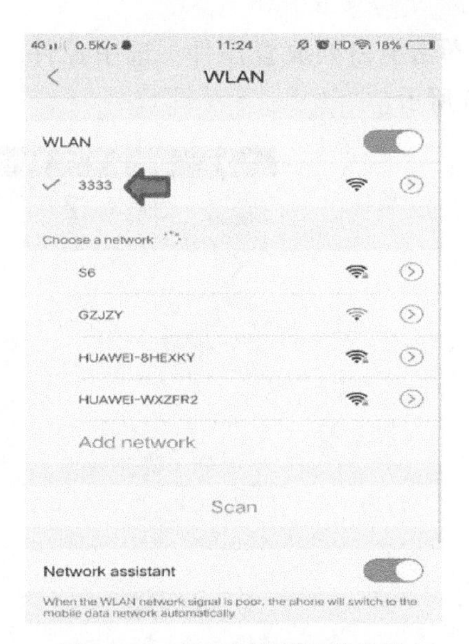

图 4-108　设置手机端网络连接

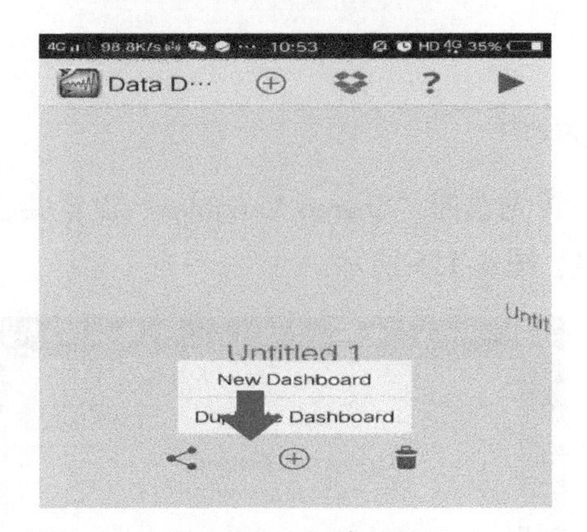

图 4-109　新建面板

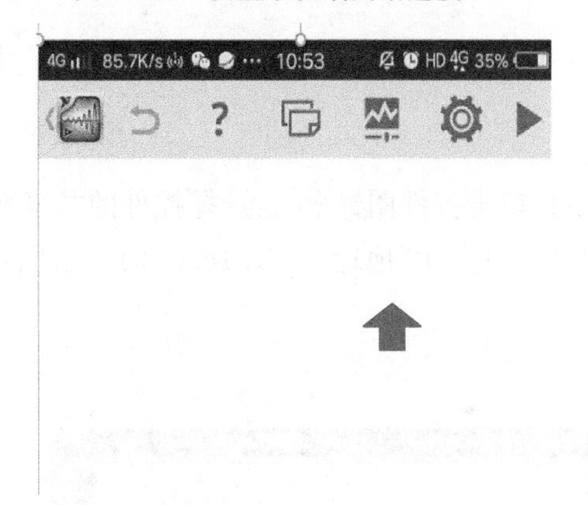

图 4-110　控件面板

3）选择“Slider（滑动杆）”，如图 4-112 所示。

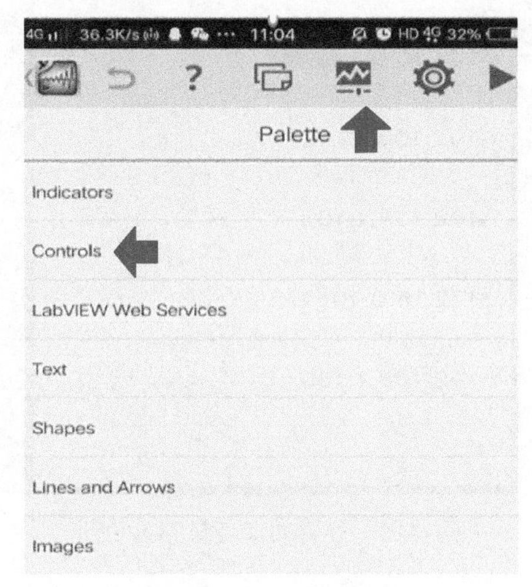

图 4-111　输入控件

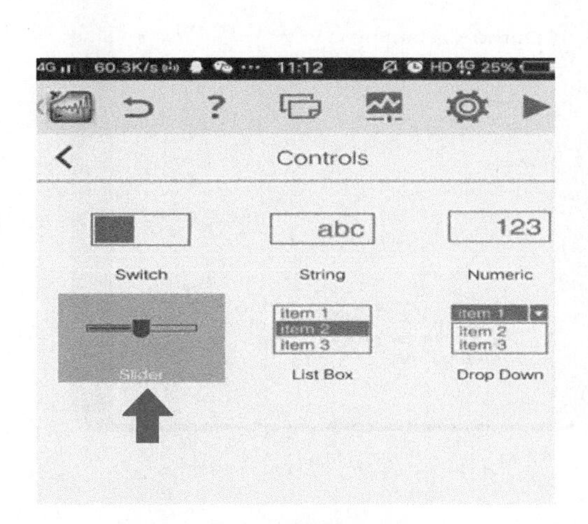

图 4-112　滑动杆

4）单击空白处放置控件，选中控件，单击右上角的图标⚙，对控件进行配置，如图4-113所示。

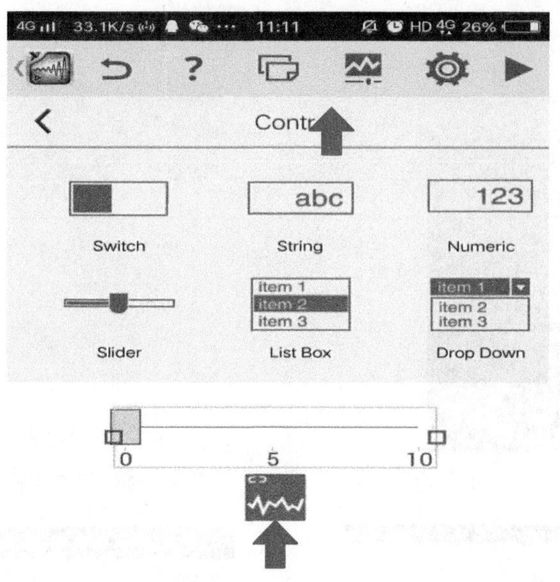

图4-113 配置滑动杆

5）单击控件图标，选择控件的共享变量。首先选择“Shared Variables”设置共享变量的IP地址（IP地址：172.16.0.1），如图4-114、图4-115所示。

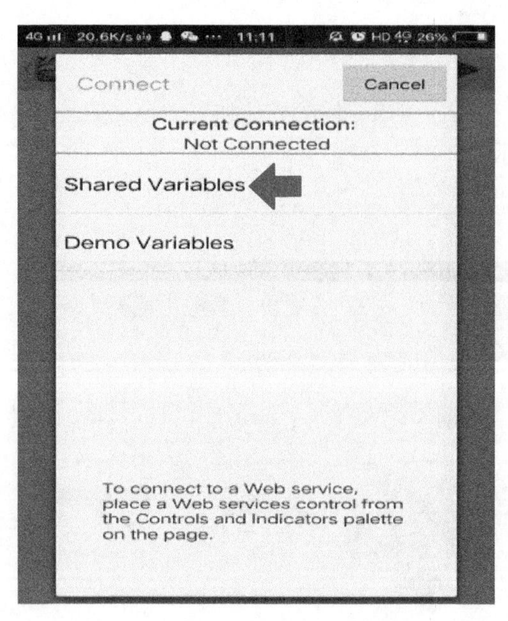

图4-114 选择“Shared Variables”

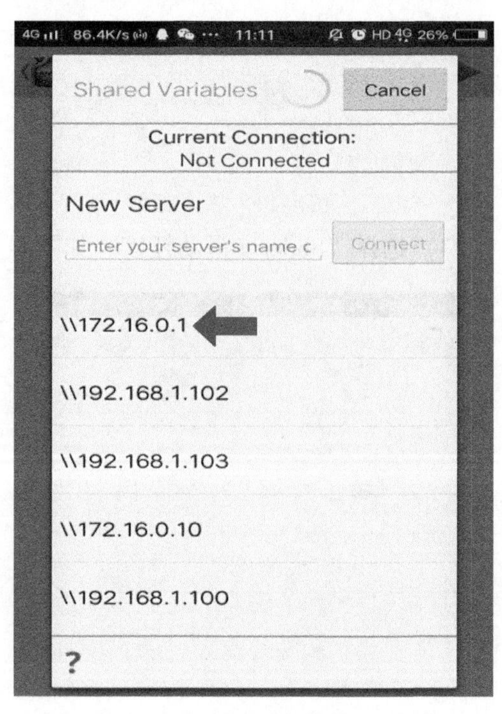

图4-115 设置共享变量的IP地址

6）选择 PC 创建的项目库“NI lou”，如图 4-116 所示。

7）选择变量“lou1”，如图 4-117 所示。

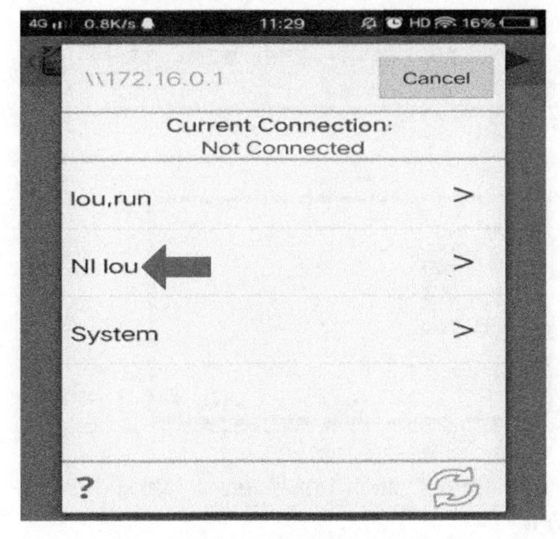

图 4-116 共享变量库的选择

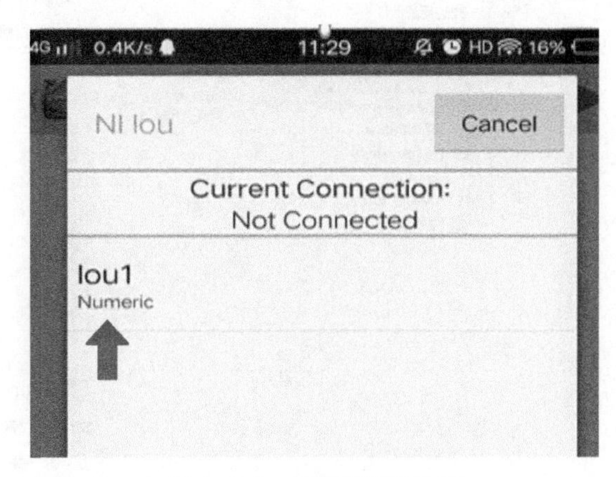

图 4-117 共享变量的选择

8）图标显示绿色表示配置完成，如图 4-118 所示 .

9）单击图标 ▶ 运行程序，如图 4-119 所示。

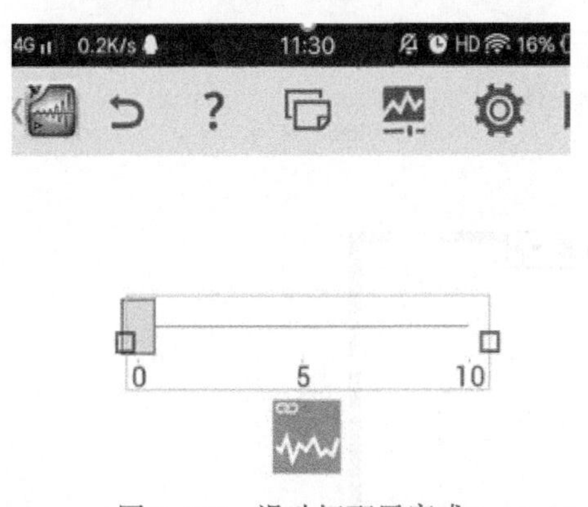

图 4-118 滑动杆配置完成

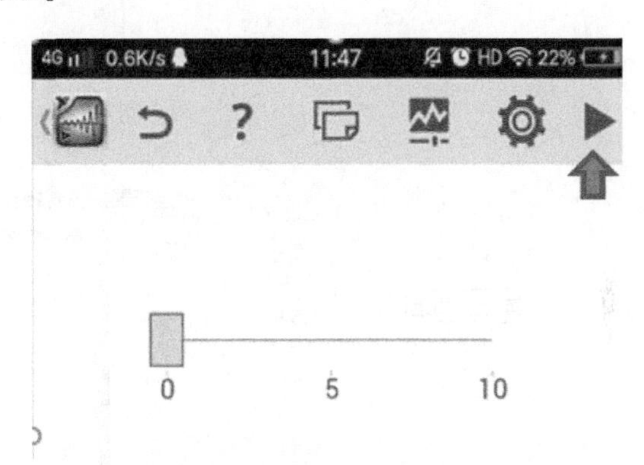

图 4-119 运行程序

10）滑动杆的数值范围为 0 ~ 10，当拖拽滑动杆时，可以在 PC 项目前面板的显示控件实时地显示出具体的数值，如图 4-120 所示。

至此，手机端的控件与 PC 端的共享变量就建立了连接。

4. 程序设计

根据遥控操作特性，程序设计如下：

1）将共享变量的数值（0 ~ 10）分成三个部分，分别是 0.1 ~ 4、4.1 ~ 5.9 和 6 ~ 10.1。其中，0.1 ~ 4 为后退，4.1 ~ 5.9 为停止，6 ~ 10.1 为前进。PC 端程序编辑如图 4-121 ~ 图 4-124 所示。

2）根据任务需要可创建更多的共享变量，来实现移动机器人的控制，如图 4-125、图 4-126 所示。

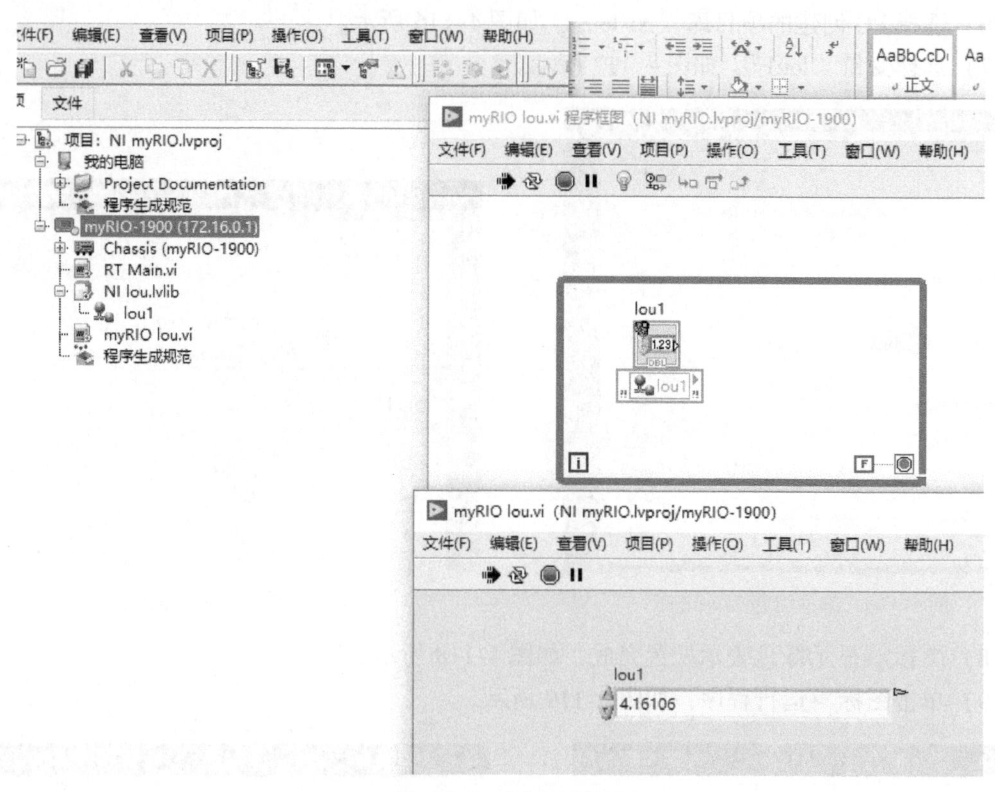

图 4-120 调试程序

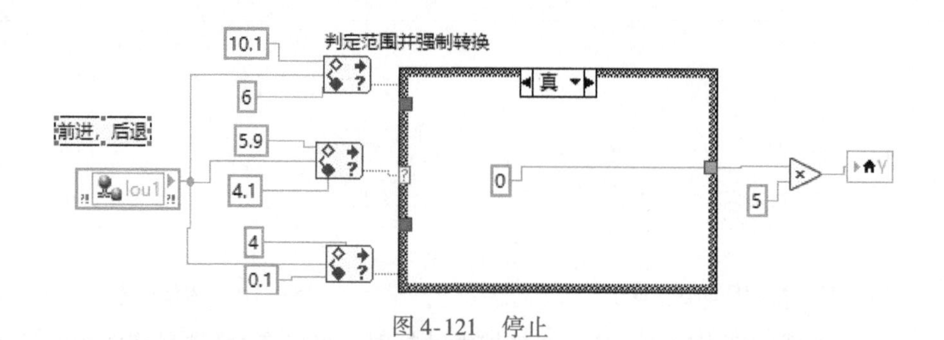

图 4-121 停止

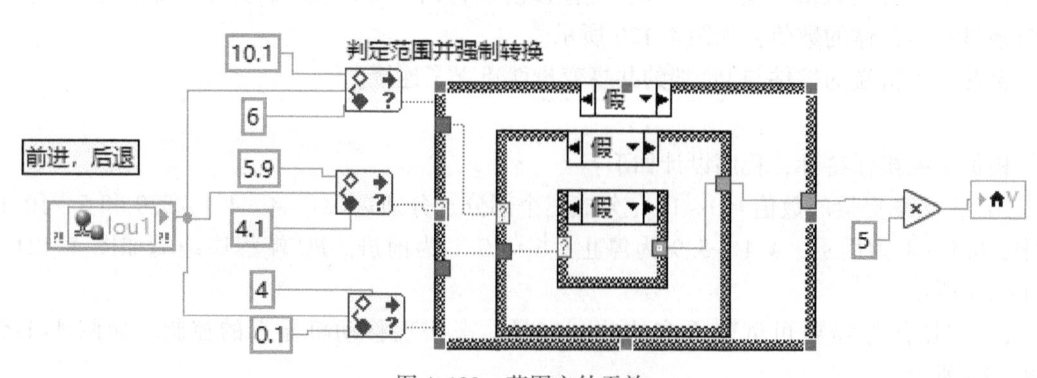

图 4-122 范围之外无效

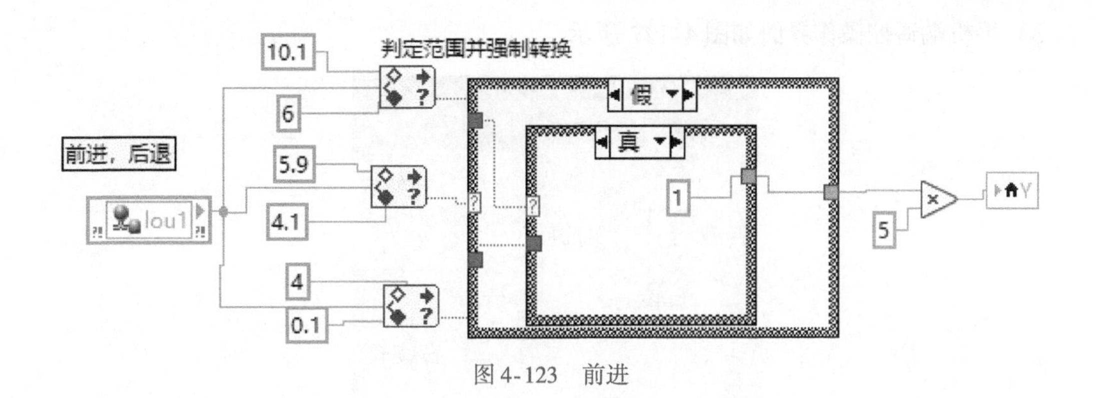

图 4-123　前进

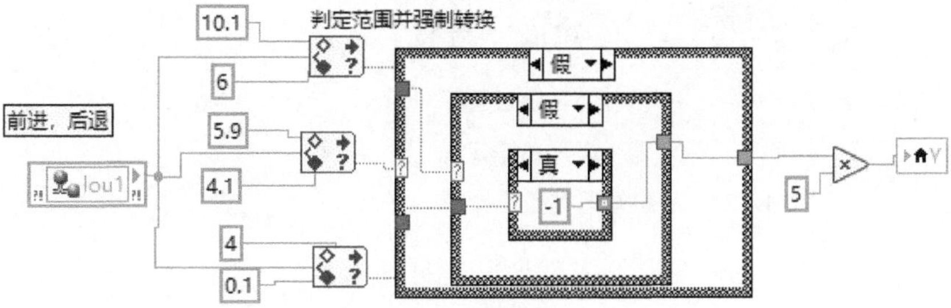

图 4-124　后退

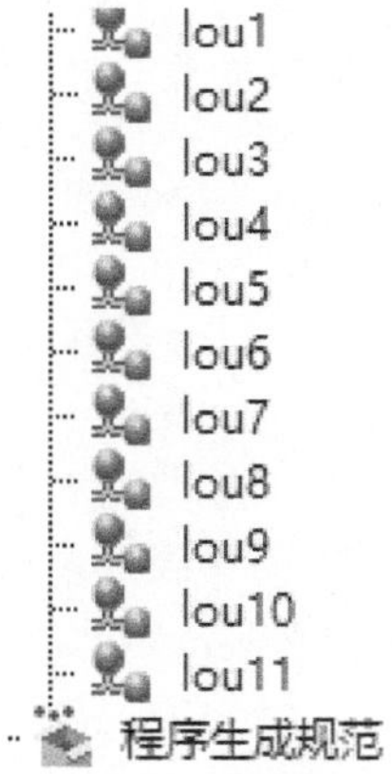

图 4-125　创建多个共享变量

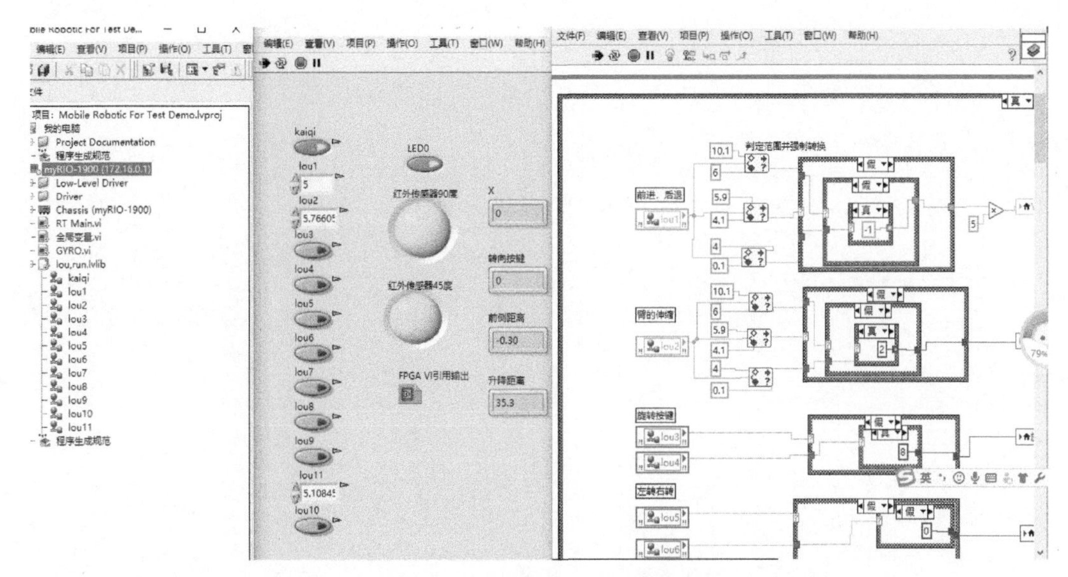

图 4-126　移动机器人手机遥控程序

3）手机端遥控操作界面如图4-127所示。

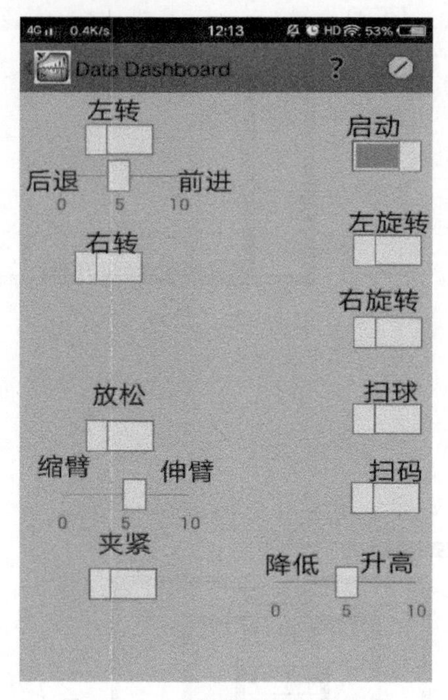

图4-127　手机端遥控操作界面

课题五
移动机器人技能综合应用

任务一 基于“沙漠寻子”移动机器人系统设计与组装的技术应用

➢任务目标

1. 掌握移动机器人系统的设计、装配及试运行。
2. 掌握移动机器人相关硬件的安装、设定以及软件的编制及有效利用。
3. 能够通过分析、问题求解与微调，对系统中单个零件以及整体系统运行进行优化。

➢任务导入

某项“沙漠寻子”任务要求设计制作一款移动机器人，模拟搜寻失散的孩子并送回对应家庭的任务场景。具体任务要求是：移动机器人在家庭区识别代表不同家庭父母的图形，到家庭外的区域（包括代表沙漠的沙地区域）找到代表不同家庭孩子的台球，并将其送回代表对应家庭的隔间中。现在这项任务交给你来完成，你准备好了吗？

➢知识链接

一、系统设计简介

系统设计是将一种设想通过合理的规划、周密的计划以各种感觉形式传达出来的过程。人类通过劳动改造世界、创造文明、创造物质财富和精神财富，而最基础、最主要的创造活动是造物。设计便是造物活动进行预先的计划，可以把任何造物活动的计划技术和计划过程理解为设计。

图 5-1 所示的系统设计方法是根据系统分析的结果，运用系统科学的思想和方法，设计出能最大限度地满足所要求目标（或目的）的新系统的过程。进行系统设计时，必须把所要设计的对象系统和围绕该对象系统的环境进行共同考虑，前者称为内部系统，后者称为外部系统，它们之间存在相互支持和相互制约的关系。内部系统和外部系统结合起来称为总体系统。因此，在系统设计时必须采用内部设计与外部设计相结合的思考原则，从总体系统的功能、输入、输出、环境、程序、人的因素、物的媒介等方面综合考虑，以便能够设计出整体最优的系统。

进行系统设计应当采用分解、综合与反馈的工作方法。不论多么复杂的系统，首先都要分解为若干个子系统或要素，分解过程可从结构要素、功能要求、时间序列和空间配置等方面进行，并将其特征和性能进行标准化，综合形成最优的子系统，然后将最优子系统进行总体设计，从而得到最优系统。在这一过程中，从设计计划开始到设计出满意的系统为止，都要进行分阶段评价及总体综合评价，并以此对各项工作进行修改和完善。整个设计阶段是一个综合性的反馈过程。在这项任务中，主要有视觉处理、运动控制、目标管理、环境感知等子系统。

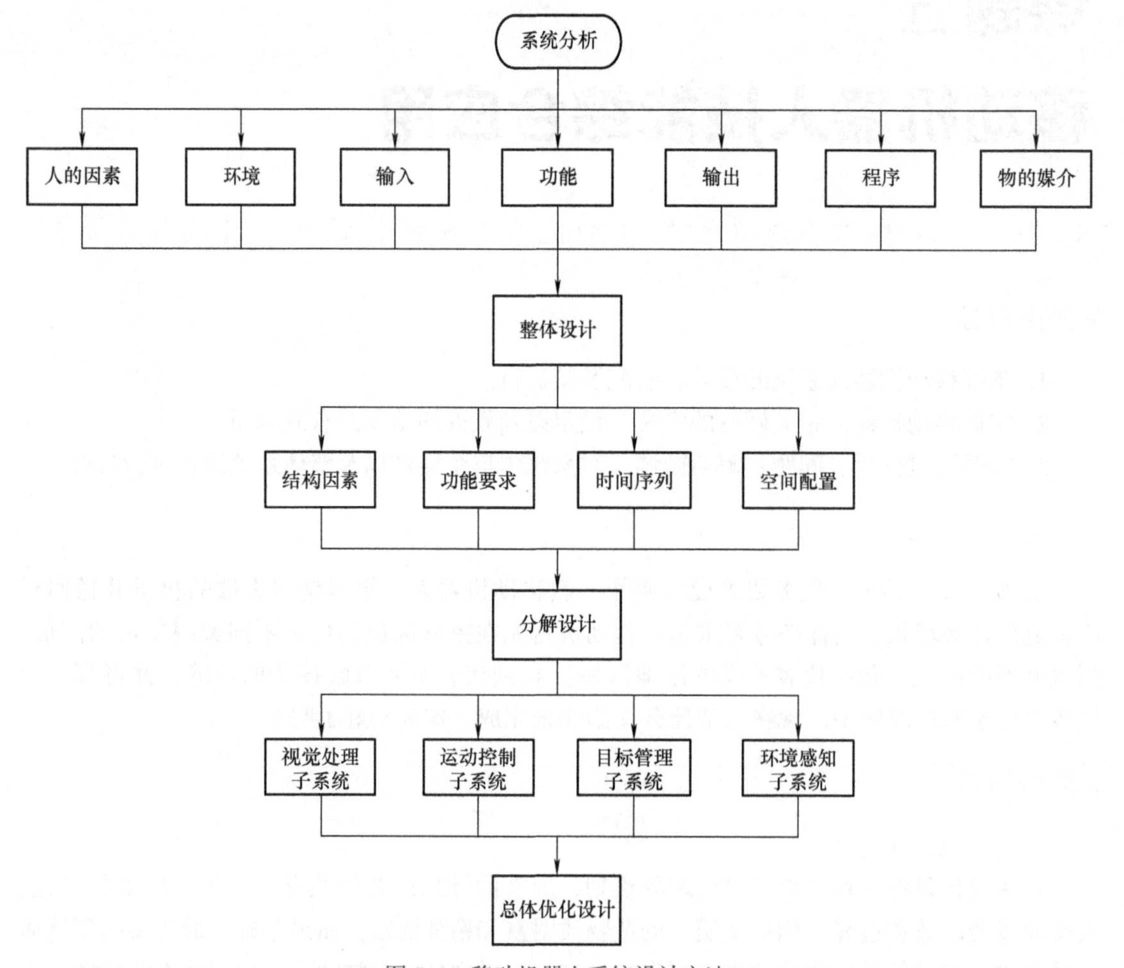

图 5-1 移动机器人系统设计方法

系统设计的内容，包括确定系统的功能、设计方针和方法，产生理想系统并做出草案，通过收集信息对草案做出修正，以便产生可选的设计方案，将系统分解为若干个子系统，进行子系统和总系统的详细设计并进行评价，对系统方案进行论证并做出性能效果预测。

二、移动机器人的系统设计

图 5-2 所示移动机器人是一种典型的机电一体化集成系统，包括机械系统、电气系统、电子系统和控制系统等。移动机器人系统的设计首先要明确任务需求，分析外部系统，构建内部系统，再进一步优化。

移动机器人的传感系统，主要是超声波测距装置、红外线测距装置和红外循迹传感器等。抓取装置的升降距离和伸缩距离范围比较小，可采用红外测距传感器；移动机器人到周围挡壁的距离范围比较大，宜采用超声波测距传感器；机身摆动的位置可采用红外循迹传感器进行检测。

各个电动机和传感器等都需要通过相应的电路板实现控制器对它们的通信与控制。传感器的信息处理和移动机器人的行动控制由控制器完成，包括遥控和自主程控。遥控编程涉及遥控器的信息读取，自主程控则涉及路径规划、视觉处理和目标管理等功能编程。

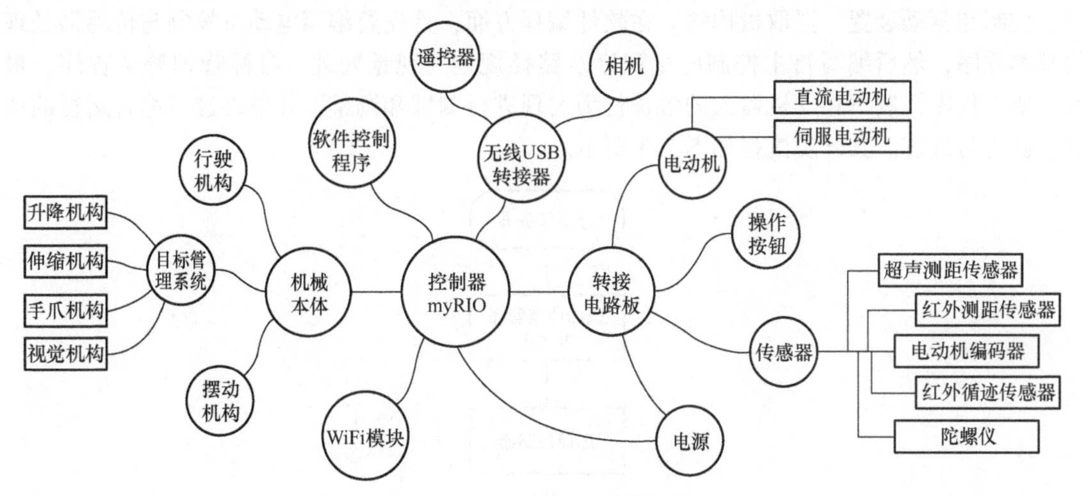

图 5-2　移动机器人系统架构

地面移动机器人的行驶机构主要分为履带式、腿式和轮式 3 种。其中，履带式行驶机构比较复杂，其运动分析及自主控制设计也十分困难，沉重的履带和繁多的驱动轮使得整体结构笨重不堪，消耗的功率也相对较大。腿式行驶机构特别是六腿机器人，具有较强的越野能力，但结构比较复杂，而且行走速度比较慢。轮式行驶机构具有运动速度快、能量利用率高、结构简单、控制方便和能借鉴至今已很成熟的汽车技术等优点，但是越野性能不太强。轮式行驶机构按轮的数量分可分为二轮机构、三轮机构、四轮机构、六轮机构以及多轮机构。二轮行驶机构的结构非常简单，但是在静止和低速时非常不稳定。三轮行驶机构的特点是机构组成容易，旋转中心是在连接两驱动轮的直线上，可以实现零回转半径。四轮行驶机构的运动特性基本上与三轮行驶机构相同，由于增加了一个支撑轮，运动更加平稳。采用橡胶轮胎，还可以在沙地区域行驶。

车轮直径对机器人的行驶速度和越障能力都有很大的影响。使用同样的电动机，车轮的直径增加，机器人的速度会同时增加，两者之间是一种线性关系。另外，按照车辆理论的分析，车轮直径增大可以明显提高机器人的越障能力。但是，车轮直径变大的同时，车轮表面所受的电动机转矩却会下降。根据车辆地面力学理论，刚性车轮的宽度越宽，车轮的土壤沉陷量越小，土壤的压实阻力也就越小。不过，车轮变宽后，机器人的转向阻力也会变大。另外，增加车轮的直径比增加车轮的宽度对减小压实阻力更为有效。因此，必须根据实际情况设定车轮的直径和宽度，不能盲目加大车轮的直径和宽度。

对于车轮的控制，要求其速度稳定、可调，功率足够克服运动阻力，可采用带有光电编码器的直流电动机进行精确位置或速度的 PID 控制。机身摆动机构和抓取装置升降机构也采用相应功率的直流电动机进行控制和调节，需要时也可采用光电编码器反馈进行精确位置或速度的 PID 控制。对于手爪的张开和闭合、摄像头的俯仰，均采用伺服电动机进行定位控制，而对于抓取装置的伸缩，可采用伺服电动机或直流电动机进行驱动。为了保护机构不至于超程受损，可以设置极限位置反馈信号，从硬件线路或软件程序上进行保护。

三、移动机器人系统的组装调试

在硬件组装方面，首先需要根据设计搭建一个基本的机械框架，然后在其上安装行驶机构、控制与驱动装置、抓取机构等。在软件编程方面，首先要编写电动机控制与传感器处理的基本程序，然后编写自主控制的主程序及路径规划、视觉处理、目标管理等子程序。最后，要对程序控制下移动机器人的各种行为表现进行测试和调整，并最终进行综合运行的调试、优化与改进。其开发流程如图 5-3 所示。

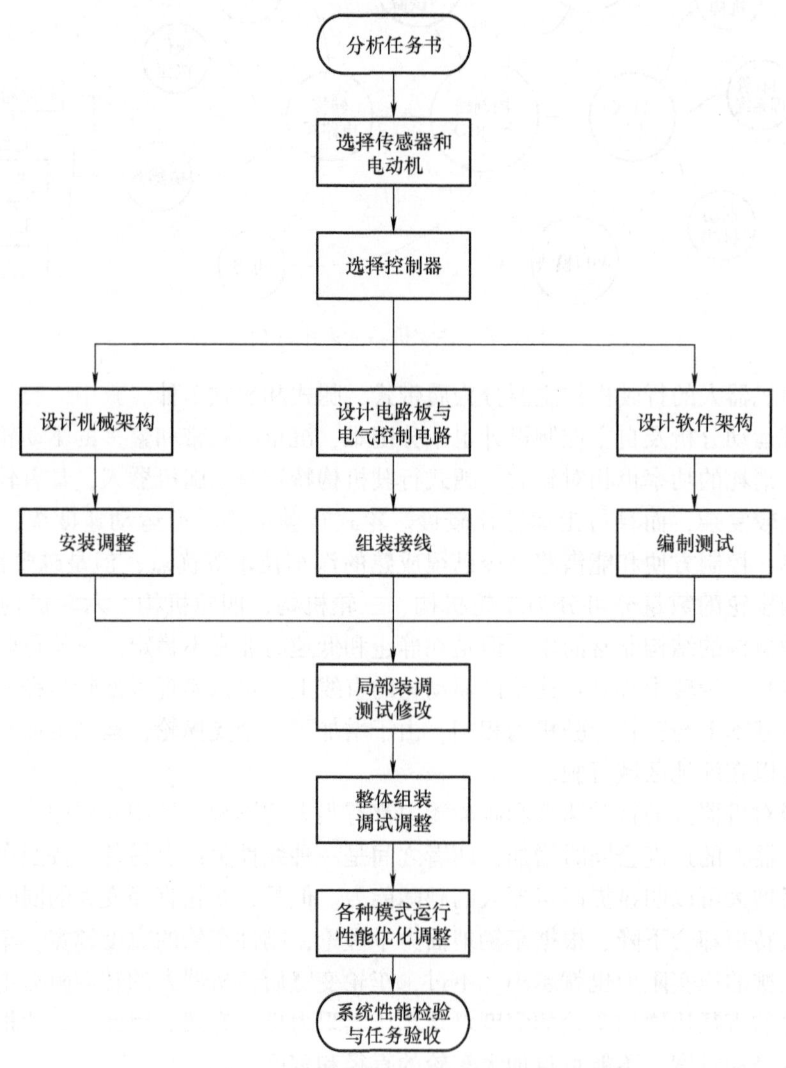

图 5-3　移动机器人系统的开发流程

➢任务准备

一、移动机器人系统组装材料的准备

根据系统配件清单（见表 5-1），找上帮手并借用小推车，然后去仓库和半成品库领取系统的全部配件。

表 5-1　系统配件清单

序号	名称	规格型号	数量	单位	备注
1	控制器	NI MyRIO－1900	1	个	
2	锂电池组（带插头）	电压：12V 容量：3000mA・h	2	套	
3	大田宫插头带线	16 号线	2	根	
4	DC 12V 电源线	L 型	1	根	
5	红外测距传感器	夏普 GP2Y0A21YK0F	2	个	
6	超声测距传感器	三线	3	个	
7	QTI 循迹传感器	TCRT5000 红外反射传感器	2	个	
8	直流减速电动机	12V，52r/min	1	个	
9	行星减速电动机	MD36 带 A、B 相 500 线广电编码器	4	个	
10	蜗轮蜗杆减速电动机	12V，15r/min	1	个	
11	180°标准伺服电动机	JX－6221MG－180	2	个	
12	360°连续旋转伺服电动机	JX－6221MG－360	1	个	
13	陀螺仪	MPU6050 模块	1	个	
14	金属舵盘	25T	3	个	
15	USB－HUB	卡扣式，型号 MH4PU	1	个	
16	电池充电器	6～12V 5～10 串镍氢电池组	2	个	
17	摄像头	微软（Microsoft）LifeCam Studio 摄像头	1	个	
18	无线手柄	罗技（Logitech）F710	1	个	
19	驱动板	DLDZ－MYRIO Adapter V1.1.PCB	2	块	
20	直流数显电压表表头	两线 DC 5～120V，红色	2	个	
21	杜邦线，母对母	10P 彩色排线，30cm 长，单根独立	1	排	
22	急停开关	1 开 1 闭自锁	1	个	
23	船形开关	KCD4 双控	1	个	
24	机器人轮胎（普通型）	直径 125mm，内径 8mm	4	个	
25	框架组件	—	1	套	

二、设计组装工具的准备

移动机器人系统的设计与组装用工具清单，见表 5-2。

表 5-2 移动机器人系统的设计与组装用工具清单

序号	名称	型号规格	数量	单位	备注
1	便携式计算机	运行有含 MyRIO 组件的 LabVIEW 编程软件	1	个	—
2	活扳手	6in	1	把	
3	内六角扳手	9 件	1	套	
4	钢卷尺	3m	1	把	
5	大一字槽螺钉旋具	5mm×75mm	1	把	
6	小一字槽螺钉旋具	3mm×75mm	1	把	
7	大十字槽螺钉旋具	5mm×75mm	1	把	—
8	小十字槽螺钉旋具	3mm×75mm	1	把	—

➤任务实施

第一步，团队合作，两人共同完成，选定项目带头人，然后做好每个人的分工。

第二步，任务解读，明确具体要求，进行整体设计。

“沙漠寻子”任务要求移动机器人能对二维码、类二维码等图形进行识别，对代表孩子的台球的颜色或数字等信息进行识别，能够自主规划路径，在相应区域进行物体扫描，能够定位目标台球并进行抓取，并能将目标台球送到家庭区的对应隔间。外部系统包括 600mm 宽的家庭区、接待区走廊与 600mm 高的横梁，还有一片面积约 1500000mm^2 的沙地区。

基于以上信息，可以初步设计移动机器人的内部系统，它应该包含视觉处理系统和运动控制系统，并能进入沙地或对沙地区域进行目标扫描与抓取。这里选用集成多种功能的 NI myRIO－1900 控制器和 LifeCam Studio 摄像头。在运动执行方面，选用轮式移动机构和轻巧灵活的目标管理系统。以此为基础，逐步完善起移动机器人系统的各个部分，进而搭建起整体框架。

第三步，具体设计，包括机械本体与执行装置、电气驱动与传感装置、控制与通信装置、软件程序等。

1. 机械本体与执行装置

这部分包括底盘、轮子与传动机构、旋转机架、摆动机构、升降机构、伸缩机构和机械手爪等。

2. 电气驱动与传感装置

驱动装置包括车轮驱动直流电动机、摆动直流电动机、升降直流电动机、伸缩伺服电动机、手爪与相机伺服电动机等，传感装置包括红外测距传感器、超声测距传感器、红外循迹传感器、光电编码器和陀螺仪等。

移动机器人的机械臂升降与伸缩距离在几厘米到二三十厘米，适合用红外测距传感器测量反馈。超声波传感器测距范围从几厘米到数米，适合用来测量移动机器人与外部环境的距离。如果需要对移动机器人的行进方向进行校正，可以利用两个并排的超声波传感器的测距差值进行计算处理，也可以利用陀螺仪进行测量处置，但要注意减弱电磁干扰对陀螺仪的影响。利用光电编码器也可以对电动机的旋转角度和速度进行反馈控制。

3. 控制与通信装置

这部分包括 NI myRIO 控制器、转接电路板、USB 转接器等。

4. 软件程序

（1）软件总体架构　本着编程尽可能简单而严密的原则，主要分为主控程序、前进与返回路径控制程序、目标管理程序、视觉处理程序、基本传感器处理程序和基本电动机控制程序等。其中，主控程序又可分为传感器信息转换模块、电动机 PID 控制模块、运动指令处理模块、遥控器信息处理模块、自主运行主控模块、目标识别处理模块、目标扫描控制模块和目标抓取控制模块等，如图 5-4 所示。

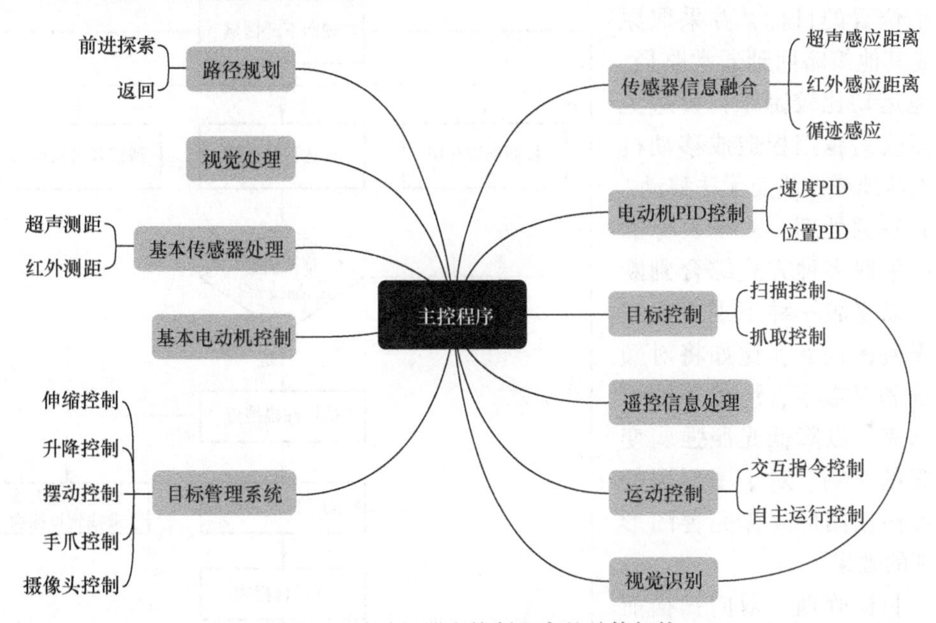

图 5-4　移动机器人控制程序的总体架构

（2）基本传感器信息处理　要对超声波测距的准确性和稳定性加以注意，对于信号异常剧烈跳动的现象，可编写程序进行滤波处理。

由于行进、升降、伸缩、摆动等有一定的运动范围限制，为了防止运动超程造成机构卡死或者撞击、损坏，可以在程序中设置软限位，确保在传感器反馈信息正常的情况下运动不会超出范围；若想在自动运行时预防传感器反馈信息异常时运动超程或定位错误，可以编写闭环控制程序，对输出的电动机速度和反馈的位置变化进行组合判断，当两者明显不符合时报错停止运动，以避免造成损坏。

对于两种运动的干涉情况，可以在程序中设置避免干涉的运动限制条件，或者按照预先测试好的运动轨迹进行规避。

（3）基本电动机控制　对于车轮电动机，由于 PWM 占空比小于 0.4 时电动机基本不转，为了保护电动机，可以在电动机驱动子 VI 中对小于 0.4 的情况直接输出 0，也可在其他程序中做相应处理。对于轮子的转动距离，既可以采用速度乘时间进行开环控制，也可采用电动机编码器反馈值进行位置 PID 半闭环控制，还可以借助超声波测距值进行闭环控制，但要注意克服传感器反馈与电动机动作的延迟性、不稳定性等影响造成的偏差。

对于各运动的速度，要兼顾效率与准确性、稳定性，设定合适的值。

（4）路径规划　移动机器人行进路径控制如图 5-5 所示。

移动机器人的行动区域可采用划分区域进行手动或自动排列组合的方式。考虑到扫描效率和运动干涉、避免移动机器人受阻停止的问题，路径不能遍历所有区域，但可以采用斜视扫描加调姿靠近的方式保证尽可能多地搜索到各个位置的目标，并采取原地返回或其他策略回到通常路径。由于沙地运动比较困难，要避免转动过多或斜越挡板造成移动机器人陷入沙地或搁浅而无法移动。

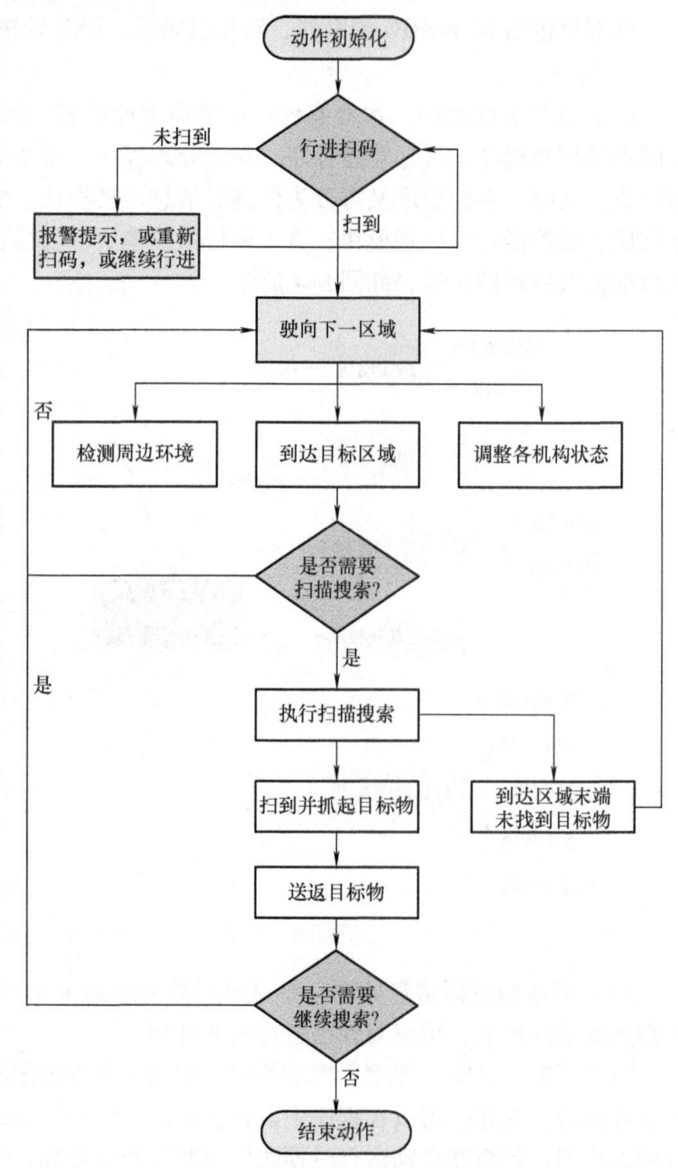

图 5-5　移动机器人行进路径控制

（5）视觉处理　对于目标的识别，可采取多种方式综合判断的策略，以克服一种识别方式容易产生误判的问题，比如将对颜色的识别和对数字、形状等的识别结合起来，以降低光照强弱变化等因素的影响。对于图形码的识别，可根据图形规律完善图形比对判别的效果。

（6）目标管理　双向扫描前进避免漏判，但可能会增加误判，降低效率。单向扫描前进可提高效率。采用斜视快扫加靠近慢扫策略可进一步提高效率，通过地面初判加抓取复判可进一步提高准确率。还可在运送过程中对目标继续进行视觉识别，若出现目标掉落的情况，可采取相应的处理措施进行重新扫描、抓取，并根据最终识别判断结果送入相应的目标位置。

第四步，相关部件的组装调试与调整，包括行驶机构、摆动机构、升降机构、伸缩机构、手爪与摄像头控制机构等各部分。

第五步，整体安装与动作调试。

机械方面要注意各部件的安装是否紧固，防止在运动过程中因振动、颠簸等而导致松脱，如轮子松动会导致行驶方向摆动不定、轮子的实际转动量与电动机编码器反馈值不符，摆动机构不稳定导致摆动角度不准确。

电气方面要注意连线的正确性与紧固性，仔细核对与检查，避免由于接线错误导致反馈信号或控制输出的错乱，或由于接线不牢而导致输入信号或输出信号不正常，进而导致移动机器人的行为异常。

第六步，系统手动与自动功能、运行性能的测试、检验与优化。

这部分主要考虑移动机器人对环境的感应，以及做出反应的准确性、敏捷性和稳定性，在不同的场地背景中的移动和探索搜救动作、视觉辨识与处理功能等是否会发生异常，实现任务的能力与效率、自救能力等是否满足需要，进而根据调试情况对系统进行调整优化，如图 5-6 所示。

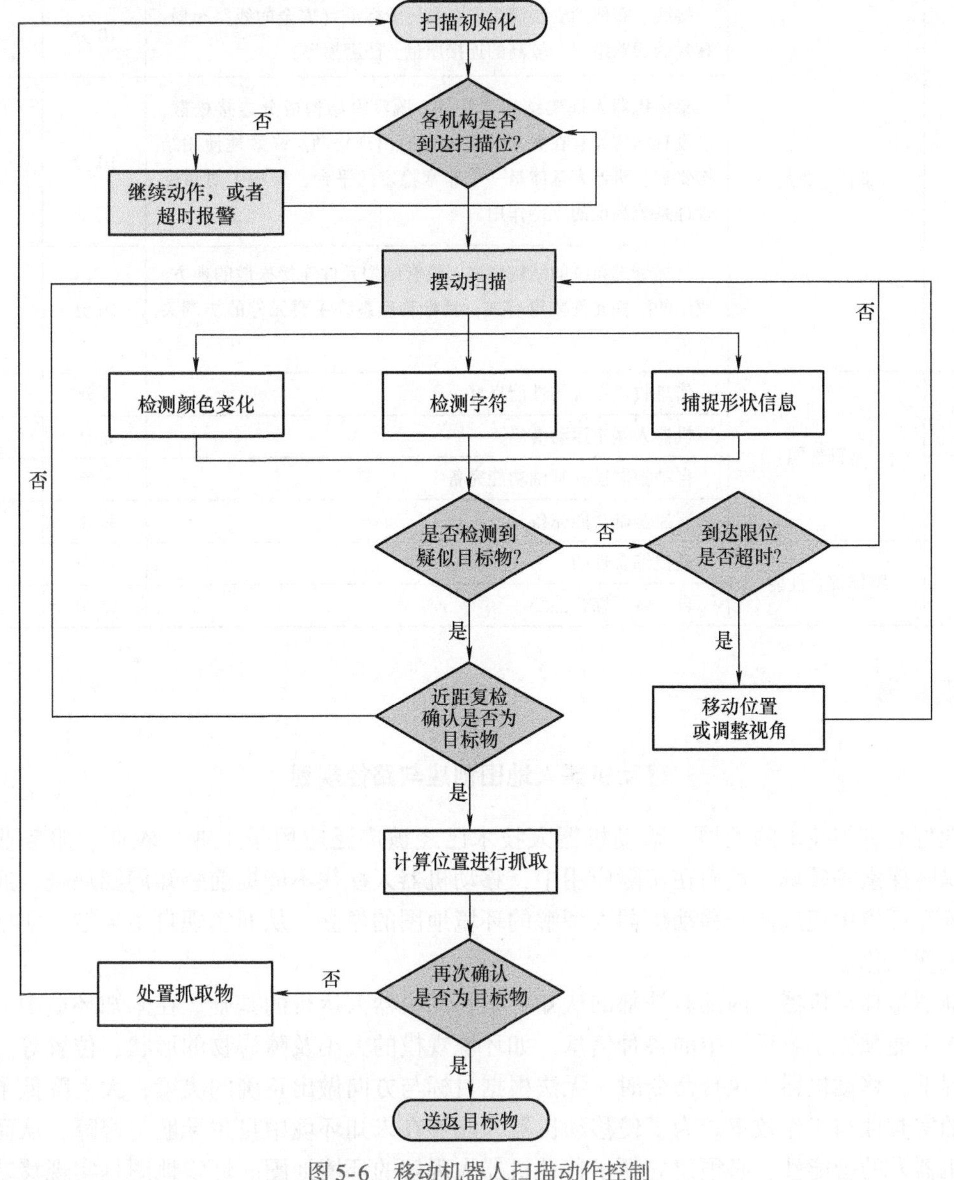

图 5-6　移动机器人扫描动作控制

第七步，现场管理。按照车间的管理要求，对工作完成的对象进行清洁、工作过程中产生的二次废料进行整理、工具入箱、垃圾打扫等。

➢任务测评（见表5-3）

表5-3　任务评分标准

序号	评分内容	评分标准	配分	得分
1	工作素养	工作场所整洁、有序、高效、安全	3分	
		工作组织与管理得当，成员均积极为团队绩效做出贡献	4分	
		沟通和人际交往良好，团队合作效率高	3分	
2	设计与装配	接线、布线的安装满足安全及行业标准（安全的线路布局，高效的线路组织，较高的连接质量，防磨损等）	10分	
		整体机器人框架结构非常好，既没有结构成分连接松散，也没有结构元素在要求位置固定时出现松动。高效地使用结构要素。机器人基体是一个非常稳定的平台，展示了对目标管理系统高度的支持作用	10分	
		目标管理系统的结构很好，没有结构元件连接松散的地方。使用的结构元件数量有效，目标管理系统主要元件的协调关系很好	10分	
3	基础性能	信息收集系统的性能良好	8分	
		机器人基本运动准确	6分	
		自动控制模式基础功能完备	8分	
		遥控基础功能完备	8分	
4	整体综合性能	遥控综合性能	15分	
		自主运行综合性能	15分	

➢知识拓展

移动机器人地图创建与路径规划

随着经济与技术的发展，移动机器人技术已经被广泛应用于工业、农业、服务业、航空、星际探索等领域。然而在实际应用中，移动机器人往往不能提前感知周围环境，通常需要在未知环境中完成便于移动机器人理解的环境地图的建立，从而实现自主导航，实现移动机器人智能化。

地图是移动机器人内部对外部的认知，是移动机器人运行的基础。在未知环境中，移动机器人不能预先了解环境中的各种信息，如环境规模的大小及障碍物的形状、位置等。在这种情况下，移动机器人执行命令时，无法根据目标与方向做出正确的决策，大大降低了执行任务的实时性与工作效率。为了使移动机器人能够在未知环境中自主导航与避障，从而提高移动机器人的智能性，必须建立便于移动机器人理解的环境地图。环境地图是实现移动机器人自主导航的先决条件。环境地图的表示方法就是将环境信息用统一的数据结构表示，包括栅格地图、特征地图、拓扑地图等。

移动机器人利用环境地图模型匹配实现导航，即移动机器人通过自身的各种传感器探测周围环境的信息，利用已获得的环境信息构造局部地图，然后与其内部事先存储的完整地图进行匹配。如果两个模型相互匹配，则移动机器人可确定在环境中自身的位置，并根据全局环境信息规划一条全局路线，采用路径规划和避障技术实现导航。这一完整的控制过程可用图 5-7 来表示。

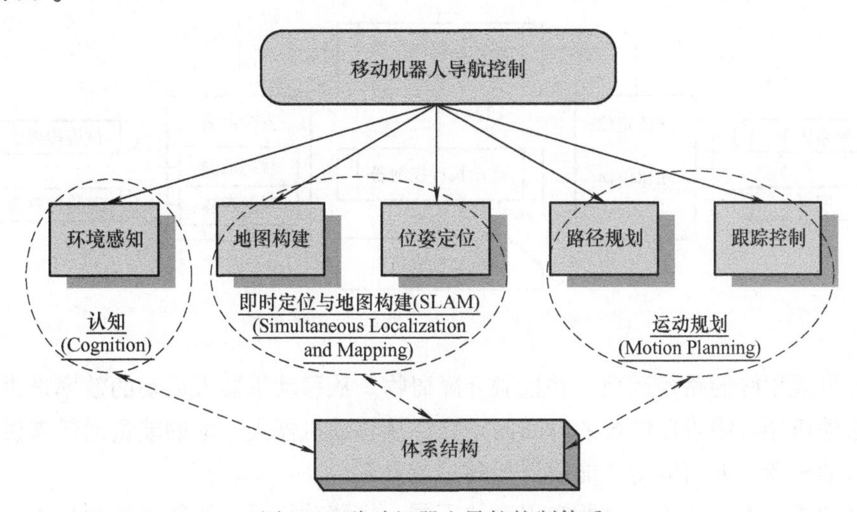

图 5-7　移动机器人导航控制体系

移动机器人地图创建与路径规划的主要工作如下：

1）根据移动机器人自身的特点建立运动学模型，描述移动机器人在空间的位置表示及坐标变换，建立移动机器人传感器模型，对移动机器人自身携带的传感器进行性能分析。

2）通过分析实际环境选择环境地图的表示方法。移动机器人利用传感器获得环境深度信息，对每次采集的信息进行聚类分割、最小二乘线段拟合，得到局部地图。将已获得的局部地图与当前地图进行相关线段判断、匹配、融合，以得到全局地图。最后在获得地图的前提下，利用特定算法实现移动机器人的定位。

3）对各传感器获得的信息进行融合，提供给移动机器人进行避障决策；针对移动机器人系统的特点，选择路径规划算法实现最优路径规划。

对于月球探测车，其导航控制功能框图如图 5-8 所示。

定位技术是移动机器人确定自身在世界坐标系中的坐标或在环境中的相对位置的技术。它是利用环境地图信息、移动机器人当前位置的估计及传感器的观测值等输入信息，经过一定的处理和变换，产生更加准确的对移动机器人当前位置的估计。定位是移动机器人完成避障、导航、路径规划和多机器人协作等任务的基础。现有移动机器人的定位方法可分为相对定位和绝对定位。

在移动机器人的相关研究中，路径规划技术是一个重要的研究领域。路径规划是指移动机器人在有障碍的环境中，从出发点到目标点之间规划出一条路径，并能够沿着该路径在没有人工干预的情况下移动到预定目标，同时完成预定任务。路径规划反映了移动机器人运动的可能性、效率和能量消耗等情况。从移动机器人运动的可能性来讲，路径规划体现在移动

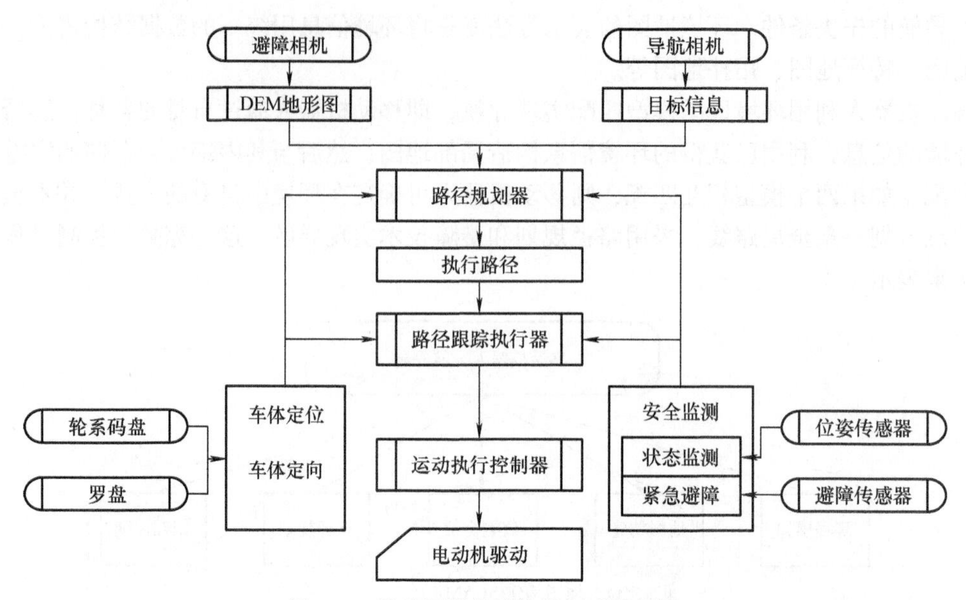

图 5-8 月球探测车导航控制功能框图

机器人能否沿规划好的路径运动，并且避开障碍物。从移动机器人运动的效率来讲，路径规划体现在移动机器人能否在最短的时间内走完。从移动机器人运动的能量消耗来讲，路径规划体现在移动机器人如何运动才能使消耗的总能量最小。

根据移动机器人对环境信息所知程度的不同，将移动机器人路径规划划分为基于环境先验完全信息的全局路径规划和基于传感器信息的局部路径规划两类。在前者中，机器人完全知道或者自以为知道周围的环境；在后者中，机器人只需知道部分环境信息或对周围环境一无所知。此外，根据应用环境的不同，可以分为静态环境下的路径规划和动态环境下的路径规划；根据进行路径规划机器人的多少，可以分为多机器人规划和单个机器人规划，前者还需要考虑机器人之间的避碰；根据规划过程中利用搜索空间的不同，可以分为完全路径规划和非完全路径规划。

人工势场法（Artificial Potential Field，APF）是一种局部路径规划方法，其优点是可应用在动态环境问题上，但它的缺点是容易陷入局部极值。在此基础上，结合栅格地图和人工势场法，Borenstein 和 Koren 提出了虚拟力场（Virtual Force Field）法。后来 Borenstein 对虚拟力场法进行了改进，提出了称为 VFH（Vector Field Histogram）的实时避障算法。对势场法的另一个改进方向是构造所谓的调和场（Harmonic Field）。另外，当势场法陷入局部极小点后，机器人可以尝试向周围随机移动，以脱离当前的极小点，如随机路径规划器（Randomized Path Planner，RPP）算法，也可以引入群集智能的方法指导跳出局部极小点，如蚁群优化（Ant Colony Optimization，ACO）算法。此外还有进化路径规划法和概率路径规划器（Probabilistic Path Planner，PPP）算法等。

对于移动机器人的导航控制，有基于功能分解的传统体系结构、基于行为分解的包容式体系结构和反应式控制结构，以及对系统结构进行合理的分层，将包容式结构、反应式控制结构与上层规划、推理有机地结合在一起可构成混合式体系结构，如图 5-9 所示。这种慎思/反应式混合体系结构可以用“规划，然后感知—执行”的模式来描述，可以克服功能分解型体系结构在未知环境中的建模困难、实时性和适应性差等缺点，同时又可实现对已有的环境信息进行有效的表示和利用，完成单一结构无法实现的复杂控制。

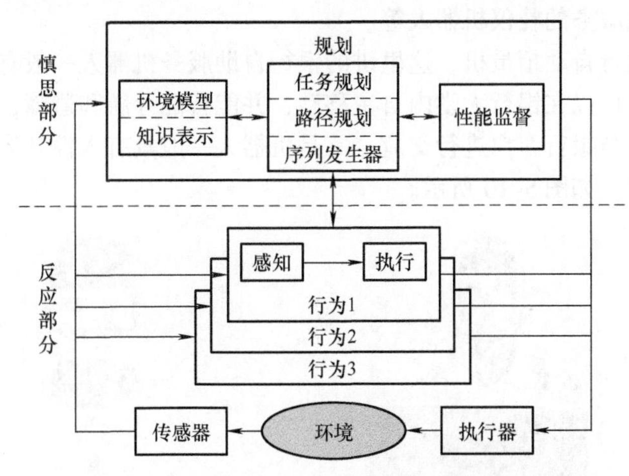

图 5-9　移动机器人慎思/反应式混合体系结构

任务二　基于“银行自助服务”的移动机器人系统的技术应用

子任务一　认识银行自助服务机器人

➢学习目标

1. 了解银行自助服务机器人的特征。
2. 了解发展银行自助服务机器人的必要性。
3. 掌握银行自助服务机器人的系统框架。

➢知识链接

一、银行自助服务机器人

近年来，人工智能取得突飞猛进的发展，包括机器人、语言识别、图像识别、自然语言处理、神经网络等技术在计算机领域内得到广泛的重视。各行业对智能化的需求日益提升，机器人的应用领域也越来越广泛。在智能客服领域，已有多家银行进行了实践，自 2010 年开始各家银行陆续推出了虚拟客服智能机器人，用于电话客服中心。埃森哲咨询公司对银行家的调查显示，未来三年内人工智能将成为银行与客户交流的主要方式。目前，中国银行、交通银行、中国农业银行、中国邮政储蓄银行等多家银行在网点大堂均设置了智慧型服务机器人。

银行业作为服务业，应用的机器人基本上都属于服务与仿人型机器人，或者特种机器人。机器人在银行业的应用主要有两种形式：一是操作型机器人，通过预先设置的程序，按照用户标准化输入，指挥和控制整个系统协调一致地完成特定操作，如自动存取款机、自动清分机等智能机具；二是具有更高级智能的灵活编程的服务类机器人，这类机器人能够适应环境的变化，控制其自身的行动；能够利用传感器获取非标准化的输入信息，通过处理器模糊分析、按照规则做出决策并控制机器人的动作；能够“体会”工作的经验，具有一定的学习功能，并将所“学”经验应用到工作中，如在人工辅助下的机器人柜员、在银行营业大厅提供迎宾与信息服务的礼仪机器人等。

区别于传统的银行自动柜员机，这里讲的银行自助服务机器人一般有以下 3 个特征：一是有运动系统，使其可以在银行大堂内自主移动，并能智能导航和避障；二是有人机语音对话功能，能通过语言与银行客户进行交流；三是机器人一般具有人性外形，能够做出仿人的表情、语气、动作等，如图 5-10 所示。

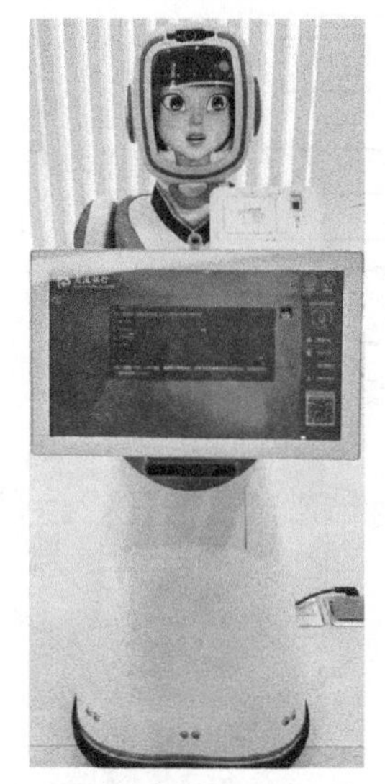

a) 交通银行智能服务机器人“小e”

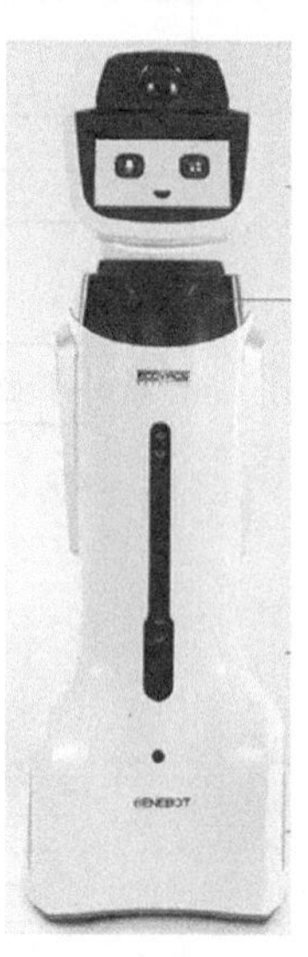

b) 旺宝BENEBOT

图 5-10　银行自助服务机器人

二、发展银行自助服务机器人的必要性

（1）实现智能化服务，降低服务成本　智能机器人拥有银行数据云储存和快速计算能力，通过智能机器人与顾客构建高效的人机交互体验，可以实现机器人全方位的服务体系。它不仅可以解答用户日常简单的咨询业务，还能进行深度问答，满足对用户提出的深层次需求。智能机器人可以全天候提供高效、便捷的服务，降低人工成本。

（2）拓展服务渠道，提升服务能力　随着互联网和大数据技术的发展，社交媒体的推广，智能移动终端的普及，使多渠道沟通成为可能。银行与顾客沟通的传统渠道已经无法满足顾客的需求，而且传统的沟通渠道存在诸多不便，单一、繁杂。智能机器人交互体验优良，可拓展性强，能够有效地融合多种渠道，实现多渠道沟通。当顾客使用智能终端等渠道时，可以减少客服中心的工作压力，提高服务效率，全面提升服务水准。

（3）实现智能化，树立品牌形象　随着科技的不断发展，智能化越来越成为普遍现象，越来越被大众所接纳，智能化的生活方式已经开始走向大众，企业只有顺应了时代潮流，实现了企业自身的智能化建设，才可以实现长远发展。智能化是一个企业的新标签，对树立企业的先进形象有积极作用。

三、银行服务的特点

银行自助服务机器人作为银行服务的一扇窗口，在对其进行设计时必须考虑银行服务的特点。银行服务大致有以下 5 个特点：

第一，服务的功能性。在当前经济状态下，顾客依托银行提供的服务进行日常金融交易，如存取款、理财等。与此同时，新经济形态的发展使银行与大众生活的密切程度日益加深，如代缴水电费、罚款等。

第二，服务的安全性。安全性是银行机构的首要任务，一切活动行为都以“安全性”为基础。在整个服务过程中，“安全性”是顾客最为看重的因素，顾客的财产、个人信息等属于机密性的，保证其安全不仅是法律的规定，也是维护银行形象的重要途径。

第三，服务的便捷性。便捷性是强调以顾客为中心，将服务行为更靠近顾客。主要看提供服务平台的分布密度、位置和服务内容的种类、收益、简易程度。

第四，服务的舒适性。舒适性是顾客的第一感官体验，它在第一时间影响顾客的体验感受，对营造银行的服务水准发挥了首要作用。

第五，服务的经济性。银行提供服务并非全部无偿性的，有一些业务带有的合理收费，从顾客角度看，银行应严格执行国家相关收费标准，并尽可能的为顾客减少开支。

四、银行自助服务机器人的系统框架

从系统的工作原理角度来划分，银行自助服务机器人由人机交互系统、身份识别系统、数据交互系统、运动系统等部分组成。

子任务二　掌握银行自助服务机器人的人机交互系统

➢学习目标

1. 掌握银行自助服务机器人人机交互系统的组成。
2. 掌握人机交互系统的工作原理。
3. 了解人机语音对话的关键技术。

➢知识链接

一、人机交互系统概述

人机交互系统是机器人与客户进行沟通的媒介，可分为信息输入系统和信息输出系统两部分。其中，信息输入系统主要有语音识别、触摸屏、键盘、鼠标等，负责采集客户的操作指令；信息输出系统则包括语音合成系统、显示屏等，负责将机器人搜集的信息以声音或者图像的形式展现给客户，如图 5-11 所示。

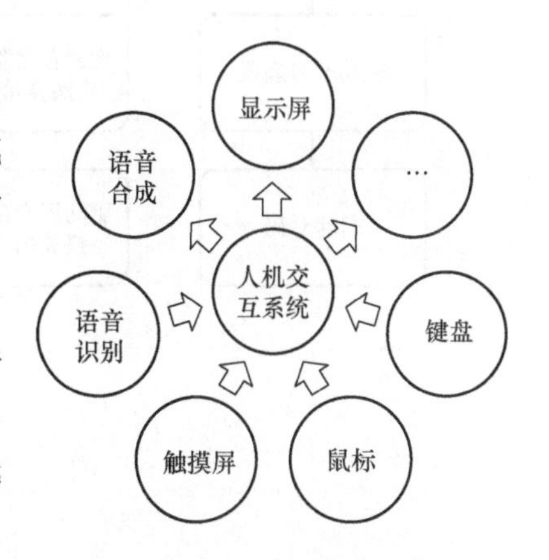

图 5-11　银行自助服务机器人人机交互系统示意图

二、人机语音对话功能

人机语音对话功能是银行自助服务机器人区别于传统 ATM 机的一个重要特征。此项功能又分为两个过程，即客户语音的采集、识别、解析过程和机器语音的选择、合成、播放过程。

一般来说，机器人的语音采集模块是一直工作的，它不断采集环境中的声音并进行初步识别，以判断这些声音中是否含有语音。当它确认采集到语音时会启动语音识别模块。语音识别是人机对话的一项关键技术，它基本上包含以下四个步骤。

1）语音信号的预处理。

2）对处理后的数据进行端点检测。

3）对检测出的语音段提取特征参数。

4）将提取到的特征参数传递给语义解析模块。

语义解析则是人机对话的另一项关键技术。语义解析模块一般包含一个庞大的语义模型库，通过将采集的语音特征参数与语义模型库进行对比来解析语音的含义。在解析完成后，语义解析模块会根据解析的结果启动相应的处理程序。例如，当采集到用户语音“取号”时，系统会驱动刷卡装置输出号码凭条供客户提取。当采集到“如何兑换美元”时，系统会搜索有关“兑换美元”的规则，发送至声音合成模块，合成为语音波形最终驱动扬声器，播放一段声音，实现与用户的语音对话。当采集到“理财”时，系统会启动与理财相关的处理程序，一方面播放语音对客户进行引导，另一方面在显示屏上展示相关界面，在必要的时候还会启动运动程序，引导客户到达相应的银行服务人员处，如图5-12所示。

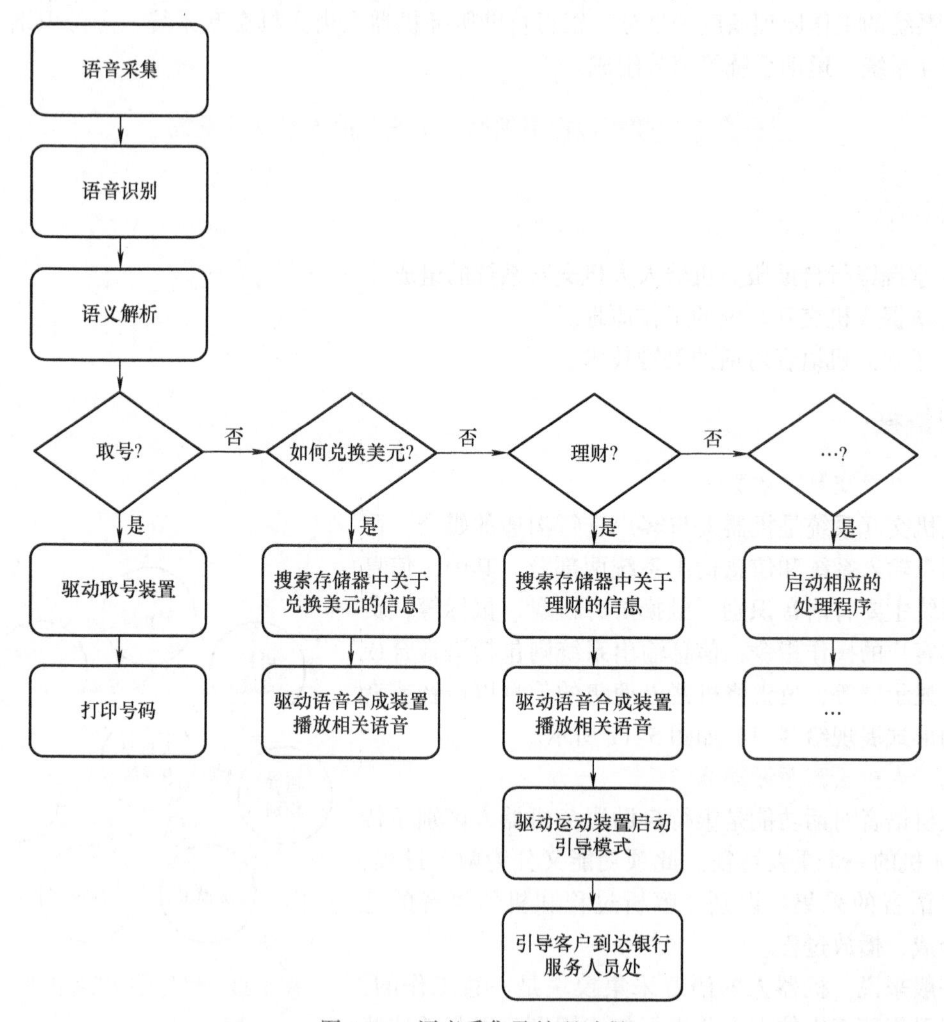

图5-12 语音采集及处理过程

三、人机语音对话的关键技术

一般地，语音信号的特征提取和模板匹配是人机语音对话的两项关键技术，也是当前语音识别研究的热点领域，如图 5-13 所示。

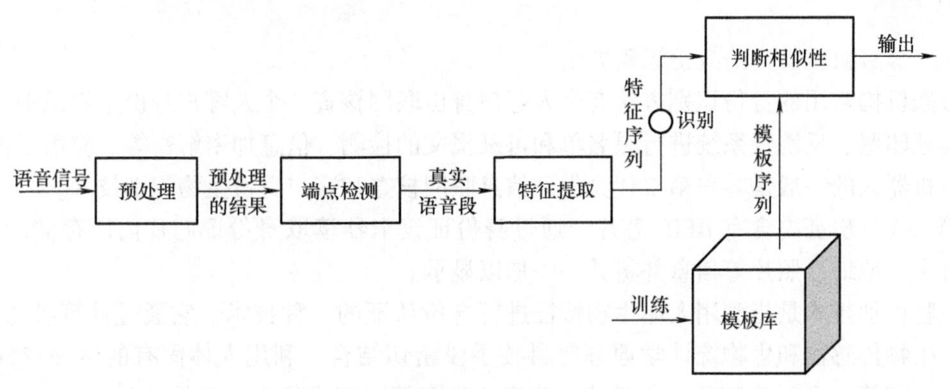

图 5-13　语音识别与解析处理过程

通常，在特征提取阶段最为常用的两种特征参数分别是梅尔频率倒谱系数（Mel Frequency Cepstrum Coefficient，MFCC）和线性预测倒谱系数（Linear Prediction Cepstrum Coefficient，LPCC）。其中，LPCC 参数由于是基于声道的特征参数，因此通常被用于身份检测，用于提取不同的人说话时基音部分的特征。而 MFCC 是一种基于听觉的特征参数，这个参数被广泛地应用于语音识别领域中。提取 MFCC 特征参数的流程一般可归结为图 5-14 所示的几个步骤。

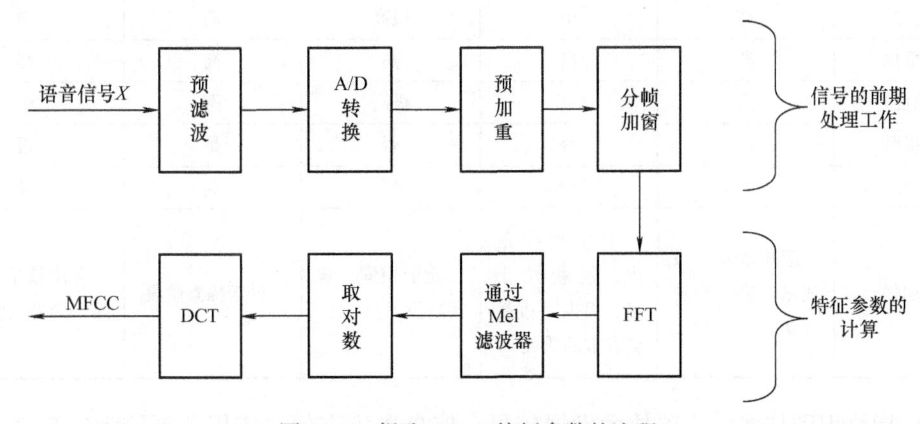

图 5-14　提取 MFCC 特征参数的流程

语音识别中的最后一个环节是模板匹配，这个环节需要判断提取的特征参数与语音模板的特征参数的相似性。一般的常用方法有动态时间弯曲算法、基于隐马尔可夫模型的方法以及基于人工神经网络的方法。

子任务三　掌握银行自助服务机器人的身份识别系统

➤学习目标

1. 掌握金融机构常用的身份识别方法。

2. 掌握生物识别技术的分类及发展现状。

3. 了解生物识别关键技术。

➢知识链接

一、金融机构常用的身份识别方法

金融机构常用的身份识别方法有个人客户身份联网核查、个人客户身份生物识别、客户电子验证印鉴、反洗钱系统进行黑名单和可疑报文的检测、信息加密解密等。应用于银行自助服务机器人的一般是客户第二代身份证信息联网核查和客户身份生物识别技术。

第二代身份证内含有 RFID 芯片，通过身份证读卡器读取身份证芯片内所存储的信息，包括姓名、地址、照片等信息并将其一一加以显示。

生物识别技术是指利用人体生物特征进行身份认证的一种技术。它通过计算机与光学、声学、生物传感器和生物统计学原理等科技手段密切结合，利用人体固有的生理特性（如指纹、虹膜等）和行为特征（如笔迹、声音、步态等）来进行个人身份的鉴定。

二、生物识别技术的分类及发展现状

目前已经发展了指纹识别、人脸识别、虹膜识别、静脉识别和语音识别等多种生物识别技术（见表5-4）。金融领域已广泛应用于银行和证券的远程开户、在线转账、ATM 取款、移动支付及保险理赔等。

表 5-4　生物识别技术的分类

技术类别	指纹识别	人脸识别	虹膜识别	静脉识别	语音识别
稳定性	高	中	极高	高	中
可采集性	高	高	高	高	高
准确性	高	中	极高	高	中
是否接触	是	否	否	是	否
便利性	高	极高	高	高	高
发展现状	应用最早、最成熟，接受程度较高	目前应用最火，创新性十足，但也一直受到各方的质疑	处于探索、观察阶段	处于探索阶段	应用较早、较成熟，接受程度较高

（1）指纹识别技术　这项技术发展较早，信息采集方便，应用范围较为广泛。该技术较早在金融领域应用，在银行 APP 登录和支付时也越来越普遍，如民生银行、光大银行等手机银行 APP 在登录时都是使用指纹，非常方便快捷。其主要流程是通过活体指纹采集、图像预处理、指纹特征提取和指纹匹配等完成受理，如图 5-15 所示。同时，指纹识别应用于银行核心业务系统、电子签章系统的授权管理，能够进行责任追溯，避免通过身份卡或授权码出现滥授权、乱授权等现象。

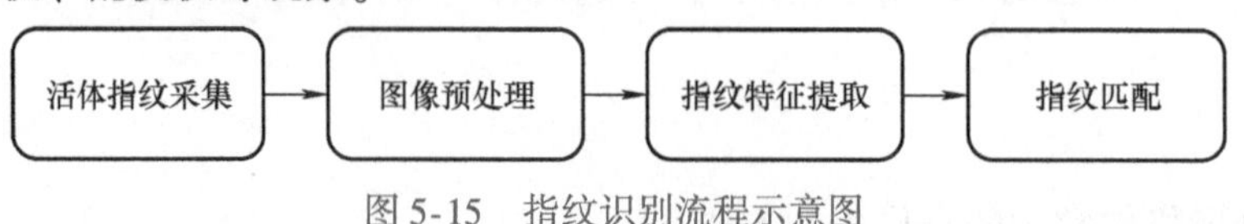

图 5-15　指纹识别流程示意图

（2）人脸识别技术　这项技术在银行领域应用比较多，也是人工智能领域的热点，被大多银行作为重要技术应用在智慧金融领域。由于其便捷性，主要场景是在线远程开户、在线支付认证、柜台身份验证、移动身份验证等。通过人脸图像识别、图像预处理、特征提取、分类识别等步骤与样本数据库进行比对，得出最终结果，如图 5-16 所示。人脸识别技术在生物识别技术中应用成熟较早，最先是在移动自助远程开户这个场景中用起来的，现在已经拓展到了证券机构开户和第三方支付机构开户。

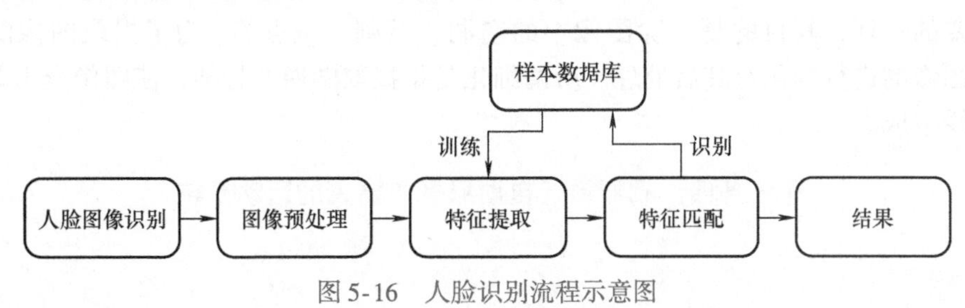

图 5-16　人脸识别流程示意图

（3）虹膜识别技术　这项技术将眼睛的虹膜作为人体特征，其具有“最难伪造”和“最为精确”的特点。自 2015 年虹膜识别技术试水金融领域，发展极为迅速，多个银行将虹膜识别技术集成到自助金融机具中，开始在基层网点和特定场景中开放测试，目前已经成为继人脸识别技术之后的又一个热点技术。该技术通过虹膜图像采集、图像预处理、特征提取、模式匹配等环节实现虹膜精准识别，如图 5-17 所示。

（4）指静脉识别技术　这项技术发展时间短，是比指纹识别更高级、更安全的认证技术。例如，河南省长葛市轩辕村镇银行在智慧柜员机平台中嵌入指静脉生物识别模块，以指静脉识别替代银行卡及支取密码，业务的安全性和客户体验得到全面提升。客户只要签约了指静脉，就可代替银行卡、存折及支付密码，在银行办理业务，只需用手指就可以完成查询、存款、取款、转账、理财购买等个人业务。运用该技术，客户先注册，使生物特征提取到数据库，再通过图像采集和匹配进行精准识别，如图 5-18 所示，其在手指特征活体鉴别方面具有突出优势，识别准确率仍有很大的提升空间。

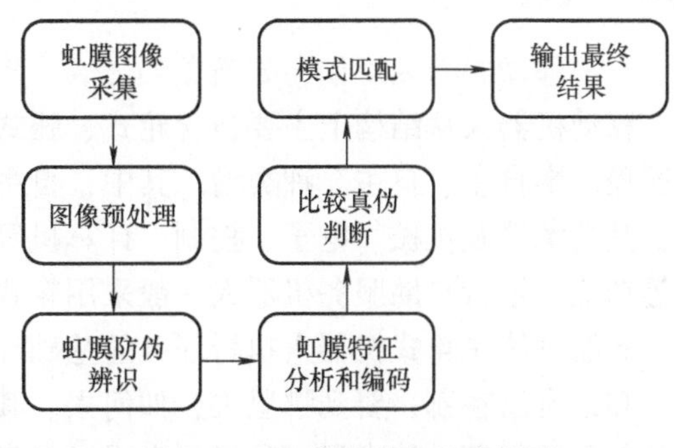

图 5-17　虹膜识别流程示意图

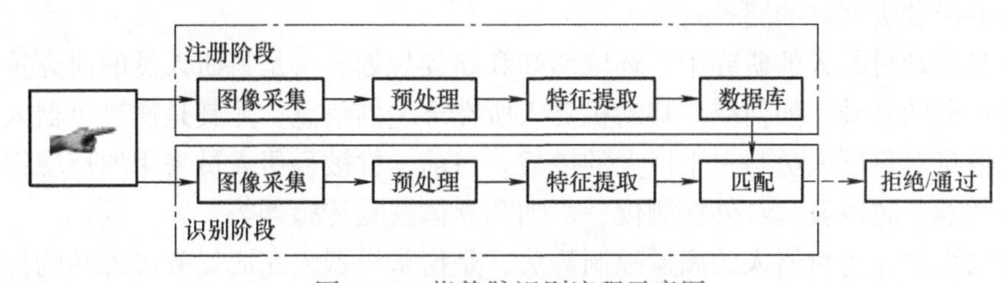

图 5-18　指静脉识别流程示意图

三、生物识别关键技术

无论采用何种生物识别手段，图像采集、图像预处理、特征提取、特征匹配这几个环节总是不可或缺的。

在图像采集阶段，采用的设备、摄影参数的设定将会极大地影响采集图像的清晰度。一副清晰度很高的图像将会给之后的工作带来极大的便利，并且能够提高识别的准确率。

在图像预处理及特征提取阶段，感兴趣区域（ROI）的确定、图像的矫正、对图像的分割、降噪及特征点的提取是关键技术，也是研究的热点领域。图像分割是预处理过程的目的，是去除那些不感兴趣或十分模糊的图像，以利于加快后续处理速度。图像降噪是预处理中非常重要的一环，其目的是去除图像中的空洞、毛刺、斑点等。为了提取图像的细节特征，要对图像的进行细化及其后处理。所谓细化是指提取图像的骨架，使图像全由单个像素连成的曲线组成。

子任务四　掌握银行自助服务机器人的运动系统

➢学习目标

1. 掌握银行自助服务机器人的运动系统原理。
2. 掌握移动机器人导航技术概况。
3. 掌握移动机器人路径规划原理。
4. 掌握移动机器人驱动技术原理。

➢知识链接

一、移动机器人运动与导航概述

移动机器人从结构上主要包含轮式、腿式、履带式和躯干式 4 个大类，从功能上又可分为遥控、半自主、自主 3 种类型。其中，自主模式需要其对环境具有感知、决策、适应的能力，其技术涉及机械、电子、控制、计算机等领域，具备环境感知、动态规划决策与实时控制等功能。银行自助服务机器人一般采用轮式移动方案，具备自主移动能力。

导航系统是轮式机器人执行任务的基础环节。移动机器人导航技术主要解决三方面的问题：知道自己在哪；要到哪里去，如何去。其中主要涉及的技术难点有任务规划、导航规划以及任务执行等，技术目标是机器人通过自身传感器检测环境信息和自身状态的变化，在复杂的环境中进行自主导航功能，并完成指定任务。因此，研究移动机器人导航技术具有极重要的现实意义，而路径规划与轨迹规划是移动机器人完成自主导航的核心技术，其中路径规划是指如何使机器人以最小代价无碰撞地到达目标点，而轨迹规划是规划一系列的控制指令使机器人能够沿着规划好的路径行进。

目前在对移动机器人的研究中，环境感知和路径规划算法是科研人员的研究重点。环境感知是路径规划的基础，如何获取移动机器人所在环境的信息，尤其是通过机器人自身传感器获取环境信息对科研人员是一个巨大的挑战。目前，常被科研人员采用的环境探测仪器主要有激光传感器、超声波、红外探测仪、声呐和立体视觉传感器等。

路径规划算法作为机器人的高层控制算法，是衡量机器人完成任务可靠性的标准。路径规划技术是移动机器人领域研究的重点也是难点。

二、移动机器人导航技术

目前，移动机器人应用最为广泛的导航方式有磁导航、惯性导航、激光导航、视觉导航和 GPS 导航等。这几种导航方式各有各自的优缺点，适用范围也有所不同。

（1）磁导航　磁场产生的方法比较简单，通过在机器人的预行驶道路上埋设能够产生磁场的设施（如可通电导线或者磁铁），并在机器人机身上安装磁传感器检测磁场，引导机器人按照既定轨道行驶和导航，如图 5-19 所示。这种导航方式具有很强的抗干扰能力，不容易受环境中其他因素的影响，具有很高的导航精度和可重复性。但是它的缺点也是显而易见的，不但使用成本高，而且机器人很难对出现在导航路线上的障碍物进行躲避。

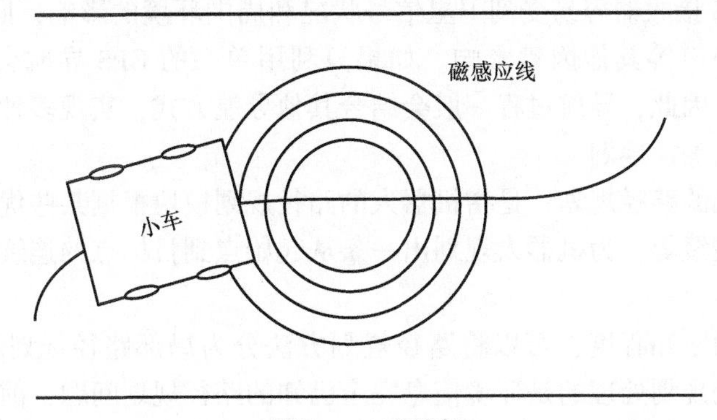

图 5-19　磁导航

（2）惯性导航　惯性导航最初应用于航空领域，主要分为平台式导航和捷联式导航两种方式。惯性导航需要在移动机器人机身上安装陀螺仪和加速度计，以实时计量机器人的角速度和加速度，并结合机器人的初始运动参数，计算出机器人实时的姿态、速度和位置，从而达到自主导航的目的。但是，在机器人的自主行进过程中，移动机器人的车轮可能会出现打滑，路面可能会出现颠簸，导致导航精度会有误差，而且这种误差会随着机器人航程的增加逐渐累积，所以惯性导航方式需要在机器人行走一段时间或者距离后进行误差修正。

（3）激光导航　激光导航是目前市场上智能移动机器人应用比较多的，技术比较成熟的导航方式。激光导航多用于室内环境导航，是在机器人机身顶部或者机器人机身上比较高的地方安装一个能够 360° 自由旋转的激光传感器，激光传感器通过收集由自己发射并反射回来的光的时间信息来判断机器人周围是否存在障碍物，并能计算出障碍物距离传感器的距离，从而实现导航的目的，如图 5-20 所示。

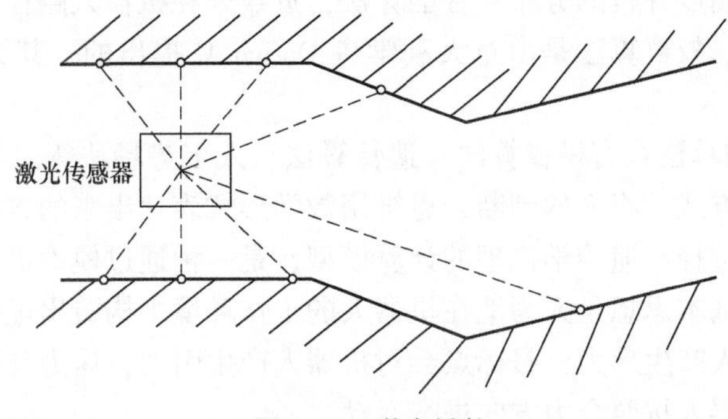

图 5-20　激光导航

（4）视觉导航　视觉导航需要在机器人的机身上安装导航摄像机，通过导航摄像机来获取机器人周围的环境信息。摄像机通过连续不断地对机器人周围环境进行拍摄，得到一帧帧的环境图像，机器人的导航模块需要在这些图像中挑选出关键帧，然后对这一帧图像按照一定的算法进行处理，获取环境中路径的相关信息参数。另外，也有人将摄像机安装在机器人的工作环境中来进行导航，这种导航方式能够获得机器人在工作环境中的全局方位，但是这种导航方式只适用于室内。

（5）GPS 导航　GPS 导航是利用环绕地球的卫星对处于地面的物体进行实时跟踪、导航、定位，但是 GPS 接收器容易受到卫星信号状况和周围环境的影响，同时存在时钟误差、传播误差、接收器噪声等其他因素影响。如果只利用单一的 GPS 导航会出现定位精度低、可靠性不高的问题。因此，导航过程一般会结合其他导航方式，实现多种方式的联合导航。

三、移动机器人路径规划

所谓移动机器人的路径规划，是指机器人的路径规划模块根据某些优化准则，如工作代价最小、路径长度最短等，为机器人规划出一条从起始点到目标点的连续的、无碰撞的最优路径。

根据环境信息的已知程度，可以将路径规划方法分为局部路径规划和全局路径规划两类。其中，全局路径规划处理的是环境信息完全已知的路径规划问题，前提是需要为机器人建立起全局地图模型，在地图中标记出机器人的起止点以及环境中障碍物的位置信息，在此基础上使用路径寻优方法规划出最优路径。因此，全局路径规划需要完成环境地图构建和路径规划方法两部分内容。

（1）环境地图构建　所谓环境地图构建，是指通过某种方法为机器人建立当前所处环境中的各种信息，包括机器人的起始点、终止点、路标和障碍物等，这些都需要在地图上有准确的位置描述。

目前，适用于移动机器人路径规划的环境地图构建方法有许多成熟的方法，如栅格地图法、可视图法、结构空间法、拓扑图法。

（2）移动机器人路径规划方法　由于机器人的工作环境不同，因此路径规划方法也有所不同。目前，路径规划方法可分为全局路径规划算法和局部路径规划算法。

1）全局路径规划算法：有 A* 算法、LPA* 算法、D* Lite 算法、D* 算法、神经网络算法和蚁群算法等。其中，A* 算法是由 Dijkstra 算法发展而来的，是目前针对状态空间最有影响力的启发式搜索算法，近年来将其应用于机器人的路径规划方面取得了非常理想的效果。神经网络算法是一种高度并行的分布式智能算法，近年来在机器人路径规划应用方面，也获得了非常不错的成绩。蚁群算法是由意大利学者 Dorigo M 提出的，其灵感是受蚂蚁觅食行为的启发。

2）局部路径规划算法：有模糊算法、遗传算法、人工势场法等。其中，模糊算法是一种通过模拟人类思维方式，将人的判断、思维用数学形式表达出来的方法。遗传算法是模拟生物进化理论的自然选择和遗传学机理的计算模型，是一种通过模拟进化过程搜索最优解的方法。人工势场法的基本思想是人为地在机器人的工作环境中构造出虚拟力场。在虚拟力场中，障碍物会对机器人产生斥力，目标点会对机器人产生引力，斥力与引力共同作用于机器人上并形成合力，机器人按照合力方向进行运动。

四、移动机器人驱动技术

移动机器人运动系统中最常采用的是直流电动机驱动。在直流电动机驱动系统中，驱动轮转速与电压之间的关系往往存在非线性，且各轮子在相同电压下的转速往往并不相同。为了可以精确地控制机器人驱动轮的速度，常采用PID控制器来控制驱动轮的转速。

目前的闭环控制大部分是基于反馈来减小系统不确定性的，反馈过程主要可分为三个部分，即测量、比较和执行。通过对被控变量的期望值和实际值进行比较并得到偏差，然后利用这个偏差纠正系统响应，进而对执行机构进行控制。目前，应用最为广泛的闭环控制即PID控制，PID控制将控制规律划分为比例控制、积分控制和微分控制，其控制原理如图5-21所示。

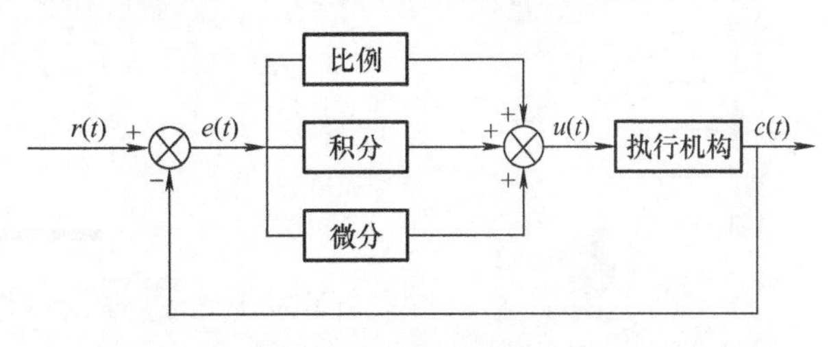

图5-21　PID控制原理

其中，$r(t)$是给定值；$c(t)$是系统实际输出值；$e(t)$则是期望值与实际输出值之间的偏差（即控制偏差），且$e(t)=r(t)-c(t)$；$u(t)$是PID控制器的输出，也是执行机构的输入。PID控制器的控制规律为

$$u(t) = K_p\left[e(t) + \frac{1}{T_i}\int_0^t e(t)\,\mathrm{d}t + T_d\frac{\mathrm{d}e(t)}{\mathrm{d}t}\right]$$

式中　K_p——比例系数；

T_i——积分时间常数；

T_d——微分时间常数。

比例环节对偏差是即时反应的，偏差出现后调节器马上产生控制作用，让输出量向减小偏差的方向变化，比例系数K_p的大小决定了控制作用的强弱。比例调节器的优点是简单快速，缺点是对系统响应是有限值的控制对象存在静差。为了消除比例调节中的残余静差，可以在比例调节基础上加入积分调节，但是引入积分环节后会降低系统的响应速度，加大系统的超调量。微分环节可抑制偏差的变化，有利于减小超调量，让系统趋于稳定。

任务三　基于“物流快递”的移动机器人系统的技术应用

➢任务目标

1. 掌握移动机器人技术在物流快递方面的初步应用。
2. 熟悉移动机器人系统的设计、安装与调试。
3. 能够通过综合视觉识别、传感融合、导航控制等对整体系统的运行进行优化。

➢任务导入

某项“物流快递”任务要求设计制作一款移动机器人，模拟实现一个将零件从仓库自动运送到工厂装配线的物流快递系统的任务场景（见图5-22）。具体任务以有色标准高尔夫球和有色练习高尔夫球作为“卡车零件”，托盘放置区与工作站的位置都是通过“工作站条形码”进行区分的，要求移动机器人读取显示在零件区订单屏幕的条形码进行工作，以确定哪个托盘需要装载以及运输的顺序，能够根据零件区命令板的条形码来识别零件的样式，或者根据预先知道的零件或工作站要求来识别零件的样式，能够到零件区收集指定的物体，将正确的物体（高尔夫球）放入正确的载体（托盘）运到正确的地方（工作站）。

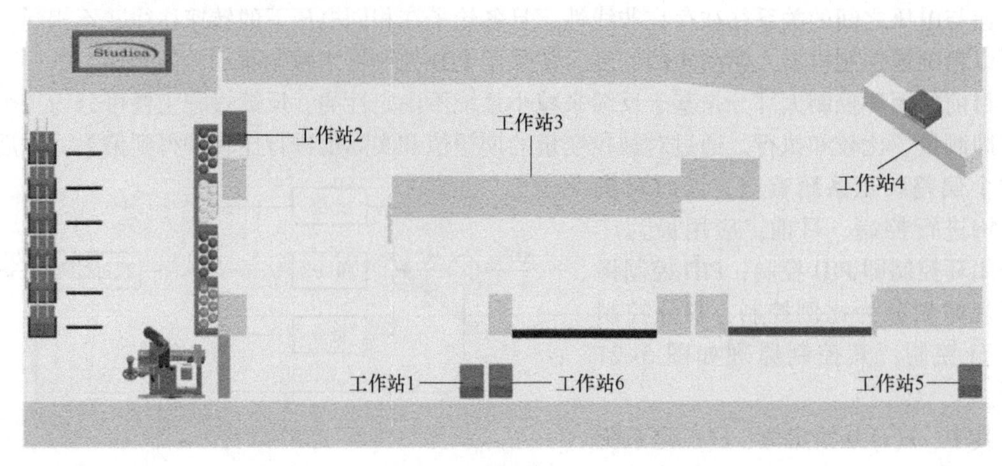

图 5-22　模拟工厂布局

➤知识链接

一、物流机器人简介

物流机器人是指应用于仓库、分拣中心，以及运输途中等场景的，进行货物转移、搬运等操作的机器人。

近年来，机器人产业快速发展，并不断地扩展到各个应用领域。物流行业正在发生一场巨大的变革，机器人等创新技术将改变行业的命运。越来越多的企业采用机器人代替人力劳动，物流搬运机器人将进入快速增长期，移动机器人和无人机也将是物流机器人的重点方向。物流行业的搬运设备已经从最传统的叉车、推车发展到今天的自动引导车、移动机器人、自动驾驶叉车等产品。其中，AGV 已经是一种成熟的技术，它可以将几千克到几吨的货物安全运输到目的地。

目前，智能机器人在物流的仓储与分拣环节已经崭露头角，在部分物流企业已获得了应用，并正在向运输配送环节逐步转移。智能移动机器人具有智能选择路径。自主定位导航、智能避障、智能调速、位姿/速度实时上传等功能。智能移动机器人应用于自主物流系统中的末端配送，可以提高现代物流的效率，防止交通意外和交通堵塞的发生，使人们更有效地利用时间、改善生活条件。

自主物流移动机器人的工作区域环境部分信息是未知的，具有不确定性，所以需要稳定性强、精度高的导航系统作为支撑。下一代导航技术将是物流机器人行业竞争的核心，移动机器人通过雷达和视觉传感器等检测技术，生成实时地图进行精确的导航。新的导航方式在软件方面存在巨大的发展空间并创造更多的机遇。

二、物流快递移动机器人相关技术

1. 传感融合

物流快递移动机器人需要用到多种传感器。传感器是移动机器人感知外部环境的工具，它相当于人类的感觉器官。移动机器人的智能化水平很大程度上依赖于传感器技术的发展。移动机器人工作时实施的检测自身状态和感知外界环境信息，以建立环境地图、进行路径规划、实现自主导航和定位等功能。目前，由于性能、价格等方面的原因，传感器已成为制约移动机器人技术发展的瓶颈。传感器作为移动机器人获取环境信息的物理基础，可分为内部传感器和外部传感器两大类。

常用的内部传感器有光电编码器、陀螺仪、电子罗盘、加速度计、GPS 等，如图 5-23 所示。其中，编码器用于确定当前移动机器人的位置；陀螺仪可以得到移动机器人的旋转绝对角度，从而可以确定移动机器人的运动方向和转动时运动方向的改变等信息；电子罗盘是利用地磁场来确定北极的一种方法，可分为平面电子罗盘和三维电子罗盘。

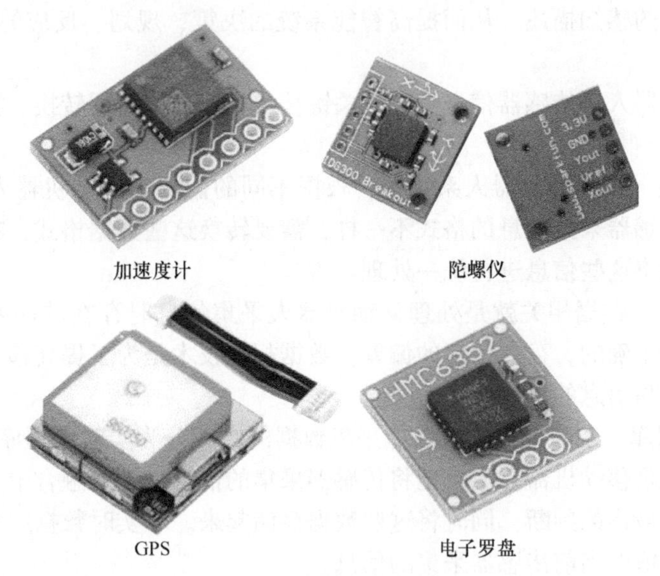

图 5-23　常用内部传感器

外部传感器主要有红外线传感器、激光测距仪、视觉传感器、声纳传感器等，如图 5-24 所示。其中，红外线传感器通过采用红外接近开关探测移动机器人工作环境中近范围内的障碍物，以避免发生碰撞。激光测距仪具有高灵敏度，最远能测量 20m 的深度信息，是目前比较流行的用于测量障碍物信息的传感器。视觉传感器采用 CCD 摄像机，主要用于进行移动机器人的视觉导航与定位、目标识别和地图构造等。声纳传感器（如超声测距传感器）适用于较近距离的测量，一般可以测量几厘米到数米的障碍物距离。

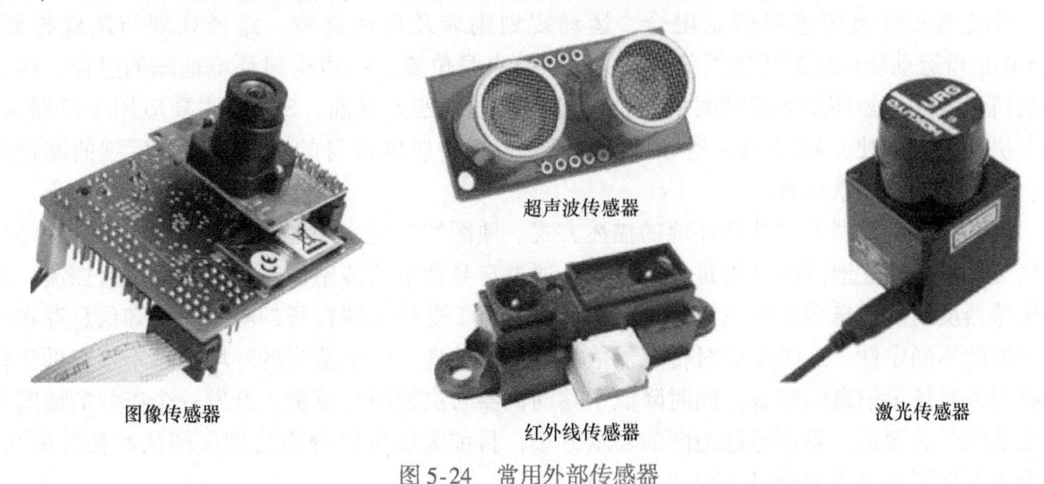

图 5-24　常用外部传感器

在实际应用中，移动机器人往往携带了多种传感器，这就要求把多个传感器的信息进行数据融合，以获得精确的信息来确定移动机器人的工作状态。

多传感器信息融合是将多个传感器或多源的信息进行综合处理，从而形成准确、可靠的结论。在多传感器系统中，不同类型的传感器得到的信息类型不同，信息融合技术就是充分利用各个传感器的资源，将不同传感器的信息根据一定的优化准则组合起来，从而消除多传感器之间可能存在的冗余和矛盾的数据，并进行互补，降低其不确定性，以形成对系统环境的相对完整、一致的感知描述，从而提高智能系统的决策、规划、反应的快速性和正确性，降低决策风险。

目前，移动机器人多传感器信息融合的关键技术主要包括数据转换、数据相关、态势数据库和融合计算。

（1）数据转换　在移动机器人系统中，根据不同的需要给移动机器人安装了不同种类的传感器，各类传感器采集信息的格式不一样，需要转换这些数据格式，在转换成统一的数据格式之后，才能将这些信息进行统一处理。

（2）数据相关　数据相关就是处理移动机器人采集信息时存在的误差，每个传感器采集的信息是不完全正确的，存在一定的偏差。数据相关技术是为了提高移动机器人采集信息的准确性，从而提高信息的可靠性。

（3）态势数据库　态势数据库可根据采集数据的时间分为实时数据库和非实时数据库。其中，实时数据库是移动机器人实时地将传感器采集的信息提供给融合中心，然后融合中心依据这些信息做出最终的判断，同时将这些数据存储起来。非实时数据库是根据存储的信息做出预测，而不是依据当前传感器采集的信息。

（4）融合计算　融合计算就是对多传感器采集的信息进行检验分析、补充、取舍、修改和状态跟踪估计，且实时根据当前的信息进行计算，及时修改综合态势，为移动机器人获得完整的环境信息。

2. 导航技术

在自主式移动机器人的相关技术中，导航技术是其核心。导航是指移动机器人通过传感器感知环境和自身状态，实现在有障碍物的环境中面向目标的自主运动。

导航技术主要包括环境认知、即时定位与地图构建（SLAM）、运动规划 3 大部分。其中，环境感知涉及传感器信息融合，运动规划则涉及自动避障、路径规划与跟踪控制。SLAM 是指运动物体根据传感器信息，一边计算自身位置，一边构建环境地图的过程，用于解决机器人在未知环境下运动时的定位与地图构建问题。目前，SLAM 主要应用于机器人、无人机、无人驾驶、AR 和 VR 等领域，其用途包括传感器自身的定位，以及后续的路径规划、运动性能、场景理解。

地图是移动机器人对外部环境的描述方式。地图的描述方法是移动机器人内部表达外部环境的模型。建立地图的过程是移动机器人通过自身携带的传感器对未知环境进行探测，根据传感器反馈的信息建立环境模型地图的过程。由于受传感器自身的限制，感知信息存在不同程度的不确定性，这时需要对传感器信息进行再处理。一个适当的环境模型不仅有助于移动机器人对环境信息的理解，同时降低了移动机器人决策与计算量。开发一个有效的地图并创建系统的关键是，要选择好地图的表示方法，目前大致可以分为比例尺图法和拓扑图法，其中比例尺图可以分为栅格地图和几何地图。

表 5-5　移动机器人各种导航技术比较

导航技术	SLAM 激光雷达导航	激光信标导航	巡线导航	二维码导航
对工作现场的影响	无须改造	需安装反光贴	需部署线路	需粘贴二维码信标等
复杂环境适应性	适应复杂动态环境	不适应复杂环境	N/A	N/A
是否生产环境地图	精确环境地图	否	否	否
定位精度	厘米级	厘米级	N/A	厘米级
绕行障碍	支持	不支持	不支持	不支持
应用场景	工业生产仓储物流	简单环境应用	固定应用	封闭无人环境

定位是确定移动机器人在工作环境中相对于全局坐标的位置与本身姿态，是移动机器人的基本环节，可分为绝对定位与相对定位。其中，绝对定位方法是在初始位姿完全未知时所采用的定位方法，也可以很好地解决初始位姿已知的位姿跟踪问题。绝对定位主要有导航信标、主动或被动标识、图形匹配、基于卫星的导航信号和概率定位几种方法。相对定位又称为局部定位，即移动机器人根据已知初始位置的条件确定自己的位置。相对定位包括惯性导航和测程法。惯性导航通常使用加速度计、陀螺仪、电子罗盘等传感器。测程法通过移动机器人上的编码器对轮子转动圈数的记录来计算位置和方向，简单、易实现。但是，由于移动机器人的驱动轮直径不完全相等及受到轮距不确定等误差的影响，从而导致无限的定位误差积累；同时，由于轮子与地面的打滑或地面不平等因素，导致移动机器人产生方向误差。因此，借助于外部传感器补偿测程法误差可以提高定位精度。

3. 避障算法

避障是指移动机器人根据采集的障碍物的状态信息，在行走过程中通过传感器感知到妨碍其通行的静态和动态物体时，按照一定的方法进行有效的避障，最后达到目标点。避障是机器人自主导航的基础，而环境感知是避障实现的前提。避障使用的传感器主要有超声传感器、视觉传感器、红外传感器和激光传感器等。常用的避障算法有遗传算法、神经网络算法和模糊控制算法等。

（1）基于遗传算法的机器人避障算法　遗传算法（Genetic Algorithm，GA）是计算数学中用于解决最佳化的搜索算法，是进化算法的一种。遗传算法的主要优点是，采用群体方式对目标函数空间进行多线索的并行搜索，不会陷入局部极小点；只需要可行解目标函数的值，而不需要其他信息，对目标函数的连续性、可微性没有要求，使用方便；解的选择和产生用概率方式，因此具有较强的适应能力和鲁棒性。

（2）基于神经网络算法的机器人避障算法　神经网络（Neural Network，NN）是一种模仿生物神经网络的结构和功能的数学模型或计算模型。基于动态神经网络的机器人避障算法，动态神经网络可以根据机器人环境状态的复杂程度动态地调整其结构，实时地实现机器人的状态与其避障动作之间的映射关系，能有效地减小机器人的运算压力。

（3）基于模糊控制的机器人避障算法　模糊控制（Fuzzy Control）是一类应用模糊集合理论的控制方法，通过人的经验和决策进行相应的模糊逻辑推理，并且用具有模糊性的语言来描述整个变化的控制过程。对于移动机器人，避障用经典控制理论建立起来的数学模型将会非常粗糙，而模糊控制则把经典控制中被简化的部分也综合起来进行考虑。

➢任务准备

一、移动机器人系统组装材料的准备

根据系统配件清单（见表5-6），找上帮手并借用小推车，然后去仓库和半成品库领取系统全部配件。

表5-6　系统配件清单

序号	名称	规格型号	数量	单位	备注
1	控制器	NI MyRIO－1900	1	个	见设计图（下同）
2	电池组（带插头）	12V，3000mA·h，NiMH 电池组，带 20A 熔丝	2	套	
3	大田宫插头带线	16 号线	2	根	
4	DC12V 电源线	L 型	1	根	
5	红外测距传感器	10～80cm	2	个	
6	超声波传感器	PING 超声距离传感器	3	个	
7	LSB1 线路从动传感器		1	个	
8	QTI 循迹传感器	TCRT5000 红外反射传感器	2	个	
9	直流减速电动机	带编码器的 12V 直流减速电动机	4	个	
10	电动机驱动器适配器	适用于 NI myRIO 的 2－MXP－MD2	2	个	
11	180°标准伺服电动机	180°标准 HS－485 HB 伺服电动机	2	个	
12	绞盘伺服电动机	HS－785－HB 1/4 绞盘伺服电动机	1	个	
13	360°连续旋转伺服电动机	1425CR 连续旋转伺服电动机	1	个	
14	陀螺仪	navX 9 轴惯性/磁传感器	1	个	
15	金属舵盘	25T	3	个	
16	USB－HUB	卡扣式，型号 MH4PU	1	个	
17	镍氢电池组充电器	6～12V，5～10 串镍氢电池组	2	个	
18	摄像头	微软（Microsoft）LifeCam Studio 摄像头	1	个	
19	无线手柄	罗技（Longitech）F710	1	个	
20	驱动板	黑鹰扩展板（Black Hawk Extension Board）	2	块	
21	直流数显电压表表头	两线 DC 5～120V，红色	2	个	

（续）

序号	名称	规格型号	数量	单位	备注
22	杜邦线，母对母	10P 彩色排线，30cm 长，单根独立	1	排	
23	急停开关	1 开 1 闭自锁	1	个	
24	ON/OFF 电源开关		1	个	
25	车轮，齿轮和传动系统		1	套	
26	紧固件		1	套	
27	支架和结构部件		1	套	

二、设计组装工具的准备

移动机器人系统设计与组装用工具清单，见表 5-7。

表 5-7 移动机器人设计系统与组装用工具清单

序号	名称	型号规格	数量	单位	备注
1	便携式计算机	运行含 MyRIO 组件的 LabVIEW 编程软件	1	个	—
2	活扳手	6in	1	把	
3	内六角扳手	9 件	1	套	
4	钢卷尺	3m	1	把	
5	大一字槽螺钉旋具	5mm×75mm	1	把	
6	小一字槽螺钉旋具	3mm×75mm	1	把	
7	大十字槽螺钉旋具	5mm×75mm	1	把	—
8	小十字槽螺钉旋具	3mm×75mm	1	把	—

➤任务实施

第一步，团队合作，2 人共同完成，选定项目带头人，然后做好每个人的分工。

第二步，任务解读，明确具体要求，进行整体设计。

“物流快递”任务要求移动机器人能够自主状态控制与路径规划，到相应区域进行目标扫描，能读取条形码，移动到指定零件区对代表零件的高尔夫球的颜色或图案等信息进行识别，能够定位目标球并进行抓取，移动到指定托盘区将球放入托盘，托起带载体的托盘，将带载体的托盘运到指定工作站并能正确放置，然后继续进行后续任务。

基于以上信息，可以初步设计移动机器人的内部系统，它应该包含视觉处理系统和运动控制系统，能稳定通过斜坡或弯道区域。这里采用集成多种功能的 NI myRIO－1900 控制器和 LifeCam Studio 摄像头。在运动执行方面，采用灵活机动的麦克纳姆或瑞典轮式移动机构和轻巧灵活的目标管理系统。以此为基础，可以逐步设计搭建其机械系统、电气系统、电子系统和控制系统等，然后通过综合调试，再进一步优化。

整体而言，物流快递移动机器人系统由主控制器、安全设备、人机接口、无线网络、运动控制装置、传感器、导航系统等器件组成，如图 5-25 所示。其中，主控制器用于发布及接收指令，专为移动机器人控制和应用而设计，适合在工业环境下使用，是系统的主控制单元。安全设备直接与控制器中的安全线路连接，以确保机器人对环境的安全。通过人机接口及无线通信可以实时下达指令并观测运行状态。移动机器人的主控制器通过接收导航系统及传感器数据，通过运动控制器控制伺服电动机及直流电动机执行操作。

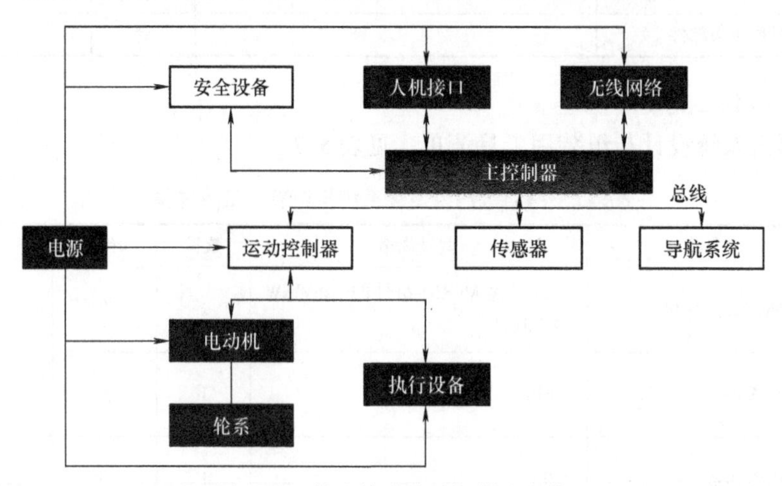

图 5-25　物流快递移动机器人系统

第三步，具体设计，包括机械构造、电气控制和软件程序等。其中，软件程序主要分成主控程序、路径控制程序、目标管理程序、视觉处理程序和基本传感器处理程序和基本电动机控制程序等，其中主控程序又可分为传感器信息融合模块、电动机 PID 控制模块、运动指令处理模块、遥控器信息处理模块、自主运行主控模块、目标识别处理模块、SLAM 模块和目标抓取控制模块等。

第四步，相关部件的组装调试与调整，包括行驶机构、升降机构、手爪与摄像头控制机构等各部分。

第五步，整体安装与动作调试。

机械方面要注意各部件的安装是否紧固，防止在运动过程中因振动、颠簸等而导致松脱，如轮子松动会导致行驶方向摆动不定、轮子的实际转动量与电动机编码器反馈值不符。

电气方面要注意连线的正确性与紧固性，仔细核对与检查，避免由于接线错误导致反馈信号或控制输出的错乱，或由于接线不牢而导致输入信号或输出信号不正常，进而导致移动机器人的行为异常。

第六步，系统手动与自动功能、运行性能的测试、检验与优化。

这步主要考虑移动机器人对环境的感应和做出反应的准确性、敏捷性和稳定性，在不同区域背景中的移动和置放动作、视觉辨识与处理功能等是否会发生异常，实现任务的能力与效率、自救能力等是否满足需要，进而根据调试情况对系统进行调整优化。

第七步，现场管理。根据车间管理要求，对工作完成的对象进行清洁、工作过程中产生的二次废料进行整理、工具入箱、垃圾打扫等。

➢任务测评

表 5-8　任务评分表

序号	评分内容	评分标准	配分	得分
1	工作素养	工作场所整洁、有序、高效、安全	5 分	
		工作组织与管理得当，成员均积极为团队绩效做出贡献	5 分	
		沟通和人际交往良好，团队合作效率高	6 分	
2	设计与装配	接线、布线安装满足安全及行业标准（安全的线路布局，高效的线路组织，较高的连接质量，防磨损）	10 分	
		整体机器人框架结构非常好，既没有结构成分连接松散，也没有结构元素在要求位置固定时出现松动。高效地使用结构要素。机器人基体是一个非常稳定的平台，展示了对目标管理系统高度的支持作用	10 分	
		目标管理系统的结构很好，没有结构元件连接松散的地方。使用的结构元件数量有效，目标管理系统主要元件的协调关系很好	10 分	
3	基础性能	信息收集系统的性能良好	6 分	
		机器人基本运动准确	6 分	
		自动控制模式基础功能完备	6 分	
		遥控基础功能完备	6 分	
4	整体综合性能	遥控综合性能	10 分	
		自主运行综合性能	20 分	

➢知识拓展

物流机器人的发展现状与展望

仓储及物流行业历来具有劳动密集的典型特征，自动化、智能化升级需求尤为迫切。近年来，机器人相关产品及服务在电商仓库、冷链运输、供应链配送、港口物流等多种仓储和物流场景得到快速推广和频繁应用。目前，我国物流业正努力从劳动密集型向技术密集型转变，由传统模式向现代化、智能化升级，伴随而来的是各种先进技术和装备的应用和普及。当下，具备搬运、码垛、分拣等功能的智能机器人，已成为物流行业中的一大热点。

在近 5 年乃至 10 年来，工业机器人如雨后春笋般蓬勃发展，背后主要有两点主要原因：一是近年来中国的人口红利已经消失，二是高质量、高附加值的需求。而随着电子商务的高速发展带来物流业务量的大幅攀升，以及土地、人力成本的快速上涨，智能化的物流装备在节省仓库面积、提高物流效率等方面的优势日渐突出，因此越来越受到企业青睐，其中机器人就是一个典型代表。

以顺丰为例，通过技术手段实现人辅助自动化到机器人辅助自动化的升级，运用行业最新技术的不断迭代研发适宜各业务场景应用的机器人及周边辅助产品，满足产品的升级换代，持续保持领先。物流机器人在快递企业的典型应用体系如图 5-26 所示。

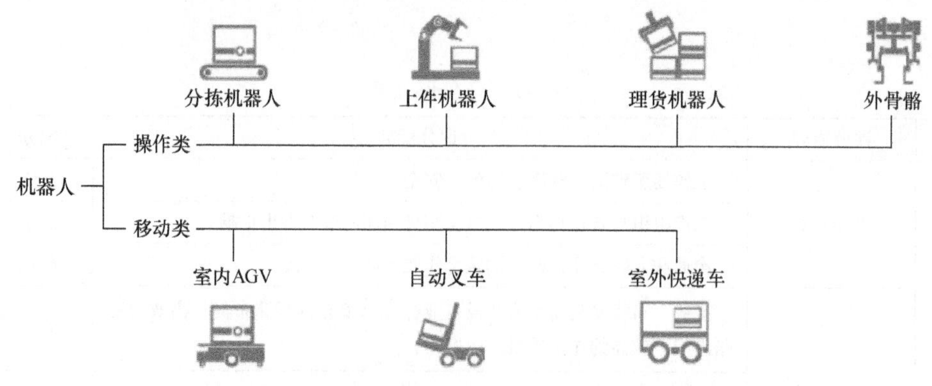

图 5-26　物流机器人在快递企业的典型应用体系

仓储类机器人已能够采用人工智能算法及大数据分析技术进行路径规划和任务协同，并搭载超声测距、激光传感、视觉识别等传感器完成定位及避障，最终实现数百台机器人的快速并行推进上架、拣选、补货、退货和盘点等多种任务。

在物流运输方面，城市快递无人车依托路况自主识别、任务智能规划的技术构建起高效率的城市短程物流网络；山区配送无人机具有不受路况限制的特色优势，以极低的运输成本打通了城市与偏远山区的物流航线。

现在国内外已经有越来越多的企业开始使用物流机器人，如亚马逊（Amazon）2012 年就已开始采用 Kiva 机器人开展仓储物流业务。亚马逊将仓库工作分解成两部分：所有员工只需要在固定的位置进行盘点或配货，而 Kiva 机器人则负责将货物（连同货架）一块搬到员工面前。目前在亚马逊的几十个仓库里，有超过 15000 个 Kiva 机器人在辛勤工作。亚马逊因此也被称为全球最高效的仓库，如图 5-27 所示。

图 5-27　Kiva 机器人在亚马逊仓库的应用

如图5-28所示，Fetch和Freight是硅谷机器人公司的仓储机器人，Fetch的机器人可以根据订单把货架上的商品拿下来，放到另一个叫Freight的机器人里运回打包。Fetch相当于Kiva的升级版，Fetch机器人具备自动导航功能，可以在货架间移动，识别产品并将其取下货架并运动到叫Freight的自动驾车机器人里，Freight的作用则与Amazon的Kiva相当。机器人可以自助规划路线和充电，从而保证整个仓储系统的无缝运行。

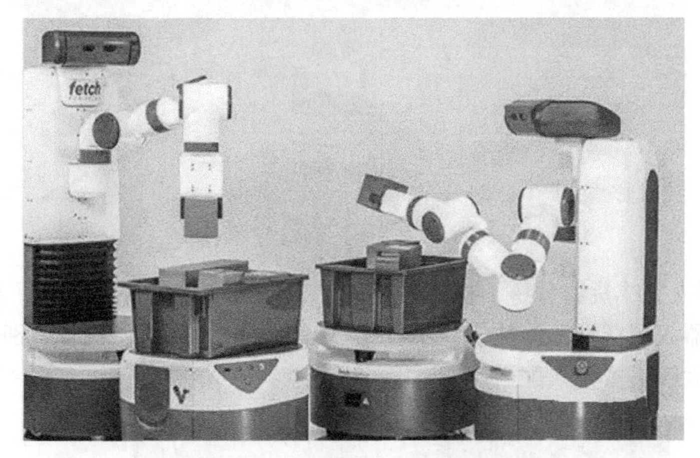

图5-28 Fetch和Freight机器人

Skype创始人Heinla与Friis旗下的Starship公司推出了一种专门用来进行小件货物配送的“盒子机器人”（见图5-29）。它的外形像极了一个配有六个轮子的储物盒，最重可承载20lb（约9千克）的货物，最远可达到物流中心方圆1mile（约1.6千米）多的范围。由于其硬件上配置了一系列摄像头和传感器，能够保障其安全行走在人行道上，在指定时间从物流中心出发，穿越大街小巷，来到顾客家门口完成快递任务。在配送过程中，所携带的包裹都是被严密封锁的，接收者只有通过智能手机将其打开。

图5-29 “盒子机器人”

虽然近年来国内机器人得到了快速的发展，仍与欧美等国家存在不小的差距。不过，随着工业4.0的发展，尤其是国内电子商务的发达，在物流环节中引入机器人是必然趋势。值得一提的是，国内已有部分领先企业开始在仓储领域开展机器人作业。

目前，国内已有物流仓库使用分拣机器人，天猫超市的“曹操”（见图5-30）就是其中之一。这个机器人是一个可承重50kg，速度达到2m/s的智能机器人，造价高达上百万元，所用的系统都是由阿里自主研发的。“曹操”机器人接到订单后，它可以迅速定位出商品在仓库分布的位置，并且规划最优拣货路径，拣货完成后会自动把货物送到打包台。它可以在一定程度上解放一线工人的劳动力。

2018年11月22日，京东正式宣布在长沙启用配送机器人智能配送站（见图5-31）。该智能配送站设有自动化分拣区，配送机器人停靠区、充电区、装载区等多个区域，可同时容

图 5-30 “曹操”机器人的应用

纳 20 台配送机器人完成货物分拣、机器人停靠、充电等一系列环节。除了配送站功能一应俱全外，这些机器人同样身怀绝技。它不仅能够自主导航行驶，还具备识别红绿灯、躲避障碍物等功能，大大解决了无人配送问题。

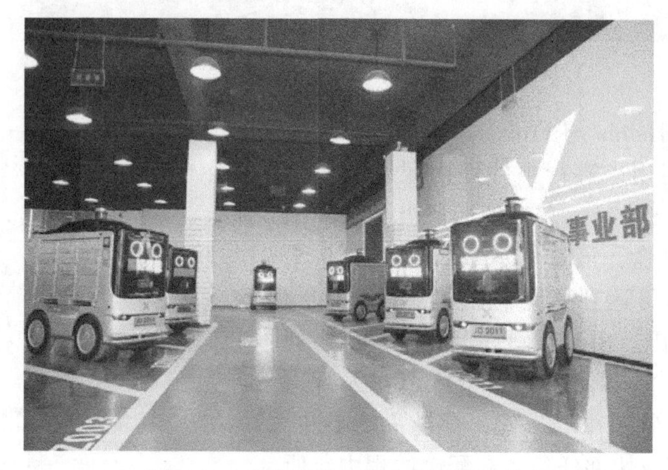

图 5-31 京东配送机器人智能配送站

根据研究报告表明，移动互联网、人工智能、物联网、云计算、机器人、3D 打印等技术将影响着未来世界经济与社会的发展，在这些技术中，有一半与物流有关。因此，推进物流科技战略，始终是我国《物流业调整和振兴规划》以及《物流业发展中长期规划》的重大工程。

可以预见，物流机器人的应用与发展前景广阔。仓储和物流机器人凭借远超人类的工作效率，以及不间断劳动的独特优势，未来有望建成覆盖城市及周边地区高效率、低成本、广覆盖的无人仓储物流体系，极大地提高人类生活的便利程度。

➢任务总结

认真总结工作过程中的得与失，思考任务的实现有没有其他的方案并作优劣比较，如机械构造上的不同设计对组装效率与系统性能的影响，电气控制的不同方法、程序控制的不同策略对系统运行效率与性能、功能的影响等。

附　录

附录 A　LabVIEW 软件安装指南

一、中文版 LabVIEW 2017 的安装

第 1 步，找到计算机中的安装文件目录：LabVIEW 2017 MyRIO Software Bundle，双击 2017LV - WinChn. exe 开始安装。

第 2 步，安装文件首先需要解压缩，选择解压缩目录，单击“Unzip”按钮，如图 A-1 所示。

第 3 步，待解压完成后，单击“确定”按钮，如图 A-2 所示，会自动启动 LabVIEW 的安装程序。如果安装程序没有自动启动，则需要到解压目录下找到 Setup. exe，双击即可开始安装。

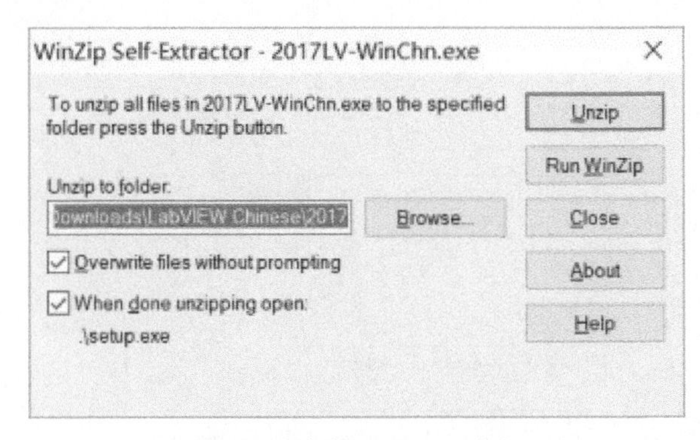

图 A-1　单击“Unzip”按钮

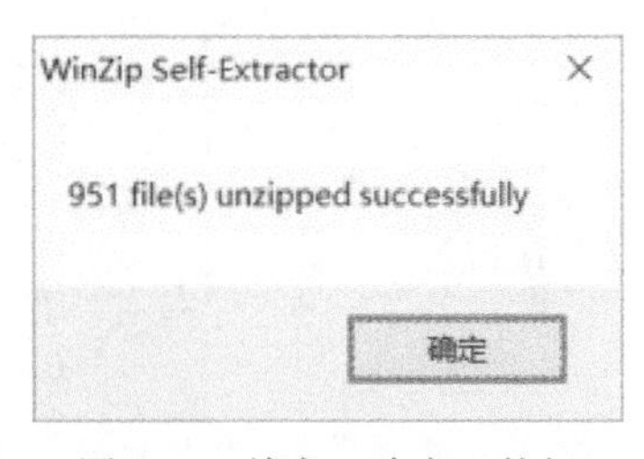

图 A-2　单击“确定”按钮

第 4 步，开始安装 LabVIEW 2017 之前，需要安装 Microsoft. NET Framework。若计算机没有安装，则会出现如图 A-3 所示的提示，单击“确定”按钮，按照安装向导完成安装。

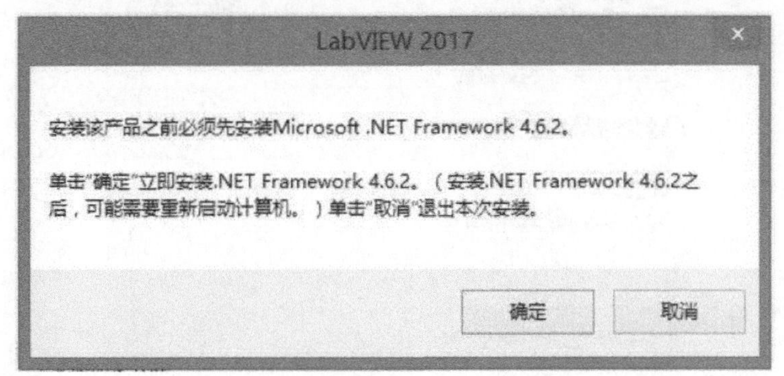

图 A-3　安装 Microsoft. NET Framework

第 5 步，启动安装程序后，单击“下一步”按钮，如图 A-4 所示。

图 A-4　启动安装

第 6 步，输入用户信息后，单击“下一步”按钮继续，如图 A-5 所示。

图 A-5　输入用户信息

第 7 步，输入序列号一项（可以忽略）后，单击“下一步”按钮，如图 A-6 所示。

图 A-6　输入序列号

第 8 步，选择安装目录，所有软件安装完成大概需要 20GB 的硬盘空间，注意安装磁盘的空间大小，单击“下一步”按钮，如图 A-7 所示。

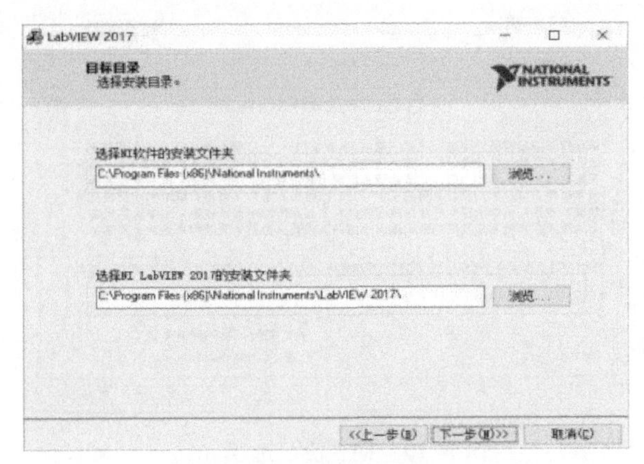

图 A-7　选择安装目录

第 9 步，若继续安装则单击“下一步”按钮，如图 A-8 所示。

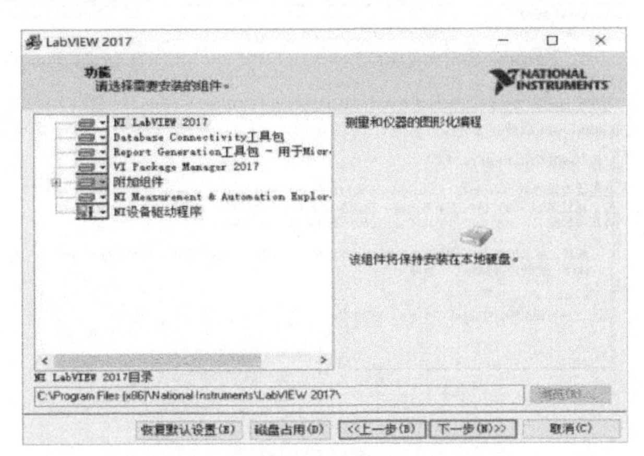

图 A-8　继续安装（1）

第 10 步，选择不需要搜索更新，单击“下一步”按钮，如图 A-9 所示。

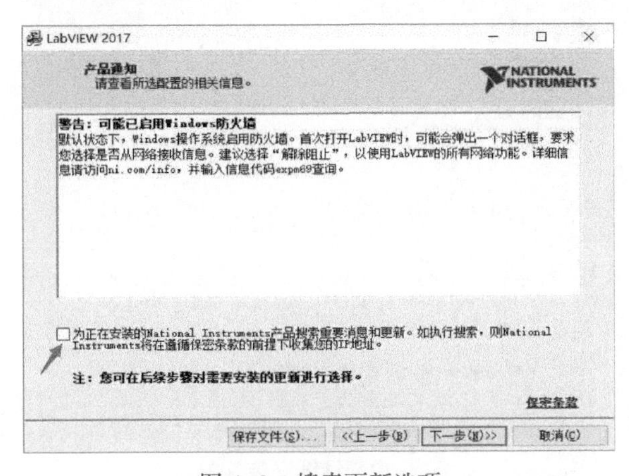

图 A-9　搜索更新选项

第 11 步，选择接受协议，单击“下一步”按钮，如图 A-10 所示。

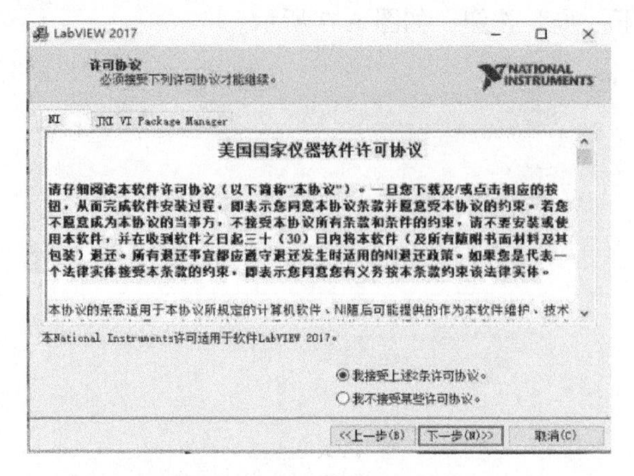

图 A-10　接受协议选项（1）

第 12 步，再次选择接受许可协议，单击“下一步”按钮，如图 A-11 所示。

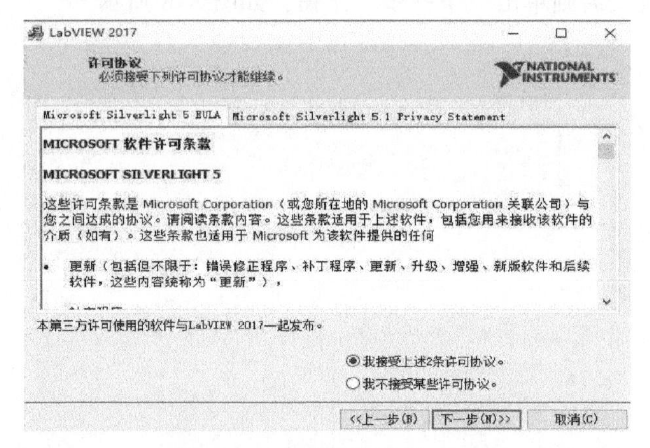

图 A-11　接受协议选项（2）

第 13 步，出现如图 A-12 所示的对话框，单击“下一步”按钮继续安装。

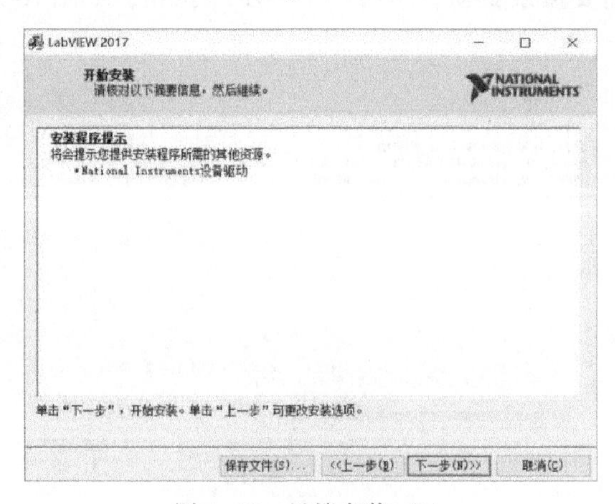

图 A-12　继续安装（2）

第 14 步，等待安装完成，如图 A-13 所示。

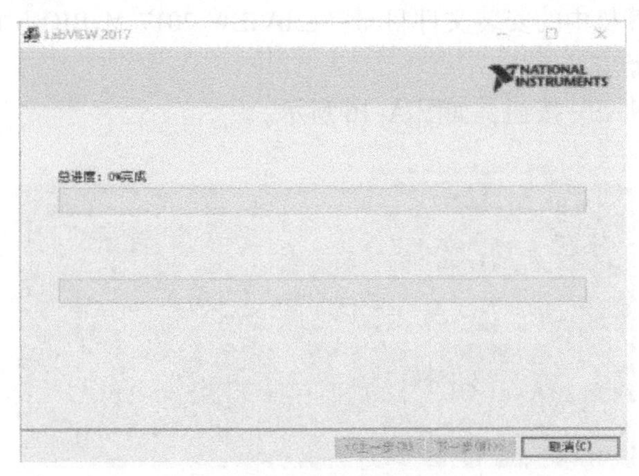

图 A-13　等待安装完成

第 15 步，选择“不需要支持”，如图 A-14 所示。

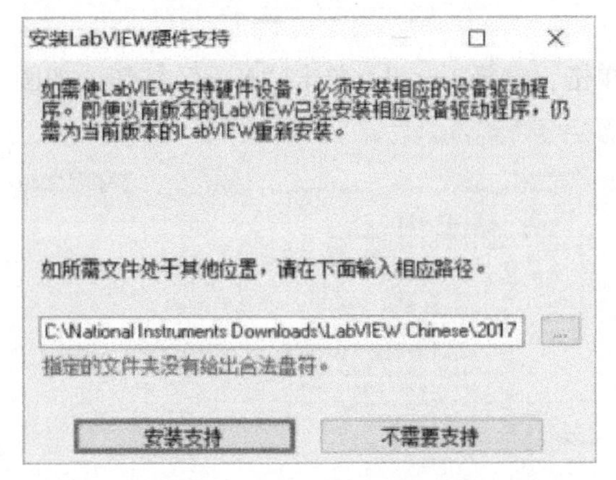

图 A-14　选择“不需要支持”

第 16 步，单击“下一步”按钮安装完成，如图 A-15 所示。

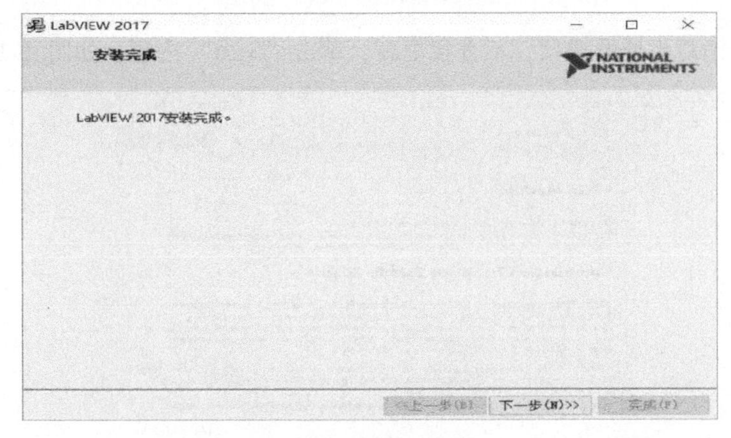

图 A-15　选择“完成”

二、MyRIO Software Bundle 的安装

第 1 步，找到计算机中的安装文件目录：LabVIEW 2017 MyRIO Software Bundle \ ISO1，双击“setup. exe”开始安装。

第 2 步，单击“Next”按钮，如图 A-16 所示。

图 A-16　单击“Next”按钮

第 3 步，在箭头处单击，选择 Install，单击“Next”按钮，如图 A-17 所示。

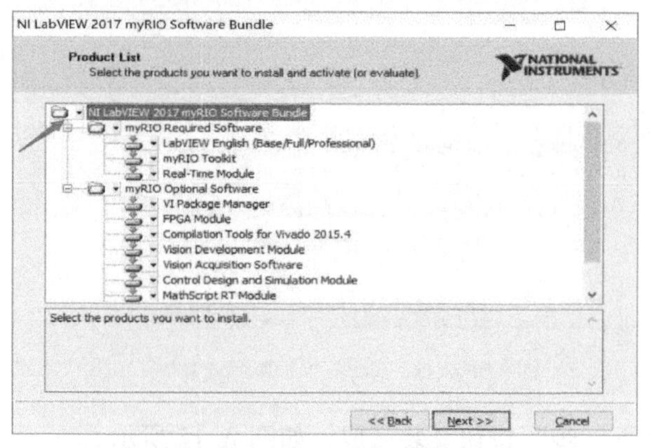

图 A-17　单击“Next”按钮

第 4 步，取消箭头处的选项，不查找更新，单击“Next”按钮，如图 A-18 所示。

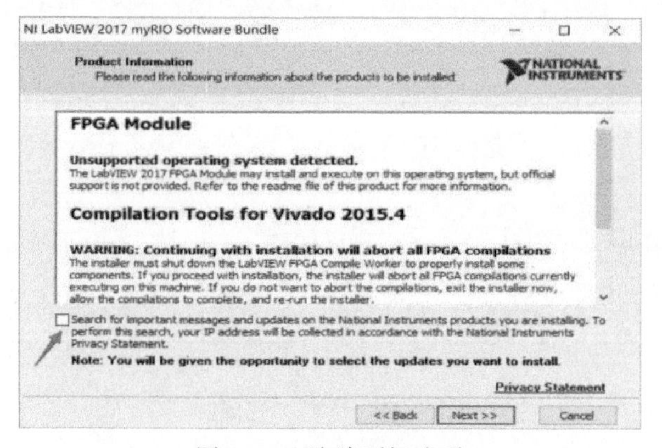

图 A-18　取消更新选项

第 5 步，输入相关信息，序列号为空即可，单击“Next”按钮，如图 A-19 所示。

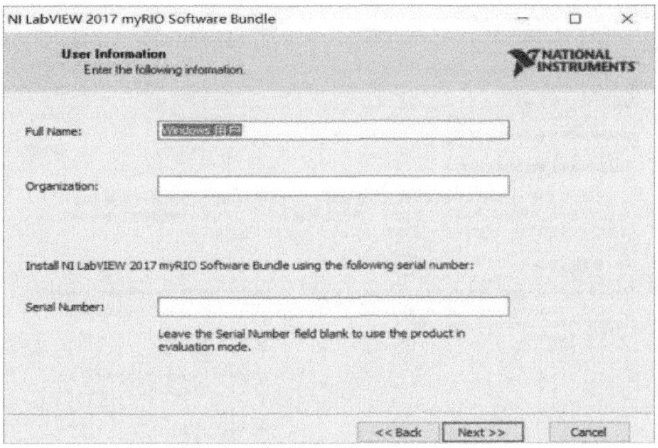

NI LabVIEW 2017 myRIO Software Bundle
User Information
Enter the following information.
NATIONAL INSTRUMENTS
Full Name:
Windows 用户
Organization:
Install NI LabVIEW 2017 myRIO Software Bundle using the following serial number:
Serial Number:
Leave the Serial Number field blank to use the product in evaluation mode.
<< Back
Next >>
Cancel

图 A-19 输入相关信息

第 6 步，选择对应的安装目录，单击“Next”按钮，如图 A-20 所示。

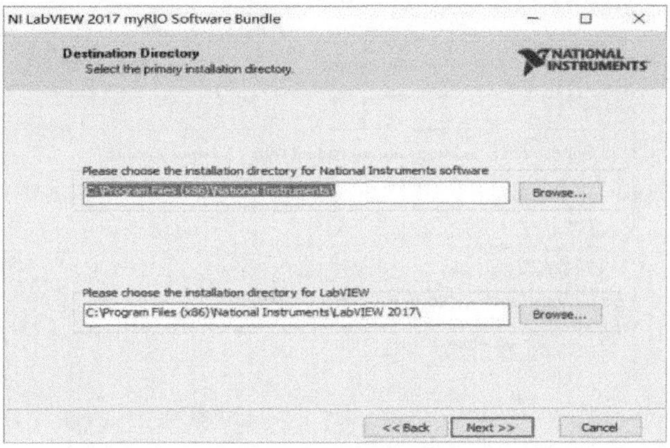

NI LabVIEW 2017 myRIO Software Bundle
Destination Directory
Select the primary installation directory.
NATIONAL INSTRUMENTS
Please choose the installation directory for National Instruments software
C:\Program Files (x86)\National Instruments\
Browse...
Please choose the installation directory for LabVIEW
C:\Program Files (x86)\National Instruments\LabVIEW 2017\
Browse...
<< Back
Next >>
Cancel

图 A-20 选择安装目录

第 7 步，选择接受 6 条许可协议，单击“Next”按钮，如图 A-21 所示。

NI LabVIEW 2017 myRIO Software Bundle
License Agreements
You must accept the licenses displayed below to proceed.
NATIONAL INSTRUMENTS
NI
FlexRIO Module
IVI
JKI VI Package Manager
Xilinx Vivado
Xilinx Third Party
美国国家仪器软件许可协议
The software to which this National Instruments license applies is:
LabVIEW English (Base/Full/Professional)
VI Package Manager
Real-Time Module
I accept the above 6 License Agreement(s).
I do not accept all these License Agreements.
<< Back
Next >>
Cancel

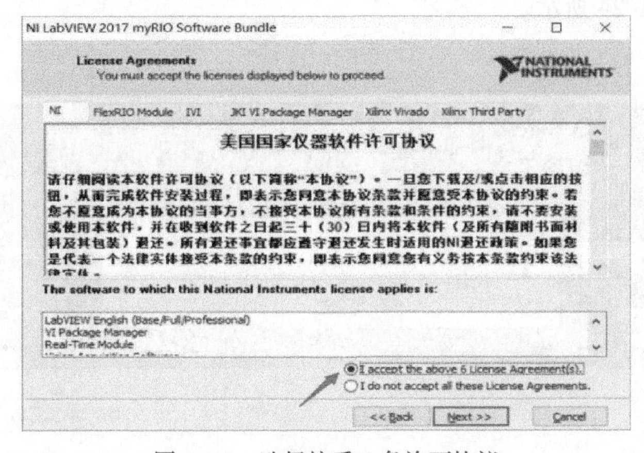

图 A-21 选择接受 6 条许可协议

第 8 步，选择接受 2 条许可协议，单击“Next”按钮，如图 A-22 所示。

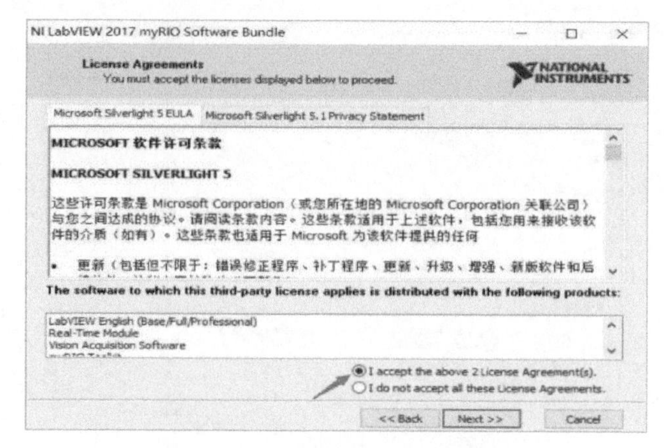

图 A-22　选择接受 2 条许可协议

第 9 步，继续安装单击“Next”按钮，如图 A-23 所示。

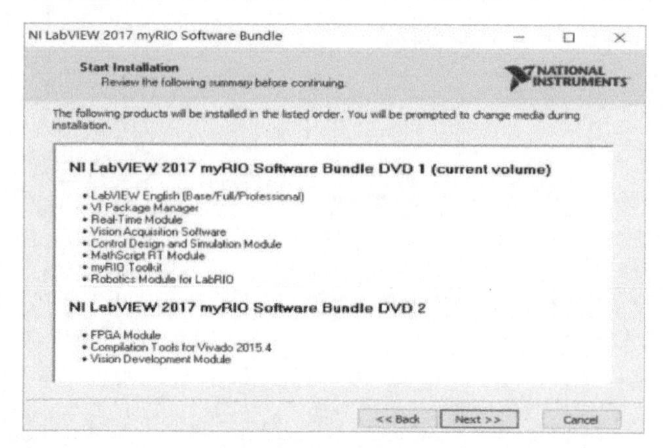

图 A-23　继续安装（3）

第 10 步，开始安装所选程序，开始会提示已经安装了不同语言版本的 LabVIEW，单击“OK”按钮，如图 A-24 所示。

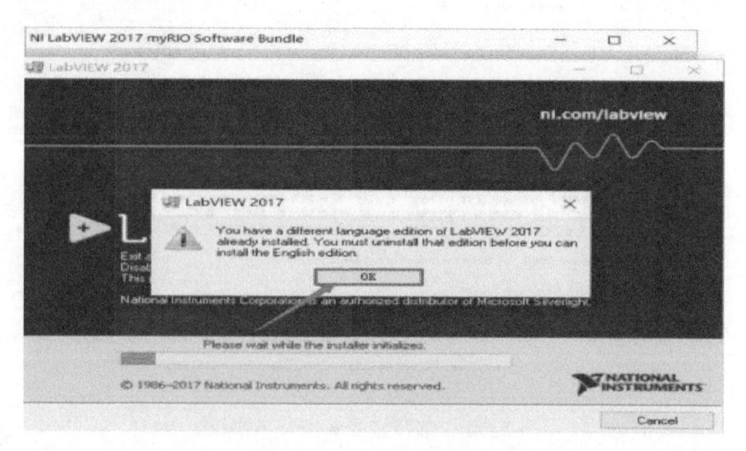

图 A-24　安装所选程序

第 11 步，询问是否继续安装剩下的软件，单击“是”按钮，如图 A-25 所示。

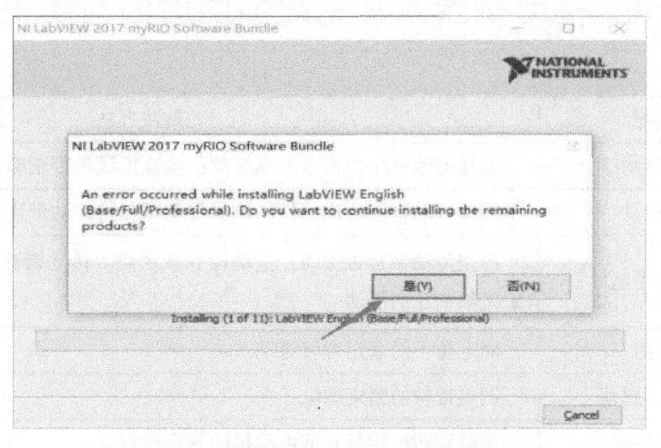

图 A-25　询问是否继续安装剩下的软件

第 12 步，开始安装，如图 A-26 所示。

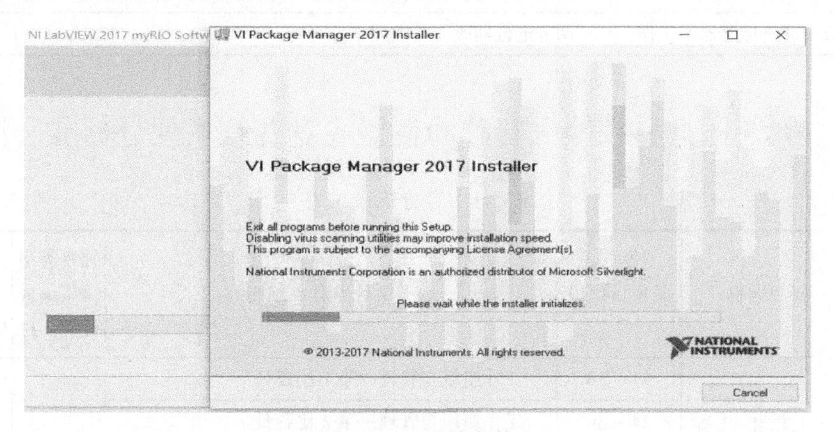

图 A-26　开始安装

第 13 步，提示插入第 2 张光盘，选择浏览找到“ISO2”，单击“Select”按钮，如图 A-27 所示。

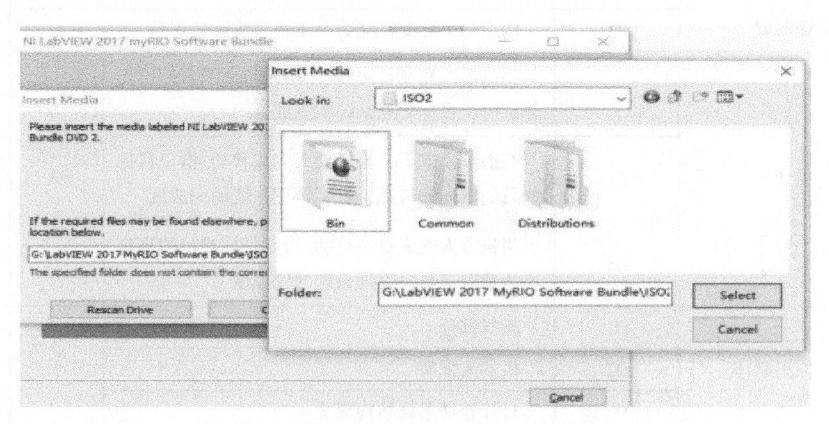

图 A-27　单击“Select”

第 14 步，安装完成，单击“Next”按钮，最后进入到编程页面。

附录B　移动机器人常见故障的诊断与解决方法

序号	常见故障	解决办法
1	上电不显示	测量电池电压，检查电池熔丝；检查接线是否正确
2	同步带松动	拆掉传动带上的连接件，拉紧传动带，将传动带连接件紧固
3	升降机构卡阻	检查传动带是否松动；主动轮、从动轮、传动带连接件是否在一条直线上；给光轴加注润滑油
4	轮子卡阻	固定轮子的紧定螺钉松动
5	带轮松动、脱落	调整带轮的紧定螺钉
6	旋转机构晃动	调整旋转机构与底部电动机的紧定螺钉
7	抓取机构松动、错位	调整抓取机构的紧定螺钉
8	超声波传感器不工作	检查接线是否正确；考虑程序问题；更换超声波传感器
9	QTI循迹传感器不工作	调节电位器改变灵敏度

附录C　第45届世界技能大赛移动机器人竞赛技术评分标准（测试版）

表C-1　评分记录总表

项目代码	项目名称	子项目代码	子项目类别 & 细则	评判类型（衡量=M，评判=J）	分数
A	工作组织与管理	A1～A3	工作组织与管理—第1比赛日	M	10.00
		A4～A6	工作组织与管理—第2比赛日		
		A7～A9	工作组织与管理—第3比赛日		
		A10～A12	工作组织与管理—第4比赛日		
B	沟通与人际交往能力	B1	沟通与人际交往能力—工程日志	J	10.00
		B2	沟通与人际交往能力—工程日志陈述展示	M	
C	设计	C1	当机器人完成自主移动/指定目标或目的事先知道时，目标管理系统的完成度	M	15.00
		C2	在遥控模式下，当机器人完成移动/指定目标或目的事先知道时，目标管理系统的完成度		
		C3	当机器人完成自主移动/指定目标或目的事先不清楚时，目标管理系统的完成度		
D	原型制作	D1	接线部分	J	10.00
		D2	机器人框架		
		D3	目标管理系统结构部分		
E	主程序编程、测试与调试	E1～E3	在已知条件下，自主完成连续性任务评价	M	15.00

（续）

项目代码	项目名称	子项目代码	子项目类别 & 细则	评判类型（衡量 = M，评判 = J）	分数
F	赛场测试	F1 ~ F3	在未知条件下，自主连续性任务完成度评价	M	40.00
		F4 ~ F6	在未知条件遥控模式下，连续性任务完成度评估		

表 C-2　A 项得分

子项目代码	评判—细则	其他方面细则（主观和客观）或评判得分细则（仅用于评判）	最高分	计分权值或要求或标准尺寸（仅限测量）	评判得分
A1	第 1 比赛日与队友、对手与专家的合作行为	选手与其队友、对手及监督裁判之间保持彬彬有礼	0.50 分	罚分：0 ~ 4 分	
A2	第 1 比赛日的参赛队场地状况	每位选手的工作场地秩序/工具与配件的放置/工作区的秩序。专家们会计算第 1 比赛日的罚分	1.00 分	罚分：0 ~ 4 分	
A3	在规定时间内按时完成竞赛机器人的组建与装配	比赛全程要求监督时间管理。选手必须严格按照赛程要求规定时间、规定地点完成相关任务并接受监督	1.00 分	罚分：0 ~ 4 分	
A4	第 2 比赛日与队友的合作行为	选手与其队友、对手及监督裁判之间保持彬彬有礼	0.50 分	罚分：0 ~ 4 分	
A5	第 2 比赛日各队场地情况	每位选手的工作场地秩序/工具与配件的放置/工作区的秩序。专家们会计算第 2 比赛日的罚分	1.00 分	罚分：0 ~ 4 分	
A6	第 2 比赛日计划执行情况	比赛全程要求监督时间管理。选手必须严格按照赛程要求规定时间、规定地点完成相关任务并接受监督	1.00 分	罚分：0 ~ 4 分	
A7	第 3 比赛日与队友的合作行为	选手与其队友、对手及监督裁判之间保持彬彬有礼	0.50 分	罚分：0 ~ 4 分	
A8	第 3 比赛日各队场地情况	每位选手的工作场地秩序/工具与配件的放置/工作区的秩序。专家们会计算第 3 比赛日的罚分	1.00 分	罚分：0 ~ 4 分	
A9	第 3 比赛日计划执行情况	比赛全程要求监督时间管理。选手必须严格按照赛程要求规定时间、规定地点完成相关任务并接受监督	1.00 分	罚分：0 ~ 4 分	
A10	第 4 比赛日与队友的合作行为	选手与其队友、对手及监督裁判之间保持彬彬有礼	0.50 分	罚分：0 ~ 4 分	

（续）

子项目代码	评判—细则	其他方面细则（主观和客观）或评判得分细则（仅用于评判）	最高分	计分权值或要求或标准尺寸（仅限测量）	评判得分
A11	第4比赛日各队场地情况	每位选手的工作场地秩序/工具与配件的放置/工作区的秩序。专家们会计算第4比赛日的罚分	1.00分	罚分：0~4分	
A12	第4比赛日计划执行情况	比赛全程要求监督时间管理。选手必须严格按照赛程要求规定时间、规定地点完成相关任务并接受监督	1.00分	罚分：0~4分	

表C-3　B项得分

子项目代码	评判—细则	其他方面细则（主观和客观）或评判得分细则（仅用于评判）	最高分	计分权值或要求或标准尺寸（仅限测量）	评判得分
B1	检查工程日志的框架与结构部分	内容不连贯，缺乏细节描述、图样（表）不清晰。工程日志中对框架与结构的基础策略描述不清晰	1.00分	0	
		内容基本连贯，适当的细节描述与图样（表）。工程日志中对框架与结构的基础策略描述基本清楚		1	
		内容很连贯，详细的细节描述、清晰的图样（表）。工程日志中对框架与结构的基础策略描述清晰		2	
		内容十分连贯，十分完整的细节描述、十分清晰的图样（表）。工程日志中对框架与结构的基础策略描述十分清晰		3	
		得分权值			
	检查工程日志的接线部分	内容不连贯，缺乏细节描述、图样（表）不清晰。工程日志中对接线的要求不符合行业标准	1.00分	0	
		内容基本连贯，有细节描述和图样（表）。工程日志中对接线的要求基本符合行业标准		1	
		内容很连贯，详细的细节描述和图样（表）。工程日志中对接线的要求符合行业标准		2	
		内容十分连贯，十分详细的细节描述和图样（表）。工程日志中对接线的要求非常符合行业标准		3	
		得分权值			

（续）

子项目代码	评判—细则	其他方面细则（主观和客观）或评判得分细则（仅用于评判）	最高分	计分权值或要求或标准尺寸（仅限测量）	评判得分
B1	检查工程日志中运动方式管理部分	内容不连贯，缺乏细节描述、图样（表）不清晰。工程日志中基于运动方式管理的基础策略与功能描述不清晰	1.00分	0	
		内容基本连贯，适当的细节描述与图样（表）。工程日志中基于运动方式管理的基础策略与功能描述基本清晰		1	
		内容很连贯，详细的细节描述与图样（表）。工程日志中基于运动方式管理的基础策略与功能描述较清晰		2	
		内容十分连贯，非常详细的细节描述与图样（表）。工程日志中基于运动方式管理的基础策略与功能描述十分清晰		3	
		得分权值			
	检查工程日志中目标管理系统部分	内容不连贯，缺乏细节描述、图样（表）不清晰。工程日志中基于目标管理系统的基础策略与功能描述不清晰	1.00分	0	
		内容连贯，适当的细节描述与图样（表）。工程日志中基于目标管理系统的基础策略与功能描述基本清晰		1	
		内容很连贯，详细的细节描述与图样（表）。工程日志中基于目标管理系统的基础策略与功能描述较清晰		2	
		内容十分连贯，非常详细的细节描述与图样（表）。工程日志中基于目标管理系统的基础策略与功能描述非常清晰		3	
		得分权值			
	主板空间的使用情况	如果机器人能够按要求高效完成所有任务，专家们会依据各队编程在主板与计算机上所使用的空间来评判：内存使用最少的队得满分，得分根据所有空间大小依次类推	1.00分	分数依据选手计算机所用空间而定	
B2	两名选手的陈述	陈述要求两名选手一起展示并对部分情况进行说明	1.00分	0或1	
	问题陈述	选手陈述问题与挑战在哪里	1.00分	0或1	

（续）

子项目代码	评判—细则	其他方面细则（主观和客观）或评判得分细则（仅用于评判）	最高分	计分权值或要求或标准尺寸（仅限测量）	评判得分
B2	解决方案的陈述	选手如何解决以上问题？体现创新的思路	1.00分	0或1	
	澄清所需费用	项目中的费用有哪些	1.00分	0或1	
	时间轴—关键节点	整个项目的完成过程与关键步骤	1.00分	0或1	

表 C-4　C 项得分

子项目代码	评判—细则	其他方面细则（主观和客观）或评判得分细则（仅用于评判）	最高分	计分权值或要求或标准尺寸（仅限测量）	评判得分
C1	能自主移动到指定球盒的前方		0.50分	0或1	
	能自动抓取一个高尔夫球		0.50分	0或1	
	能自主移动到指定组件车架前方		0.50分	0或1	
	能自动抓取一个高尔夫球到指定组件车架栏		0.50分	0或1	
	能自动抓取已装好/指定的组件小车		0.50分	0或1	
	携带运输组件小车时能自主移动到指定工作站的前方		0.50分	0或1	
	能自动将已装好/指定小车放置在指定工作站		0.50分	0或1	
	能自主移动到零件部入口的某一个位置，且机器人完全通过零件部入口处黑色胶带		0.50分	0或1	
	能自动关闭机器人指示灯的开关，证明机器人能识别所有任务已完成		0.50分	0或1	
C2	在遥控模式下，能移动到指定球盒的前方		0.50分	0或1	
	在遥控模式下，能抓取一个高尔夫球		0.50分	0或1	
	在遥控模式下，能移动到指定组件车架的前方		0.50分	0或1	
	在遥控模式下，能将一个高尔夫球移到指定组件车架栏		0.50分	0或1	
	在遥控模式下，能抓取已装好/指定的组件小车		0.50分	0或1	
	在遥控模式下，携带运输组件小车时能移动到指定工作站的前方		0.50分	0或1	

（续）

子项目代码	评判—细则	其他方面细则（主观和客观）或评判得分细则（仅用于评判）	最高分	计分权值或要求或标准尺寸（仅限测量）	评判得分
C2	在遥控模式下，能将已装好/指定小车放置在指定工作站		0.50 分	0 或 1	
	在遥控模式下，能移动到零件部入口的某一位置，且机器人完全通过零件部入口处黑色胶带		0.50 分	0 或 1	
	在遥控模式下，能关闭机器人指示灯的开关，证明机器人所有识别任务已完成		0.50 分	0 或 1	
C3	能自主移动到零件部看板的前方位置		0.50 分	0 或 1	
	能自动移动到球盒的前方位置，该球盒已在看板中有条码标注		1.00 分	0 或 1	
	能自动抓取一个高尔夫球		0.50 分	0 或 1	
	能自主移动到指定组件车架前方，该车架已在看板中有条码标注		1.00 分	0 或 1	
	能将一个高尔夫球移到指定组件车架栏，该车架栏已在看板中有条码标注		0.50 分	0 或 1	
	能抓取已装好/指定的组件小车		0.50 分	0 或 1	
	携带运输组件小车时能移动到指定工作站的前方，该工作站已在看板中有条码标注		0.50 分	0 或 1	
	能将已装好/指定小车放置在指定工作站，该工作站已在看板中有条码标注		0.50 分	0 或 1	
	能自动移动到零件部入口的某一位置，且机器人完全通过零件部入口处黑色胶带		0.50 分	0 或 1	
	能自动移动到零件部入口的某一位置，且机器人完全通过零件部入口处黑色胶带		0.50 分	0 或 1	

表 C-5　D 项得分

<table>
<tr><th>子项目代码</th><th>评判—细则</th><th>其他方面细则（主观和客观）或评判得分细则（仅用于评判）</th><th>最高分</th><th>计分权值或要求或标准尺寸（仅限测量）</th><th>评判得分</th></tr>
<tr><td rowspan="9">D1</td><td rowspan="5">机器人基础框架的组装符合行业标准与机身的框架结构完整性测试</td><td>整个机器人框架不完整。许多结构组件连接松散，且当多个结构元素件需要固定连接时，仍可以移动。用了过多的结构组件。机器人底座不稳，且对目标管理系统的支持较弱</td><td rowspan="4">2.00 分</td><td>0</td><td></td></tr>
<tr><td>整个机器人框架较完整。个别结构组件连接松散，且当多个结构元素件需要固定连接时，仍可以移动。用了一定数量的结构组件。机器人底座较稳，对目标管理系统的支持一般</td><td>1</td><td></td></tr>
<tr><td>整个机器人框架比较完整。所有结构部分连接稳定，多个结构元素件连接也比较好。用了一些有效的结构组件。机器人底座稳，且对目标管理系统的支持较好</td><td>2</td><td></td></tr>
<tr><td>整个机器人框架非常完整。所有结构部分连接非常稳定，多个结构元素件连接也非常好。用了一些非常有效的结构组件。机器人底座非常稳，且对目标管理系统的支持很好</td><td>3</td><td></td></tr>
<tr><td colspan="2">得分权值</td><td></td><td></td></tr>
<tr><td rowspan="3">机器人驱动系统的组装符合行业标准与目标管理系统的结构完整性测试</td><td>整个驱动系统组装差；当需要结构单元之间的固定位置关系或运动单元之间的受控关系时，因大多数结构组件连接松散，导致意外或无意义的移动；使用了过多的结构组件。目标管理系统的主要元素（处理机制和到达机制）之间的关系很难协调</td><td rowspan="3">2.00 分</td><td>0</td><td></td></tr>
<tr><td>整个驱动系统组装相对合理；当需要结构单元之间的固定位置关系或运动单元之间的受控关系时，因少部分结构组件连接松散，导致意外或无意义的移动；使用了合理的结构组件。目标管理系统的主要元素（处理机制和到达机制）之间的关系可以协调</td><td>1</td><td></td></tr>
<tr><td>整个驱动系统组装比较合理；当需要结构单元之间的固定位置关系或运动单元之间的受控关系时，因没有结构组件连接松散，无意外或无意义的移动发生；使用了有用高效的结构组件。目标管理系统的主要元素（处理机制和到达机制）之间的关系较好协调</td><td>2</td><td></td></tr>
</table>

（续）

子项目代码	评判—细则	其他方面细则（主观和客观）或评判得分细则（仅用于评判）	最高分	计分权值或要求或标准尺寸（仅限测量）	评判得分
D1	机器人驱动系统的组装符合行业标准与目标管理系统的结构完整性测试	整个驱动系统组装非常合理；当需要结构单元之间的固定位置关系或运动单元之间的受控关系时，因结构组件连接非常好，不会导致意外或无意义的移动发生；使用了最合适且高效的结构组件。目标管理系统的主要元素（处理机制和到达机制）之间的关系非常好协调	2.00分	3	
		得分权值			
	机器人接线的组装符合行业标准与机器人接线安全性能测试	线路安装非常差；很多条线路松散且杂乱；所用电线过多；没有接线标识；连接端松散；太多线路暴露在外；线路虽有固定，但因组件的移动存在磨损风险；熔丝虽已定位，但使用不方便；主要的安全开关使用不便利	2.00分	0	
		线路安装相对合理；少量线路松散且杂乱；所用电线数量合理；大多接线有标识；连接端相对安全；部分线路暴露在外；线路有固定，也考虑因组件的移动而降低磨损风险；熔丝已定位，也方便使用；主要的安全开关使用相对便利		1	
		线路安装较好；没有线路松散且杂乱的现象；所用电线数量高效；大多接线有标识；大部分连接端安全；少量线路暴露在外；线路有固定，也考虑因组件的移动而最小化地降低磨损风险；熔丝已定位，也很方便使用；主要的安全开关使用很便利		2	
		线路安装非常好；完全没有线路松散且杂乱的现象；所用电线数量非常高效；所有接线有标识；所有连接端安全；极少线路暴露在外；线路有固定，即使组件的移动也没有磨损风险；熔丝已定位且非常方便使用；主要的安全开关使用非常便利		3	
		得分权值			

（续）

子项目代码	评判—细则	其他方面细则（主观和客观）或评判得分细则（仅用于评判）	最高分	计分权值或要求或标准尺寸（仅限测量）	评判得分
D2	目标管理系统的结构组件符合行业标准与目标管理系统结构完整性测试	整个目标管理控制系统组装不好。当需要结构单元之间的固定位置关系或运动单元之间的受控关系时，因大多结构组件连接松散，导致意外或无意义的移动；使用了过多的结构组件。目标管理系统的主要元素（处理机制和到达机制）之间的关系很难协调	2.00分	0	
		整个目标管理控制系统组装相对合理；当需要结构单元之间的固定位置关系或运动单元之间的受控关系时，因少部分结构组件连接松散，导致意外或无意义的移动；使用了合理的结构组件。目标管理系统的主要元素（处理机制和到达机制）之间的关系可以协调		1	
		整个目标管理控制系统组装比较合理；当需要结构单元之间的固定位置关系或运动单元之间的受控关系时，因没有结构组件连接松散，无意外或无意义的移动发生；使用了有用高效的结构组件。目标管理系统的主要元素（处理机制和到达机制）之间的关系较好协调		2	
		整个目标管理控制系统组装非常合理；当需要结构单元之间的固定位置关系或运动单元之间的受控关系时，因结构组件连接非常好，不会导致意外或无意义的移动发生；使用了最合适且高效的结构组件。目标管理系统的主要元素（处理机制和到达机制）之间的关系非常好协调		3	
		得分权值			
D3	目标管理系统的控制组件符合行业标准与目标管理系统结构完整性测试	整个目标管理系统组装差，当需要结构单元之间的固定位置关系或运动单元之间的受控关系时，因大多结构组件连接松散，导致意外或无意义的移动；使用了过多的结构组件。目标管理系统的主要元素（处理机制和到达机制）之间的关系很难协调	2.00分	0	

（续）

子项目代码	评判—细则	其他方面细则（主观和客观）或评判得分细则（仅用于评判）	最高分	计分权值或要求或标准尺寸（仅限测量）	评判得分
D3	目标管理系统的控制组件符合行业标准与目标管理系统结构完整性测试	整个目标管理系统组装相对较好，当需要结构单元之间的固定位置关系或运动单元之间的受控关系时，因少部分结构组件连接松散，导致意外或无意义的移动；使用了合理的结构组件。目标管理系统的主要元素（处理机制和到达机制）之间的关系可以协调	2.00分	1	
		整个目标管理系统组装比较合理；当需要结构单元之间的固定位置关系或运动单元之间的受控关系时，因没有结构组件连接松散，无意外或无意义的移动发生；使用了有用高效的结构组件。目标管理系统的主要元素（处理机制和到达机制）之间的关系较好协调		2	
		整个目标管理系统组装非常合理；当需要结构单元之间的固定位置关系或运动单元之间的受控关系时，因结构组件连接非常好，不会导致意外或无意义的移动发生；使用了最合适且高效的结构组件。目标管理系统的主要元素（处理机制和到达机制）之间的关系非常好协调		3	
		得分权值			

表 C-6　E 项得分

子项目代码	评判—细则	其他方面细则（主观和客观）或评判得分细则（仅用于评判）	最高分	计分权值或要求或标准尺寸（仅限测量）	评判得分
E1	正确装好第一辆零件小车并送至工作站一		0.60分	0或1	
	正确装好第一辆零件小车并送至工作站二		0.60分	0或1	
	正确装好第一辆零件小车并送至工作站三		0.60分	0或1	
	正确装好第一辆零件小车并送至工作站四		0.60分	0或1	
	正确装好第一辆零件小车并送至工作站五		0.60分	0或1	
	正确装好第一辆零件小车并送至工作站六		0.60分	0或1	
	能关闭机器人电源指示灯，表明机器人能识别任务已完成		0.05分	0或1	
	任务完成度（包括用时总计）		0.75分	0～600	

（续）

子项目代码	评判—细则	其他方面细则（主观和客观）或评判得分细则（仅用于评判）	最高分	计分权值或要求或标准尺寸（仅限测量）	评判得分
E2	正确装好第一辆零件小车并送至工作站一		0.70 分	0 或 1	
	正确装好第一辆零件小车并送至工作站二		0.70 分	0 或 1	
	正确装好第一辆零件小车并送至工作站三		0.70 分	0 或 1	
	正确装好第一辆零件小车并送至工作站四		0.70 分	0 或 1	
	正确装好第一辆零件小车并送至工作站五		0.70 分	0 或 1	
	正确装好第一辆零件小车并送至工作站六		0.70 分	0 或 1	
	能关闭机器人电源指示灯，表明机器人能识别任务已完成		0.05 分	0 或 1	
	任务完成度（包括用时总计）		0.75 分	0 ~ 600	
E3	正确装好第一辆零件小车并送至工作站一		0.80 分	0 或 1	
	正确装好第一辆零件小车并送至工作站二		0.80 分	0 或 1	
	正确装好第一辆零件小车并送至工作站三		0.80 分	0 或 1	
	正确装好第一辆零件小车并送至工作站四		0.80 分	0 或 1	
	正确装好第一辆零件小车并送至工作站五		0.80 分	0 或 1	
E3	正确装好第一辆零件小车并送至工作站六		0.80 分	0 或 1	
	能关闭机器人电源指示灯，表明机器人能识别任务已完成		0.05 分	0 或 1	
	任务完成度（包括用时总计）		0.75 分	0 ~ 600	

表 C-7　F 项得分

子项目代码	评判—细则	其他方面细则（主观和客观）或评判得分细则（仅用于评判）	最高分	计分权值或要求或标准尺寸（仅限测量）	评判得分
F1	正确装好第一辆零件小车并送至工作站一		0.80 分	0 或 1	
	正确装好第一辆零件小车并送至工作站二		0.80 分	0 或 1	
	正确装好第一辆零件小车并送至工作站三		0.80 分	0 或 1	
	正确装好第一辆零件小车并送至工作站四		0.80 分	0 或 1	
	正确装好第一辆零件小车并送至工作站五		0.80 分	0 或 1	
	正确装好第一辆零件小车并送至工作站六		0.80 分	0 或 1	
	能关闭机器人电源指示灯，表明机器人能识别任务已完成		0.05 分	0 或 1	
	任务完成度（包括用时总计）		0.70 分	0 ~600	

（续）

子项目代码	评判—细则	其他方面细则（主观和客观）或评判得分细则（仅用于评判）	最高分	计分权值或要求或标准尺寸（仅限测量）	评判得分
F2	正确装好第一辆零件小车并送至工作站一		1.00分	0或1	
	正确装好第一辆零件小车并送至工作站二		1.00分	0或1	
	正确装好第一辆零件小车并送至工作站三		1.00分	0或1	
	正确装好第一辆零件小车并送至工作站四		1.00分	0或1	
	正确装好第一辆零件小车并送至工作站五		1.00分	0或1	
	正确装好第一辆零件小车并送至工作站六		1.00分	0或1	
	能关闭机器人电源指示灯，表明机器人能识别任务已完成		0.05分	0或1	
	任务完成度（包括用时总计）		0.70分	0～600	
F3	正确装好第一辆零件小车并送至工作站一		1.15分	0或1	
	正确装好第一辆零件小车并送至工作站二		1.15分	0或1	
	正确装好第一辆零件小车并送至工作站三		1.15分	0或1	
	正确装好第一辆零件小车并送至工作站四		1.15分	0或1	
	正确装好第一辆零件小车并送至工作站五		1.15分	0或1	
	正确装好第一辆零件小车并送至工作站六		1.15分	0或1	
	能关闭机器人电源指示灯，表明机器人能识别任务已完成		0.05分	0或1	
	任务完成度（包括用时总计）		0.75分	0～600	
F4	正确装好第一辆零件小车并送至工作站一		0.80分	0或1	
	正确装好第一辆零件小车并送至工作站二		0.80分	0或1	
	正确装好第一辆零件小车并送至工作站三		0.80分	0或1	
	正确装好第一辆零件小车并送至工作站四		0.80分	0或1	
	正确装好第一辆零件小车并送至工作站五		0.80分	0或1	
	正确装好第一辆零件小车并送至工作站六		0.80分	0或1	
	能关闭机器人电源指示灯，表明机器人能识别任务已完成		0.05分	0或1	
	任务完成度（包括用时总计）		0.70分	0～360	

（续）

子项目代码	评判—细则	其他方面细则（主观和客观）或评判得分细则（仅用于评判）	最高分	计分权值或要求或标准尺寸（仅限测量）	评判得分
F5	正确装好第一辆零件小车并送至工作站一		1.00分	0或1	
	正确装好第一辆零件小车并送至工作站二		1.00分	0或1	
	正确装好第一辆零件小车并送至工作站三		1.00分	0或1	
	正确装好第一辆零件小车并送至工作站四		1.00分	0或1	
	正确装好第一辆零件小车并送至工作站五		1.00分	0或1	
	正确装好第一辆零件小车并送至工作站六		1.00分	0或1	
	能关闭机器人电源指示灯，表明机器人能识别任务已完成		0.05分	0或1	
	任务完成度（包括用时总计）		0.70分	0 ~360	
F6	正确装好第一辆零件小车并送至工作站一		1.15分	0或1	
	正确装好第一辆零件小车并送至工作站二		1.15分	0或1	
	正确装好第一辆零件小车并送至工作站三		1.15分	0或1	
	正确装好第一辆零件小车并送至工作站四		1.15分	0或1	
	正确装好第一辆零件小车并送至工作站五		1.15分	0或1	
	正确装好第一辆零件小车并送至工作站六		1.15分	0或1	
	能关闭机器人电源指示灯，表明机器人能识别任务已完成		0.05分	0或1	
	任务完成度（包括用时总计）		0.75分	0 ~ 360	

参 考 文 献

[1] 谭建豪，章兢，王孟君，等. 数字图像处理与移动机器人路径规划 [M]. 武汉：华中科技大学出版社，2013.

[2] 王曙光. 移动机器人原理与设计 [M]. 北京：人民邮电出版社，2013.

[3] 秦志强，彭建盛，陈国璋. 智能移动机器人的设计、制作与应用 [M]. 北京：电子工业出版社，2012.

[4] 赵冬斌，易建强. 全方位移动机器人导论 [M]. 北京：科学出版社，2010.

[5] 张国良，等. 自主移动机器人设计与制作 [M]. 西安：西安交通大学出版社，2008.

[6] 陈树学，刘萱. LabVIEW 宝典 [M]. 2 版. 北京：电子工业出版社，2017.

[7] 宋铭. LabVIEW 编程详解 [M]. 北京：电子工业出版社，2017.

[8] 严雨，夏宁. LabVIEW 入门与实战开发 100 例 [M]. 3 版. 北京：电子工业出版社，2017.

[9] 蔡自兴，贺汉根，陈虹. 未知环境中移动机器人导航控制理论与方法 [M]. 北京：科学出版社，2009.

参考文献

[1] [illegible], 2013.

[2] 王[illegible]. [illegible][M]. 北京: 人民邮电出版社, 2012.

[3] [illegible][M]. 北京: 电子工业出版社, 201[illegible].

[4] 赵本海, [illegible]. [illegible][M]. [illegible]出版社, 2014.

[5] [illegible][M]. [illegible]大学出版社, 2008.

[6] [illegible][M]. [illegible]: 电子工业出版社, 2017.

[7] [illegible]. LabVIEW [illegible][M]. 北京: 电子工业出版社, 2012.

[8] [illegible]. LabVIEW [illegible]100例[M]. [illegible]. 北京: 电子工业出版社, 2017.

[9] [illegible][M]. 北京: [illegible]出版社, 2008.